M. Jänicke H.-J. Bolle A. Carius (Hrsg.)

Umwelt Global

Veränderungen, Probleme, Lösungsansätze

Mit einem Geleitwort von L. Wicke

Mit 46 Abbildungen

Springer-Verlag
Berlin Heidelberg New York
London Paris Tokyo
Hong Kong Barcelona
Budapest

Prof. Dr. M. JÄNICKE
Freie Universität Berlin
FB Politische Wissenschaft
Forschungsstelle für Umweltpolitik
Schwendenerstr. 53
D-14195 Berlin

Prof. Dr. H.-J. BOLLE
FB Geowissenschaften
Institut für Meteorologie
Carl-Heinrich-Becker Weg 6-10
D-12165 Berlin

Dipl.-Pol. A. CARIUS
Freie Universität Berlin
FB Politische Wissenschaft
Forschungsstelle für Umweltpolitik
Schwendenerstr. 53
D-14195 Berlin

ISBN-13:978-3-642-79016-4   e-ISBN-13:978-3-642-79015-7
DOI: 10.1007/978-3-642-79015-7

Die Deutsche Bibliothek – CIP-Einheitsaufnahme
Umwelt global: Veränderungen, Probleme, Lösungsansätze/
hrsg. von M. Jänicke... – Berlin; Heidelberg; New York;
London; Paris; Tokyo; Hong Kong; Barcelona; Budapest:
Springer, 1994
  ISBN-13:978-3-642-79016-4
NE: Jänicke, Martin [Hrsg.]

Dieses Werk ist urheberrechtlich geschützt. Die dadurch begründeten Rechte, insbesondere die der Übersetzung, des Nachdrucks, des Vortrags, der Entnahme von Abbildungen und Tabellen, der Funksendung, der Mikroverfilmung oder der Vervielfältigung auf anderen Wegen und der Speicherung in Datenverarbeitungsanlagen, bleiben, auch bei nur auszugsweiser Verwertung, vorbehalten. Eine Vervielfältigung des Werkes oder von Teilen dieses Werkes ist auch im Einzelfall nur in den Grenzen der gesetzlichen Bestimmungen des Urheberrechtsgesetzes der Bundesrepublik Deutschland vom 9. September 1965 in der jeweils geltenden Fassung zulässig. Sie ist grundsätzlich vergütungspflichtig. Zuwiderhandlungen unterliegen den Strafbestimmungen des Urheberrechtsgesetzes.

© Springer-Verlag Berlin Heidelberg 1995
Softcover reprint of the hardcover 1st edition 1995

Die Wiedergabe von Gebrauchsnamen, Handelsnamen, Warenbezeichnungen usw. in diesem Werk berechtigt auch ohne besondere Kennzeichnung nicht zu der Annahme, daß solche Namen im Sinne der Warenzeichen- und Markenschutz-Gesetzgebung als frei zu betrachten wären und daher von jedermann benutzt werden dürften.

Satz: Best-set Typesetter Ltd., Hong Kong
SPIN: 10468496   32/3130/SPS – 5 4 3 2 1 0 – Gedruckt auf säurefreiem Papier

Geleitwort

Das Raumschiff Erde und damit die Überlebensmöglichkeit bzw. das Leben unserer Kinder und Kindeskinder in einer annehmbaren Umwelt sind extrem gefährdet. Die Menschheit steht unzweifelhaft vor einer selbstproduzierten existenzbedrohenden Umweltkrise durch Tropenwaldzerstörung, Klimakatastrophe (Treibhauseffekt und Ozonloch) sowie industriell bedingte Luft- und Gewässerverschmutzungen. Die Möglichkeit und Wahrscheinlichkeit einer weltweiten erfolgreichen Lösung der Umweltprobleme, insbesondere angesichts der in den unterentwickelten Staaten dominierenden Probleme der Befriedigung der elementaren Lebensbedürfnisse nach Nahrung und menschenwürdigem Wohnen ergeben ein weitgehend pessimistisches Bild. Ohne eine schnellstmögliche gemeinsame Aktion aller Staaten, bei der gleichzeitig die Probleme der Bevölkerungsentwicklung, der Nahrungs- und der Energieversorgung sowie der Umweltprobleme energisch und wirksam angegangen werden, besteht die Gefahr einer gravierenden Bedrohung der Menschheit.

Durch den ganz sicher auf uns zukommenden Treibhauseffekt wird sich das Klima der Erde in 50, 100 oder in 150 Jahren so stark verändert und die mittlere Temperatur so stark erhöht haben, daß infolge von riesigen Naturkatastrophen wie Wirbelstürmen, monatelangen Trockenheiten und sintflutartigen Überschwemmungen große Teile der Nord- und Südhalbkugel für die meisten Menschen keinen Lebensraum mehr darstellen werden. Anhaltendes Bevölkerungswachstum, Massenarmut, Verschuldung, Brandrodungen, kommerzieller Tropenholzkahlschlag und eine Entwicklungspolitik, die mit falschen Mitteln die Folgen, nicht jedoch die Ursachen bekämpft, führen in den meisten Entwicklungsländern zu schwerwiegenden Problemen.

Es ist daher sehr zu begrüßen, daß sich an der Freien Universität Berlin Wissenschaftler der verschiedensten Disziplinen in einer Vorlesungsreihe zusammengefunden haben, um langfristige Umweltveränderungen nicht nur darzustellen, sondern auch Lösungsansätze aufzuzeigen, die in diesem zusammenfassenden Band dokumentiert werden. Ich würde mir wünschen, daß diese Ansätze dazu beitragen bzw. gemeinsam weiterentwickelt werden, um einen umfassenden Umweltrettungsplan für diesen Planeten zu entwickeln. Erste Ansätze dazu sind vom US-Vizepräsidenten Al Gore als "Global Marshall Plan" und mit dem von mir und Politikern anderer

Parteien entwickelten "Ökologischen Marshall-Plan" und den entsprechenden Aktionen vorhanden.

Hier liegt die Möglichkeit, zum einen die enormen Umweltverschmutzungen in den ehemals sozialistischen Ländern einzudämmen, zum anderen Selbsthilfemechanismen in den Ländern der zweiten und dritten Welt zu schaffen. Nur mit massiver finanzieller Hilfe zur Selbsthilfe ist ausreichender globaler Umweltschutz möglich (internationales Nutznießerprinzip).

Diesem Sammelband wünsche ich eine gute Verbreitung und aufmerksame Leser.

Prof. Dr. Lutz Wicke
Umweltstaatssekretär

Inhaltsverzeichnis

Einleitung
MARTIN JÄNICKE, HANS-JÜRGEN BOLLE und ALEXANDER CARIUS 1

Globaler Wandel und Wasserverfügbarkeit
HANS-JÜRGEN BOLLE 11

Meteorologische Aspekte des Ozonproblems
KARIN LABITZKE 31

Fernerkundung der Erde
REINHARD FURRER 47

Über die Besonderheiten des Großstadtklimas
am Beispiel von Berlin
HORST MALBERG 61

Die Stadt als ökologisches System
GERD WEIGMANN 73

Rechtliche Ansätze zur Regulierung von Stoffströmen
PHILIP KUNIG 85

Rechtliche Aspekte der Altlastenproblematik
FRANZ-JOSEPH PEINE 97

Kriterien und Steuerungsansätze ökologischer Ressourcenpolitik –
Ein Beitrag zum Konzept ökologisch tragfähiger Entwicklung
MARTIN JÄNICKE 119

Klimaschutzpolitik als CO_2-Minderungspolitik
LUTZ MEZ 137

Das Unternehmen als Initiator der ökologischen Umorientierung
MICHAEL STITZEL 151

Die Ökologie der neuen Weltordnung
ELMAR ALTVATER 165

Nutzung und Schutz tropischer Regenwälder – Zur Problematik
der großflächigen Zonierung im brasilianischen Amazonasgebiet
MANFRED NITSCH 183

Umweltbewußtsein
GERHARD DE HAAN 197

Ökologisches Verantwortungsbewußtsein
ERNST-H. HOFF und THOMAS LECHER 213

Technikentwicklung, Unsicherheit und Risikopolitik
JOBST CONRAD 225

Ethik für die Zukunft erfordert Institutionalisierung
von Diskurs und Verantwortung
DIETRICH BÖHLER 239

Sachverzeichnis 249

Liste der Herausgeber und Autoren

ALTVATER, E., Prof. Dr.
FB Politische Wissenschaft,
Ihnestr. 22,
14195 Berlin

BÖHLER, D., Prof. Dr.
FB Philosophie und Sozialwissenschaften I,
Institut für Philosophie,
Habelschwerdter Allee 45,
14195 Berlin

BOLLE, H.-J., Prof. Dr.
FB Geowissenschaften,
Institut für Meteorologie,
Carl-Heinrich-Becker Weg 6-10,
12165 Berlin

CARIUS, A., Dipl.-Pol.
FB Politische Wissenschaft,
Forschungsstelle für Umweltpolitik,
Schwendenerstr. 53,
14195 Berlin

CONRAD, J., PD Dr.
FB Politische Wissenschaft,
Forschungsstelle für Umweltpolitik,
Schwendenerstr. 53,
14195 Berlin

FURRER, R., Prof. Dr.
FB Geowissenschaften,
Institut für Weltraumwissenschaften,
Fabeckstr. 69,
14195 Berlin

DE HAAN, G., Prof. Dr.
FB Erziehungs- und Unterrichtswissenschaften,
Institut für Philosophie,
Arnimalle 10,
14195 Berlin

HOFF, E.-H., Prof. Dr.
FB Philosophie und Sozialwissenschaften I,
Psychologisches Institut,
Habelschwerdter Allee 45,
14195 Berlin

JÄNICKE, M., Prof. Dr.
FB Politische Wissenschaft,
Forschungsstelle für Umweltpolitik,
Schwendenerstr. 53,
14195 Berlin

KUNIG, PH., Prof. Dr.
FB Rechtswissenschaft,
Lehrstuhl für Staatsrecht, Verwaltungsrecht,
und Völkerrecht unter Einschluß des Umweltschutzrechts,
Thielallee 52,
14195 Berlin

LABITZKE, K., Prof. Dr.
FB Geowissenschaften,
Institut für Meteorologie,
Carl-Heinrich-Becker Weg 6-10,
12165 Berlin

LECHER, TH., Dr.
FB Philosophie und Sozialwissenschaften I,
Psychologisches Institut,
Habelschwerdter Allee 45,
14195 Berlin

MALBERG, H., Prof. Dr.
FB Geowissenschaften,
Institut für Meteorologie,
Carl-Heinrich-Becker Weg 6-10,
12165 Berlin

Mez, L., Dr.
FB Politische Wissenschaft,
Forschungsstelle für Umweltpolitik,
Schwendenerstr. 53,
14195 Berlin

Nitsch, M., Prof. Dr.
Lateinamerika-Institut,
Abteilung Wirtschaft,
Rüdesheimer Str. 54-56,
14197 Berlin

Peine, F.-J., Prof. Dr.
FB Rechtswissenschaft,
Van't-Hoff-Str. 8,
14195 Berlin

Stitzel, M., Prof. Dr.
FB Wirtschaftswissenschaft,
Institut für allgemeine Betriebswirtschaftslehre,
Patschkauer Weg 38,
14195 Berlin

Weigmann, G., Prof. Dr.
FB Biologie,
Institut für Zoologie,
Bodenzoologie und Ökologie,
Tietzenweg 85-87,
12203 Berlin

Einleitung

1 Multidisziplinäre Umweltforschung unter Unsicherheitsbedingungen

Die Umweltforschung sieht sich heute einer wachsenden öffentlichen Nachfrage nach Handlungsempfehlung gegenüber. Sie tut sich damit schwer. Zum einen gibt es die Tradition von wissenschaftlicher "Wertfreiheit", die Vorstellung also, daß der Wissenschaft (nur) eine deskriptive und analytische Rolle zukomme, Wertung und Handlungsempfehlung aber Sache von Gesellschaft und Politik seien. Zum anderen steckt die Erforschung unserer Umwelt als *komplexes System* noch in den Anfängen. Gesicherte Aussagen über problematische, gesellschaftlich zu steuernde Kausalbeziehungen sind in den komplexeren Verursachungsstrukturen nicht leicht zu treffen. Dies gilt für die Analyse des globalen Systems ebenso wie etwa die Darstellung von Gesundheitsrisiken. Die Aussagen der Umweltforschung mithin stehen immer wieder unter dem Vorbehalt von Unsicherheit.

Die Öffentlichkeit erwartet von der Umweltforschung rasche und verläßliche Aussagen über kritische Veränderungen der globalen Umweltbedingungen und ihrer Auswirkungen auf die Lebensbedingungen. Entscheidungsträger müssen Maßnahmen zur Sicherung der Lebensqualität frühzeitig ergreifen können. Die Antworten der Wissenschaft fallen hingegen oft nicht so eindeutig aus wie erwünscht. Daraus erwächst nicht selten der Eindruck, die Wissenschaft sei in der Beurteilung der Lage nicht einig oder entziehe sich ihrer gesellschaftlichen Verantwortung. Gewünscht sind "Anwendungsprodukte" der Forschung. Normalerweise kommen Produkte erst dann auf den Markt, wenn sie wissenschaftlich abgesichert und technisch ausgereift sind. Im Falle der Umwelt haben wir es jedoch mit einem komplexen System zu tun, in dem Prozesse ganz unterschiedlicher zeitlicher und räumlicher Größenordnungen ablaufen, die sich nicht – wie etwa in der Physik üblich – durch gezielte Experimente zerlegen und analysieren lassen. Hinzu kommt die bereits erwähnte überaus komplexe Verursachungsstruktur moderner Industriegesellschaften.

Was gegenwärtig in der Umweltforschung geschieht, ist eine allmähliche Annäherung an die Realität. Es ist aber kaum zu erwarten, daß diese Annäherung in Zeitspannen von Jahren zu einem Verständnis des gesamten Systems und zu gesicherten globalen Prognosen führen kann. Auch in der

Klimaforschung, deren Grundlagen als relativ gesichert angesehen werden können, besteht noch ein Auslegungsspielraum hinsichtlich der ermittelten Trends und ihrer zukünftigen Wirkungen.

Die analytische und prognostische Unsicherheit liegt schon darin begründet, daß die Annäherung an die reale Welt auf verschiedenen Ebenen erfolgt, auf denen jeweils nur unvollständige Informationen über das Gesamtsystem verfügbar sind. Jeder Einzelwissenschaftler lebt in einer bestimmten "Welt", aus der er Erkenntnis schöpft. Für die einen ist dies eine – je nach Disziplin unterschiedliche – empirische Welt. Für andere eine überwiegend theoretische Welt oder, hiervon "technisch" abgeleitet, eine Modellwelt. Erst die Zusammenschau dieser Welten ermöglicht ein tieferes Eindringen in das komplexe reale System; aber selbst die Gesamtheit aller Informationen, die wir erhalten und analysieren können, wird immer nur einen Ausschnitt der Wirklichkeit darstellen.

Die "klassische" Erkenntnisgewinnung erfolgt über die Empirie. Messende Experimente müssen sich aber auf bestimmte, eng eingegrenzte Fragestellungen beschränken. Die experimentelle Welt ist stark selektiv. Sie kann einzelne Prozesse erforschen; deren räumlicher und zeitlicher Kontext ist jedoch überaus aufwendig und, global gesehen, innerhalb des experimentellen Methodenspektrums überhaupt nicht zu bestimmen. Die globale Umweltbeobachtung ist Systemen vorbehalten, die an der Erdoberfläche mit weitmaschigen Netzen arbeiten und – oft vom Weltraum aus – indirekte Informationen sammeln, die jeweils erst entschlüsselt werden müssen. Die Datenwelt stellt somit eine Untermenge der realen Welt dar, aus der Einsichten in Prozesse nur marginal zu gewinnen sind. Zu diesem Zweck wurde die Modellwelt erfunden: Konstruiert wird ein synthetischer Planet, der im Laufe der Zeit immer größere Ähnlichkeit mit dem Planeten Erde gewinnt und in dem man "Experimente" und "Empfindlichkeitsstudien" durchführen kann, um Wechselwirkungen zwischen einzelnen Untersystemen zu untersuchen und die wichtigen steuernden Parameter herauszufinden. Modelle ermöglichen eine Zusammenschau, zunächst aber nur in ihrer eigenen Welt. Erst wenn die Modellwelt mit den genannten anderen Welten so in Einklang gebracht wird, daß sich zusammenpassende Antworten ergeben, eröffnet sich die Möglichkeit, der Realwelt näher zu kommen.

Eine eigene Welt, jedoch mit nicht geringerem Realitätsgehalt, stellt die theoretische Welt dar. Sie befaßt sich in der naturwissenschaftlichen Umweltforschung gegenwärtig verstärkt mit dem Chaos und Gabelungen im Ablauf von Prozessen. Ihre Aussagen sind äußerst wichtig, um die Grenzen der Vorhersagbarkeit von Entwicklungen zu ermitteln. Modelle arbeiten in den Naturwissenschaften im allgemeinen mit künstlichen Stabilisierungsmechanismen, um bei Langzeitrechnungen das Wegdriften von einem mittleren Zustand zu verhindern. Die Theorie tendiert hier dahin, subskaligen, das heißt in Modellen nicht erfaßbaren, Prozessen eine wichtige Rolle bei der zeitlichen Entwicklung von Systemen zuzuschreiben.

Einleitung

Ein entscheidendes Problem für den Vergleich der in den naturwissenschaftlichen "Teilwelten" gesammelten Erkenntnisse mit der realen Welt ist der Umstand, daß zwischen den naturwissenschaftlichen Welten und der realen natürlichen Welt eine ökonomisch, gesellschaftlich und normativ geprägte Welt liegt, die massiven Einfluß auf die natürliche Welt nimmt. Umweltwissenschaftlich betrachtet liegen hier die entscheidenden Problemverursachungen (wie auch die potentiellen Problemlösungen), aber sie sind in umfassendere Modelle nur schwer integrierbar, weil hier Mengen, Qualitäten und zeitliche Eintrittswahrscheinlichkeiten nicht leicht vorhersagbar und soziale Entscheidungsprozesse nur schwer faßbar sind.

Für die Erforschung globaler Umweltveränderungen ist es mithin überaus wichtig, die Unterschiedlichkeit der einzelnen wissenschaftlichen "Teilwelten" und ihre Beziehung zueinander zu verstehen. Die hier dokumentierten Aufsätze wollen dazu einen Beitrag leisten. Sie sind im Originalton der jeweiligen Disziplinen belassen. Die Spezifika der Sichtweisen werden so bis in die Begrifflichkeit deutlich. Probleme, Notwendigkeiten und Möglichkeiten einer multidisziplinären Zusammenschau werden auf diese Weise sichtbar.

Deutlich wird auch, wie schwer sich Wissenschaft mit dem skizzierten Widerspruch zwischen Wertabstinenz und gesellschaftlichem Beratungsbedarf tut. Aber wer sonst, wenn nicht die Wissenschaft in dem breiten Spektrum ihrer Disziplinen könnte Auskunft über ökologische Gefährdungen geben? Auch die Universitäten haben mit der in ihnen versammelten Kompetenz einen konzeptionellen Beitrag zur Abwehr ökologischer Langzeitrisiken zu leisten.

Ist es wirklich für einen Wissenschaftler unangemessen, gesellschaftliche Handlungsempfehlungen zu geben oder durch Problemanalyse nahezulegen? Ist die Unsicherheit umweltwissenschaftlicher Erkenntnisse ein Grund, Wissenschaft von dem gesellschaftlichen Erkenntnisbedarf abzukoppeln? Oder geht es nicht vielmehr darum, Handlungsempfehlungen in einem breiten, interdisziplinären Diskurs so einvernehmlich, so vorsichtig und so abgesichert wie möglich zu formulieren? Entstehen Methodenprobleme nicht auch dadurch, daß den Schäden "hinterhergeforscht" und zu wenig – präventiv – nach den langfristigen Folgen durchaus bekannter industriegesellschaftlicher Problemproduktionen gefragt wird? Muß nicht speziell der universitären Forschung und Lehre auch der Vorwurf gemacht werden, daß sie sich von der für so viele ihrer Disziplinen bedeutsamen Umweltproblematik zu lange ferngehalten, daß sie Themen dieser Art oft wissenschaftlichen Außenseitern überlassen hat? Hat die vorwissenschaftliche Alltagserfahrung über konkrete Umweltbelastungen nicht immer wieder Erkenntnisse hervorgebracht, die die Wissenschaft präventiv hätte benennen müssen? Fest steht: Die Universitäten haben relativ spät begonnen, auf die Herausforderung der Umweltproblematik interdisziplinär zu reagieren und eine intellektuelle Basis für die Behandlung der Umwelt als komplexes System zu entwickeln.

Steht die Umweltforschung unter dem Vorbehalt methodischer Unsicherheit, so gilt dies für die der Zukunft verantwortliche Umweltpolitik erst recht. Und dennoch *muß* sie ökologische Gefahren antizipieren. Im Regelfall reagiert leider auch sie "sicherheitshalber" nur auf die offensichtlichen, d.h. erst im Nachhinein als gesichert erkannten Gefährdungen. Nicht das unsichere Risiko, sondern der sichere, da bereits eingetretene Schaden bestimmt in hohem Maße die politischen Maßnahmen. Inzwischen gibt es aber (vom japanischen Umweltschutz ebenso wie etwa von der Umweltethik ausgehend) etwas, das man als "Plausibilitätsprinzip" bezeichnen könnte: Handeln auch dann, wenn ein erhebliches Umweltrisiko wissenschaftlich nur "plausibel" besteht. Auch der Kausalitätsnachweis bei Haftungsrisiken wird mittlerweile tendenziell relativiert (Stichwort: "Umkehr der Beweislast").

Die Umweltforschung wird möglicherweise nicht umhin können, ihre methodologischen Beweismaßstäbe ebenfalls in Richtung auf das Kriterium der Plausibilität zu relativieren, wenn es um zukunftsbezogene Empfehlungen geht. Nicht nur die existentielle Größenordnung der potentiellen Umweltrisiken und die Bedingung hoher Unsicherheit, sondern auch die angedeutete begrenzte Leistungsfähigkeit von Wissenschaft legen dies nahe.

Alles in allem hat die Wissenschaft in Umweltfragen bisher kaum falsche Handlungsanweisungen gegeben. Warnungen vor Langfristrisiken haben sich im Gegenteil immer wieder als nur zu wahr herausgestellt. Bei aller methodischen Detailkritik an den Meadowschen "Grenzen des Wachstums" (1972), an "Global 2000" (1978), an kritischen Untersuchungen zum Waldsterben oder Klimawandel: Wer würde heute ernsthaft behaupten wollen, daß die Wissenschaft hier einen falschen Handlungsdruck erzeugt habe? Desgleichen wird im Lichte der Unfallfolgen von Tschernobyl niemand ernsthaft die Risikoannahmen im Atomrecht westlicher Industrieländer als übertrieben ansehen können – obwohl die Unsicherheit über die Eintrittswahrscheinlichkeit eines Atomunfalls gewaltig ist. Deshalb ist zwar "das Nichtwissen... ein grundlegendes Dilemma des umweltbezogenen Handelns" (s. Beitrag von de Haan), aber wir verfügen über genügend Erfahrungen darüber, welche Risiken auch im umweltpolitischen Nichthandeln liegen. Die Unsicherheit umweltwissenschaftlichen Forschens ist mithin keine Alibiformel für Untätigkeit, sondern eine Herausforderung an alle Beteiligten.

Wer die gesellschaftlichen und technologischen Innovationspotentiale gering schätzt, mag das Irrtumsrisiko umweltwissenschaftlicher Warnungen oder Handlungsempfehlungen für schwerwiegend halten. Wer die Stabilisierung der Umweltverhältnisse, wer umweltgerechte Produktionsweisen zugleich als technologische Chance ansieht, wird dies anders sehen, vor allem dann, wenn es im Lichte der Umweltforschung hochplausibel erscheint, daß ökologische Degeneration die ökonomische Degeneration nach sich zieht. In diesem Falle drängen sich wissenschaftliche Handlungsempfehlungen geradezu auf – auch unter Unsicherheitsbedingungen.

Einleitung

2 Übersicht über den Band

Dieser Band befaßt sich mit den Herausforderungen langfristiger globaler Umweltveränderungen. Er enthält in einem ersten Teil ausgewählte naturwissenschaftliche Darstellungen solcher Veränderungen, einschließlich der mit ihrer Erfassung verbundenen methodologischen Probleme. In einem zweiten Teil werden exemplarisch Lösungsansätze und die ihnen zugrunde liegenden gesellschaftlichen Problemdimensionen aus der Sicht unterschiedlicher sozialwissenschaftlicher Disziplinen vorgestellt.

Den Auftakt des Bandes bildet die Diskussion globaler Umweltveränderungen aus naturwissenschaftlicher Sicht. Zunächst behandelt HANS-JÜRGEN BOLLE in seinem Beitrag *"Globaler Wandel und Wasserverfügbarkeit"* die Möglichkeiten der Beeinflussung der globalen Verteilung des Süßwassers und die Schwierigkeiten, beobachtete Veränderungen kausal auf die 3 Ursachen Anstieg der Konzentrationen von Treibhausgasen in der Atmosphäre, natürliche Klimaschwankungen sowie anthropogen bedingte Eingriffe modellmäßig zurückzuführen. Informationen zur Beschreibung entsprechender globaler Wandlungsprozesse können unter anderem mittels Fernerkundung über Messungen aus dem Weltraum gewonnen werden. Beispielhaft zeigt er anhand der spanischen Region Castilla-La Mancha konkrete Auswirkungen.

Die *"Meteorologischen Aspekte des Ozonproblems"* behandelt KARIN LABITZKE in ihrem Aufsatz. Die in den Medien teilweise verzerrte Darstellung des Ozonproblems hat in der Öffentlichkeit zu einem unterschiedlichen Verständnis der Problematik geführt. Labitzke erklärt die komplexen chemischen Prozesse, die im Zusammenwirken mit dynamischen Veränderungen in der Stratosphäre zum zeitweisen dramatischen Abbau des Ozons über der Antarktis und langfristig zu einem allgemeinen stratosphärischen Ozonabbau führen.

REINHARD FURRER untersucht in seinem Beitrag *"Fernerkundung der Erde"* die Möglichkeiten der Fernerkundung zur Analyse von physikalischen, chemischen und biologischen Wechselwirkungen des globalen Systems. Fernerkundungsdaten ermöglichen die flächendeckende Erfassung bestimmter Größen, die zur Diagnose (oder Erkennung) von Änderungen sowie als Eingangs- wie auch Verifikationsdaten für Modelle benötigt werden, die den Zustand der Atmosphäre, der Erdoberfläche und der Ozeane beschreiben. Eine solche weiträumige Erfassung kann allerdings nur mit entsprechend ausgerüsteten Satelliten und flugzeuggestützten Beobachtungssystemen gelingen. Es werden einige Anwendungen von Fernerkundungsmethoden zur Analyse des Zustandes der Erdoberfläche vorgestellt, insbesondere die abbildende Spektroskopie. Anhand eines Fallbeispiels wird aufgezeigt, wie die Schädigung der Vegetation durch Waldbrände in der Umgebung von Berlin erfaßt werden kann. In diesem

Zusammenhang wird demonstriert, wie durch den Einsatz neuronaler Netze auf die spektralen Daten die Differenzierung zwischen gesunder und geschädigter Vegetation verbessert werden kann.

HORST MALBERG und GERD WEIGMANN behandeln in ihren Beiträgen stadtökologische Themen. In den Städten lassen sich quasi als Spiegel der globalen Problematik die konkreten Umweltveränderungen besonders deutlich veranschaulichen. Nach einer neueren Prognose wird im Jahr 2025 mit 9 Mrd. Menschen der überwiegende Teil der Bevölkerung in Städten leben.

MALBERG untersucht die *"Besonderheiten des Großstadtklimas am Beispiel von Berlin"*. Hierbei werden die klassischen meteorologischen Parameter (Temperatur, Luftfeuchte, Niederschlag und Wind) zugrundegelegt. Durch anthropogene Einwirkungen (z.B. Flächenversiegelung durch Bebauung, Industrialisierung usw.) hat sich das Stadtklima im Vergleich zum Umland im letzten Jahrhundert drastisch verändert. Malberg weist insbesondere auf die unterschiedlichen klimatischen Veränderungen im Innenstadtbereich hin.

WEIGMANN untersucht in seinem Beitrag *"Die Stadt als ökologisches System"* die stadtökologische Dimension unter dem Gesichtspunkt der Ökosystemforschung. Die Stadt ist in physischer Hinsicht einer komplexen Landschaft vergleichbar. Hier konzentrieren sich die anthropogen bedingten Stoff- und Energieströme. In einer umfassenderen Sichtweise sollen natur- und sozialwissenschaftliche Aspekte verbunden werden.

Zwei rechtswissenschaftliche Beiträge eröffnen den sozialwissenschaftlichen Teil dieses Bandes. PHILIP KUNIGS Beitrag über *"Rechtliche Ansätze zur Regulierung von Stoffströmen"* diskutiert die aktuelle (nicht nur) rechtswissenschaftliche Debatte um die Stoffstrompolitik. Insbesondere im Abfallrecht zeigt er anhand neuester Entwicklungen den präventiven Charakter dieses Steuerungsansatzes auf. Aus juristischer Sicht plädiert er dafür, stoffwirtschaftliche Regelungen "vom Ende an den Anfang des Zyklus der Produktion zu verschieben".

FRANZ-JOSEPH PEINE untersucht *"Rechtliche Aspekte der Altlastenproblematik"* und zeigt die bisherige Entwicklung des Altlastenrechts auf. Altlasten sind ein besonders prekärer Aspekt langfristiger Umweltbelastungen. Im Gegensatz zum präventiven Charakter erster Ansätze des Stoffstromrechts ist das Altlastenrecht ein klassisch nachsorgender Ansatz. Die Entwicklung untersucht er detailliert anhand der geltenden landesrechtlichen Polizeigesetze, der speziellen Landesaltlastensanierungsgesetze, des Entwurfs eines Bodenschutzgesetzes und des Entwurfs des geplanten Umweltgesetzbuches.

MARTIN JÄNICKE beleuchtet in seinem Beitrag *"Kriterien und Steuerungsansätze ökologischer Ressourcenpolitik"* Begriff, Indikatoren, Erfordernisse, Ansatzpunkte und Handlungsmöglichkeiten ökologisch tragfähiger Entwicklung. Bei der konkreten Ausgestaltung der Sustainability-Debatte plädiert er insbesondere für die Heranziehung geeigneter Indikatoren. Bisher fehlt noch die Datenbasis, globale Stoffströme und ihre problematischen Akkumulationseffekte umfassend darzustellen. Deren Bedeutung wird an ausgewählten Länderbeispielen verdeutlicht.

In seinem Beitrag *"Klimaschutzpolitik als CO_2-Minderungspolitik"* geht LUTZ MEZ von der internationalen Klimaschutzdiskussion aus und zeigt das breite Instrumentarium in der bundesdeutschen und dänischen Klimapolitik. Trotz der Fortschritte auf instrumenteller Ebene verbleiben auf der Outputseite des politischen Prozesses nach wie vor große Defizite, die sich nur mit einer "Effizienzrevolution" im Energiesektor ausgleichen lassen. Gewachsene Machtlagen und institutionelle Gegebenheiten in der Energiepolitik stellen dabei das bisher wesentliche strukturelle Hindernis dar.

"Das Unternehmen als Initiator der ökologischen Umorientierung" behandelt MICHAEL STITZEL. Ausgangspunkt ist dabei die These, Unternehmen hätten gute strukturelle, interessenbezogene und motivationale Voraussetzungen für umweltfreundliches Verhalten. Ein Mitwirken des Unternehmenssektors bei der Umweltsicherung durch den Staat ist unabdingbar. Anhand von 3 Ebenen (kurzfristige Ertrags- und Kostenorientierung, strategische Orientierung und Unternehmensethik) untersucht er das Potential einer ökologischen Umorientierung und kommt zu dem Ergebnis: "Isoliert kurzfristige Politik scheitert an den manifesten Zielkonkurrenzen zu unmittelbar ökonomischen Interessen, isoliert strategische Orientierung mißachtet die Tageserfordernisse, und isoliert ethische Ausrichtung ohne Einbeziehung in ökonomische Rationalitäten ist weltfremd und nicht durchsetzungsfähig".

ELMAR ALTVATER stellt in seinem Beitrag *"Die Ökologie der neuen Weltordnung"* die globalen Wirtschaftsverflechtungen in den Vordergrund. Dargestellt werden u.a. die Entwicklungsunterschiede zwischen Rohstoffländern und Industrieländern: "Die Ordnung der industriellen Welt erzeugt . . . die Unordnung der Extraktionsgebiete". Das Novum internationaler Umweltregime sieht er darin, daß die Regulation des Stoffwechsels mit der Natur nicht mehr allein der "Preissprache des Weltmarktes", aber auch nicht mehr den in der neuen Weltordnung kaum noch souveränen Nationalstaaten überlassen bleibt.

MANFRED NITSCH greift in seinem Beitrag *"Nutzung und Schutz tropischer Regenwälder"* die instrumentelle Debatte der Tropenwaldproblematik auf. Am Beispiel der brasilianischen Region Rondônia erläutert er das Instrument der "Zonierung" und stellt dieses in einen breiteren sozialwissenschaftlichen Kontext. In seinem Fazit stellt er zwar den augenscheinlich umfassenden Ansatz heraus, hält ihn aber nicht für geeignet, intensivere Landnutzung und weitere Tropenwaldzerstörung zu verhindern.

GERHARD DE HAAN erläutert in seinem Aufsatz *"Umweltbewußtsein"* anhand empirischer Studien den Grad von Umweltwissen, -bewußtsein und -verhalten. Ein linearer Zusammenhang zwischen diesen 3 Komponenten läßt sich empirisch nicht nachweisen – Umweltwissen und -bewußtsein führen nicht zwangsläufig zu engagiertem Umweltverhalten. Hieraus werden politische, pädagogische und massenmediale Konsequenzen abgeleitet.

ERNST-H. HOFF und THOMAS LECHER stellen in ihrem Beitrag *"Ökologisches Verantwortungsbewußtsein"* die Frage nach der Angemessenheit von Umweltbewußtsein, insbesondere im Arbeits- und Berufsleben. Schließlich werden die vielfältigen handlungsleitenden Vorstellungen von Umwelt dem Gegenstand – z.B. den langfristigen Gefährdungen oder aber auch dem eigenen Arbeitsprodukt – in unterschiedlicher Weise gerecht (ein Sachverhalt, der die Theorieansätze der Umweltforschung nicht weniger betrifft). Es werden empirisch getestete Kategorien einer entsprechenden Systematisierung vorgestellt.

JOBST CONRAD gibt in seinem Aufsatz eine Gesamteinschätzung des Zusammenhangs von *"Technikentwicklung, Unsicherheit und Risikopolitik"* und stellt diese abschließend in den umweltpolitischen Kontext. Gerade hier gibt es kaum eine wirksame Kontrolle technischer Entwicklungsdynamik samt ihrer Folgeprobleme. Unsicherheit und Umweltprobleme in der Risikogesellschaft werden daher eher zunehmen.

Mit der Frage, welche Hilfestellung die Philosophie bei der Suche nach Handlungsorientierungen in der Umweltfrage zu bieten vermag, befaßt sich der Beitrag *"Ethik für die Zukunft erfordert Institutionalisierung von Diskurs und Verantwortung"* von DIETRICH BÖHLER. Ausgangspunkt ist auch hier das Umwelthandeln unter Unsicherheitsbedingungen. Im Hinblick auf die erheblichen Risikopotentiale des Industriesystems wird als normative Leitlinie ein "in dubio contra projectum" vorgeschlagen.

3 Zum Charakter dieses Bandes

In diesem Band stellen sich mit Umweltforschung befaßte Fachwissenschaftler der Freien Universität Berlin vor, einer Universität, die vor allem in der Klimaforschung und in der sozialwissenschaftlichen Umweltpolitikforschung eine lange Tradition hat. Die vorgelegten Beiträge sind aus einer Universitätsvorlesungsreihe im Winter 1993/94 hervorgegangen, die auf Initiative des Präsidenten, Prof. Dr. Johann W. Gerlach, durchgeführt wurde. Ihr Zweck war es, Forschung an dieser Hochschule zu langfristigen Umweltveränderungen vorzustellen und interdisziplinär zu diskutieren. Die Vorlesung stieß auf ein reges Interesse bei Studenten und Lehrenden. Sie erwies sich als ein lebendiger Beweis für die Möglichkeit inneruniversitärer Vernetzung von Forschungen. Die (annähernd vollständige) Dokumentierung der Vorlesungen in diesem Band mag auch belegen, was immerhin, auch unter dem Vorbehalt der skizzierten Unsicherheitsbedingungen, an Forschungsaussagen möglich ist. Mehr als einzelwissenschaftliche Bausteine zu einer integrierten, interdisziplinären Sicht der langfristigen Umweltherausforderungen konnte dabei nicht herauskommen. Nach Lage der Dinge ist dies indes nicht wenig.

Dem Präsidenten der Freien Universität, der bis in die Vorbereitung hinein einen wesentlichen, engagierten und fachkompetenten Anteil an dieser Veranstaltung hatte, sei hiermit besonders gedankt.

Berlin, Januar 1995   MARTIN JÄNICKE
                                                         HANS-JÜRGEN BOLLE
                                                         ALEXANDER CARIUS

Globaler Wandel und Wasserverfügbarkeit

Hans-Jürgen Bolle

1 Einführung

Auf den Kontinenten ist Wasser nur deswegen kontinuierlich verfügbar, weil ein kleiner Teil des über den Meeren verdunstenden Wassers ständig durch Luftströmungen über jene getragen und dort Kondensations- und Niederschlagsprozessen unterworfen wird. Insgesamt werden so jedes Jahr etwa 39,700 km^3 Wasser von den Kontinenten importiert und über die Flüsse wieder ins Meer zurückbefördert (Baumgartner u. Reichel 1975). Dies würde ausreichen, um die $1,49 \cdot 10^8$ km^2 Landoberflächen gleichmäßig mit 261 mm Niederschlag pro Jahr zu versorgen. Die aus Messungen abgeschätzte Menge des mittleren jährlichen Niederschlages über den Kontinenten beträgt jedoch 746 mm. Dies bedeutet, daß jedes Wassermolekül über den Kontinenten den Niederschlags-/Verdunstungszyklus im Mittel 2,86mal durchläuft. Für den Import des Wassers über die Kontinente sind zunächst die großskaligen atmosphärischen Zirkulationssysteme verantwortlich. Jedoch haben die Eigenschaften von Landoberflächen mit ihren Böden und Pflanzen großen Einfluß auf die weitere Verteilung des einmal niedergeschlagenen Wassers über die inneren Teile der Kontinente. Infolge der menschlichen Eingriffe in das System unterliegen die sich an den Landoberflächen abspielenden Prozesse Änderungen, die einerseits indirekt über den zunehmenden Treibhauseffekt und andererseits direkt durch Veränderung der Erdoberfläche erfolgen. Um die Darstellung dieser Prozesse in globalen Modellen verbessern zu können, ist es notwendig, sie mathematisch zu beschreiben. Die Grundlage dafür bieten experimentelle Untersuchungen, in denen die für die Energie- und Stofftransferprozesse maßgebenden Parameter und ihre Abhängigkeit von Umwelteinflüssen gemessen werden.

Die zu den klimatischen Einflüssen hinzutretenden Veränderungen des kontinentalen Zweiges des Wasserkreislaufes durch direkte Eingriffe des Menschen in die kontinentalen Ökosysteme werden sowohl von existenzsichernden Handlungsweisen als auch sozioökonomischen Interessen gesteuert, die weit schwieriger zu bestimmen und in Modelle einzubeziehen sind als naturwissenschaftliche Fakten. Man steht hier einem physikalisch-biologischen System gegenüber, dessen Verständnis wesentlich verbessert werden muß, um die aufgrund der Kopplung zwischen dem globalen

Klimasystem und den menschlichen Verhaltensweisen befürchteten Veränderungen diagnostizieren, quantifizieren und bewerten zu können. In diesem Beitrag kann dieses komplexe Problem nur in Grundzügen verdeutlicht und exemplarisch behandelt werden. Dabei wird zuerst kurz auf die zugrundeliegenden und Veränderungen unterworfenen Prozesse eingegangen, sodann werden die möglichen Auswirkungen des zunehmenden Treibhauseffektes sowie die Umgestaltung der Erdoberfläche durch den Menschen diskutiert, und schließlich wirft die Forderung nach einer globalen Analyse der Veränderungen die Frage auf, welche Beiträge moderne Meßverfahren aus dem Weltraum dazu leisten können.

2 Der Wasserkreislauf als Teil des globalen Klimasystems

Der globale Wasserkreislauf wird durch die allgemeine Zirkulation der Atmosphäre geprägt, deren Antriebsmotor der breitenabhängige Strahlungshaushalt ist. In den Tropen absorbiert die Erde mehr Sonnenenergie als sie in Form infraroter Strahlung abgibt. In hohen Breiten ist das umgekehrt, hier wird im Jahresmittel mehr langwellige Strahlung emittiert als kurzwellige Strahlung vereinnahmt. Um den ständigen Energieverlust in den polaren Breiten im Jahresmittel auszugleichen, ist es notwendig, die überschüssige Energie aus den Tropen in hohe Breiten zu transportieren. Die Atmosphäre löst dieses Problem mit Hilfe großräumiger Zirkulationssysteme. In den Tropen strömt Luft in der Nähe der Erdoberfläche von beiden Hemisphären in Richtung auf den Äquator und nimmt dabei über den warmen Ozeanen das von deren Oberflächen verdunstende Wasser auf. Über dem inneren Tropengürtel in der Nähe des Äquators wird die feuchte Luft durch die Konvergenz aus beiden Hemisphären zum Aufsteigen gezwungen. Durch die aufgrund der Expansion der Luft verursachte Abkühlung kondensiert der Wasserdampf. Die dabei freiwerdende latente Wärme treibt die Luft unter weiterem Verlust von Wasserdampf in immer größere Höhen, aus denen sie als trockene, sehr kalte Luft nach Norden und Süden zurückfließt und langsam wieder absteigt, um in tiefen Schichten erneut in den Kreislauf einbezogen zu werden. Der Kreislauf in dieser sogenannten "Hadley-Zelle" mit ihrer horizontalen Rotationsachse endet in etwa 30° nördlicher und südlicher Breite, weil die Luft in dieser Breite aufgrund der Erddrehung in eine nach Osten gerichtete Strömung einmündet. Während des Absinkvorganges erwärmt sich die weiterhin trockene Luft durch die ohne Energiezufuhr ("adiabatisch") erfolgende Kompression und unterdrückt die Entwicklung konvektiver, das heißt, sich durch die Einmischung feuchter Luftmassen in senkrechter Richtung bildende, Bewölkung und den damit verbundenen Niederschlag. Damit werden in diesen Breiten die klimatischen Bedingungen für die Entwicklung von Trockengebieten und schließlich Wüsten geschaffen. Über die Prozesse Verdunstung von Meereswasser → Umwandlung der latenten Energie in fühlbare Wärme durch Kondensation → Umwandlung der fühlbaren Wärme in potentielle Energie, verbunden mit adiabatischer Abkühlung → Umwandlung potentieller Energie in fühlbare Wärme durch Kompression während des Abstieges ist die Energie aus den Tropen in das Gebiet der Subtropen gelangt. Der weitere Transport dieser Energie in höhere Breiten wird von stehenden und wandernden Wirbeln übernommen, die jetzt mit einer fast vertikal stehenden Rotationsachse einen Teil der warmen und sich wieder mit Feuchtigkeit aufladenden Luft aus den Subtropen übernehmen und – entweder entlang großräumiger Druckgradienten oder von wandernden Tiefdruckgebieten bewegt – in höhere Breiten steuern. Gleichzeitig wird zum Ausgleich der Massenbilanz kältere Luft aus höheren in tiefere Breiten verfrachtet.

Dieser großräumige atmosphärische Wärmetransport wird in der Nordhemisphäre durch Ozeanströmungen wie dem Golfstrom und dem analogen Kuroshio im westlichen Pazifischen Ozean unterstützt. Die in den tropischen Ozeanen in Form von Wärme gespeicherte Sonnenenergie wird in höheren Breiten im wesentlichen durch Verdunstung als latente Energie an die Luft abgegeben. Die wandernden Wirbel, in denen diese Feuchtigkeit wiederum zur Kondensation gebracht wird, sind die Tiefdruckgebiete, die für das sich ständig ändernde Wetter in unseren Breiten verantwortlich sind. Der Transport ist insbesondere im Winterhalbjahr heftig, weil dann der Energiebedarf höherer Breiten wegen der fehlenden Sonneneinstrahlung besonders groß ist. Dieser Bedarf würde in der wasserdampfarmen polaren Atmosphäre durch Ozonabbau noch gesteigert werden, weil dessen infraroter Strahlungsanteil dann geringer sein und der Strahlungsverlust durch direkte Ausstrahlung tieferer Schichten in den Weltraum erhöht werden würde. Hier besteht also ein Zusammenhang zwischen der globalen Zirkulation, dem Wasserkreislauf und anderen Stoffkreisläufen.

3 Der zunehmende Treibhauseffekt

Die allgemeine Zirkulation der Atmosphäre und damit der Kreislauf des Wassers wird durch die breitenabhängige Verteilung der Strahlungsenergie über den Planeten gesteuert. Eine Veränderung der geographischen Verteilung der solaren Einstrahlung, wie sie durch Schwankungen der Erdbahnparameter verursacht wird, führt zu internen Veränderungen im System, die sich unter anderem in den Eiszeiten manifestieren (Berger et al. 1989). Maßgebend für die sich auf der Erde abspielenden Prozesse ist der örtliche Nettostrahlungsstrom, die Differenz zwischen einfallender und hinausgehender Strahlung. Diese wird im kurzwelligen Spektralbereich durch die Albedo ρ (das in den Halbraum gerichtete Reflexionsvermögen) und die Temperatur T bestimmt. Eine Änderung $\Delta\Phi$ des in Abb. 1 mit Φ bezeichneten Strahlungsflusses kann durch die Veränderung der Konzentra-

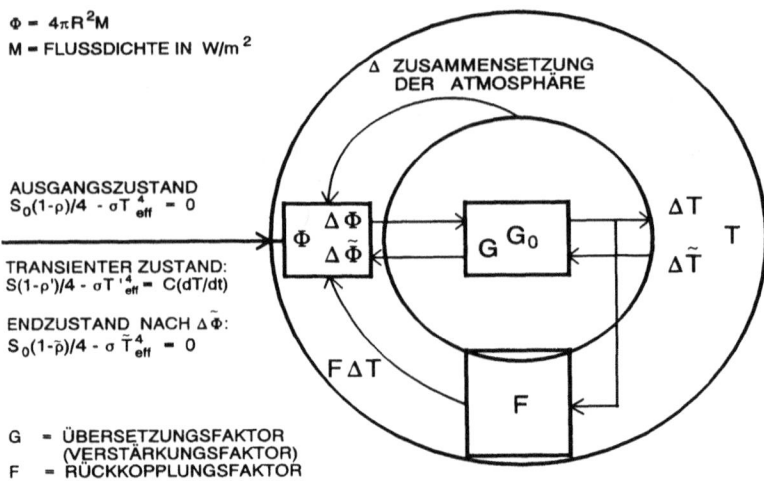

Abb. 1. Auswirkungen einer Zunahme der Konzentration strahlungsaktiver Gase in der Atmosphäre auf das Klimasystem; $S_0 = 1368\,\text{Wm}^2$ (Solarkonstante), R Erdradius

tion von Gasen (Δ Zusammensetzung der Atmosphäre in Abb. 1) verursacht werden, die im infraroten Spektralbereich absorbieren und emittieren, wie Kohlendioxid, Wasserdampf, Methan, Lachgas und Ozon. Die Erdoberfläche erhält bei unveränderter Sonneneinstrahlung, aber erhöhtem atmosphärischem CO_2-Gehalt, jedoch sonst unveränderten Bedingungen Strahlung aus bodennäheren und somit wärmeren Schichten der im infraroten Spektralbereich jetzt optisch dichter gewordenen Atmosphäre. Aufgrund der sich erhöhenden strahlenden Masse gibt aber auch die Stratosphäre mehr Strahlung nach unten ab. Der Nettostrahlungsfluß Φ_0 erhöht sich daher am Boden, und dieser erhält mehr Energie.

Anders sieht es am Oberrand der Atmosphäre aus. Durch die erhöhte optische Tiefe im infraroten Spektralbereich gelangt jetzt Strahlung aus höheren und damit im allgemeinen kälteren Schichten der Troposphäre in den Weltraum. Die Energiebilanz am Außenrand der Atmosphäre wird positiv. Dem System, dessen Energiebilanz am Oberrand der Atmosphäre bisher Null war, wird Energie zugeführt, der Speicherterm $C(dT/dt)$ wird positiv (C: Wärmekapazität, T: Temperatur, t: Zeit).

Bei einer Verdoppelung des CO_2-Gehaltes oder, wenn man die anderen strahlungsaktiven Gase hinzurechnet, des CO_2-Äquivalentes beträgt die Änderung des Nettostrahlungsflusses $\Delta\Phi$ an der Grenze zwischen Troposphäre und Stratosphäre $4{,}3\,\text{W}\,\text{m}^{-2}$, wie man mit Hilfe sehr genauer physikalischer Strahlungsübertragungsmodelle berechnen kann. Dadurch wird eine Erhöhung der Temperatur an der Erdoberfläche um 1,2°C erzwungen. Das heißt, die anfängliche Flußänderung um $\Delta\Phi$ wird durch einen internen Übertragungsmechanismus G_0, wie in Abb. 1 angedeutet, in eine Temperaturänderung ΔT "übersetzt". Aufgrund seiner jetzt erhöhten Temperatur gibt der Boden aber im infraroten atmosphärischen Durchlaßbereich ("Fenster", 8–12 µm Wellenlänge) mehr Wärmestrahlung in den Weltraum ab. Dadurch wird das ursprüngliche Strahlungsdefizit am Außenrand der Atmosphäre reduziert. Der durch den in Abb. 1 nach rechts gerichteten Pfeil charakterisierte Zustand war also nur ein vorübergehender: Das System strebt einem neuen Gleichgewichtszustand entgegen, während sich Temperatur und Albedo (T' und ρ' in Abb. 1) ändern.

Durch die Erwärmung der Erdoberfläche und wegen des höheren CO_2-Gehaltes auch in der Stratosphäre gehen jetzt aber wesentliche strukturelle Veränderungen in der Atmosphäre vonstatten. Wegen der spezifischen Struktur der Erdatmosphäre mit dem durch das Ozon bedingten Temperaturmaximum in der mittleren Stratosphäre wird das Emissionsniveau im Zentrum der CO_2-Bande bei 15 µm in höhere und damit wärmere stratosphärische Schichten angehoben. Die Stratosphäre verliert dadurch mehr Energie als vor dem Zusatz von CO_2 und kühlt sich ab. Am Erdboden wird die Konvektion erhöht, der Temperaturgradient der Troposphäre verschiebt sich in Richtung auf höhere Temperaturen. Zwischen der sich abkühlenden Stratosphäre und der sich erwärmenden Troposphäre stellt sich die Tropopause, die Grenze zwischen Troposphäre und Stratosphäre, hinsichtlich Temperatur und Höhe neu ein. Auch kann die Troposphäre jetzt wegen ihrer höheren Temperatur bei gleicher relativer Feuchte mehr Wasserdampf aufnehmen, der den durch das zusätzliche CO_2 bewirkten Effekt verstärkt, da er insbesondere die Ausstrahlung des Erdbodens in den Weltraum in dem relativ durchlässigen infraroten Spektralbereich von 8–13 µm Wellenlänge, dem "atmosphärischen Fenster", behindert.

Die Temperaturänderung ΔT beeinflußt viele andere, in Abb. 2 dargestellte, interne Parameter des terrestrischen Systems, die sich auf Strahlungsgrößen auswirken und Strahlungsflußänderungen bewirken. Man spricht dann von einer Rückkopplung innerhalb des Systems, die durch einen Faktor F charakterisiert wird. Die Summe der durch die Rückkopplungen verursachten Flußänderungen überlagert sich der ursprünglichen Änderung, so daß sich diese jetzt aus 3 Termen zusammensetzt (Schlesinger 1989): die durch die CO_2-Zunahme dem System ursprünglich aufgeprägte, die sich aus der Temperaturerhöhung der Erdoberfläche ergebende und die sich aufgrund der Rückkopplung überlagernde. Stellt sich ein neues Gleichgewicht ein, so muß die Summe dieser 3 Flußänderungen Null sein, und die resultierende Temperaturänderung ΔT ist eine Funktion von G_0 und F. Für die Rückkopplung gibt es ein breites Spektrum von Möglichkeiten (s. Abb. 2), in dem alle Untersysteme mit unterschiedlichen Zeitkonstanten reagieren. Durch die dadurch bedingten gegeneinander zeitlich verschobenen Prozeßabläufe und deren Überlagerungen ergeben sich im Gesamtablauf des Einpendelns in ein neues Gleichgewicht variable Zustände, die sich in Klimaschwankungen manifestieren. Die Stabilität des Systems entscheidet darüber, ob sich als neuer Mittelwert, um den herum sich Pendelungen

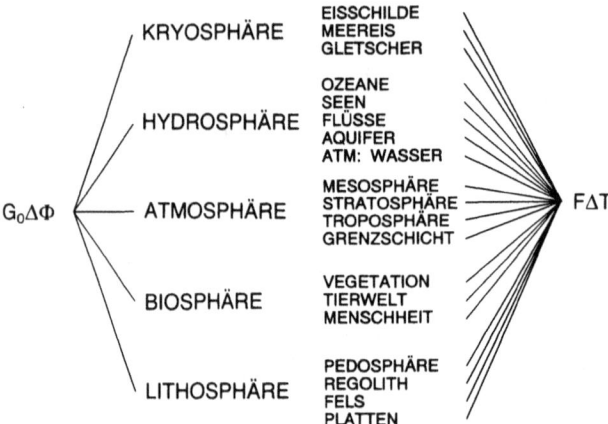

Abb. 2. Die "Sphären" der Erde und einige Komponenten, die in Rückkopplungsprozesse verwickelt sind

vollziehen können, ein dem ersten benachbarter Zustand einstellt, oder ob das System sehr weit aus seinem ursprünglichen Zustand verdrängt wird, wie beispielsweise während der Eiszeiten.

Während die primäre, durch die Zunahme der "Treibhausgase" bewirkte Temperaturerhöhung sehr exakt berechnet werden kann, lassen sich die Rückkopplungen nur mit Modellen der allgemeinen Zirkulation der Atmosphäre und der Ozeane annähernd berechnen, weil selbstverständlich nicht alle Prozesse mit der gleichen Präzision in solche Modelle eingebaut werden können. Aus Berechnungen mit verschiedenen globalen Klimamodellen haben sich denn auch in der Vergangenheit für den Rückkopplungsfaktor F Werte zwischen $-5{,}4$ und $+2{,}5$ ergeben, das heißt, einzelne Modelle haben auch eine negative Rückkopplung signalisiert. Als vertrauenswürdigster Wert wird gegenwärtig eine mittlere globale Temperaturerhöhung von $2{,}5°-3°C$ als Folge einer Verdreifachung der gegenwärtigen CO_2-Konzentration angesehen, die bei gleichbleibender Anstiegsrate in etwa 100 Jahren zu erwarten wäre.

4 Konsequenzen für den Wasserkreislauf

In dem durch Abb. 2 veranschaulichten Rückkopplungsprozeß ist bei einer Zunahme der Temperatur mit einer Intensivierung der Verdunstung, einer größeren Aufnahmefähigkeit der Atmosphäre für Wasserdampf und einer Reduktion der Schneebedeckung zu rechnen. In der Tat deuten längere Modelläufe auf eine Intensivierung des hydrologischen Zyklus in dem Sinne hin, daß sich seine Komponenten im Laufe von 100 Jahren um

5% (Cubasch 1994) bis 15% (Randall et al. 1993) verstärken werden. Über die geographische Verteilung dieser Verstärkung liegen keine gesicherten Erkenntnisse vor. Es gibt Anzeichen, daß in der mittleren Nordhemisphäre die Winterniederschläge und über dem indischen Subkontinent die Sommerniederschläge zunehmen werden (Cubasch 1994).

Eine intersssante Studie haben von Storch et al. (1993) für die iberische Halbinsel unternommen. Um aus globalen Modellsimulationen auf die Niederschläge in diesem räumlichen Größenbereich schließen zu können, haben sie die großskaligen Druckverhältnisse über dem Nordatlantik mit den Niederschlagsdaten der iberischen Halbinsel korreliert. Wenn man jetzt zukünftige Modellszenarien entwirft und diesen die großräumige Druckverteilung über dem Atlantik entnimmt, kann man auf die zukünftige Entwicklung des Niederschlages über der Halbinsel schließen, wenn man voraussetzt, daß die Korrelation zwischen beiden auch in der Zukunft hält. Daraus deduzieren die Verfasser für die Zukunft eine auch bereits bisher beobachtete starke Variabilität der winterlichen Niederschläge mit einer Quasi-Periode von 16–20 Jahren und leicht abnehmender Niederschlagstendenz. Zu ähnlichen Aussagen über die Steuerung des kontinentalen Niederschlages durch Änderungen der Meeresoberflächentemperatur kommen auch Fontaine und Bigot (1993) für den Sahel. Wigley (1992) hat die Resultate von 4 Modellszenarien für verdoppelten CO_2-Gehalt ausgewertet und schließt für die mittlere mediterrane Breitenzone auf eine etwa 50%ige Wahrscheinlichkeit für eine Abnahme der Niederschläge im Winter, Frühjahr und Sommer und eine wesentlich geringere Wahrscheinlichkeit für den Herbst.

5 Beobachtete Veränderungen

Vor dem Hintergrund der bisher nicht sehr belastungsfähigen Modellaussagen über die zukünftige Entwicklung des Niederschlages im Mittelmeerraum sind die bisherigen Auswertungen von Daten zu sehen. Auf die Untersuchungen zur Temperaturentwicklung soll hier nicht eingegangen werden. Es gibt jedoch Hinweise auf andere sich möglicherweise anbahnende Veränderungen mit Auswirkungen auf den Wasserhaushalt (Amanatidis et al. 1993; Maheras 1988; Schönwiese et al. 1994). Die generelle Tendenz der Ergebnisse von Klimamodellrechnungen für den europäisch-nordafrikanischen Raum sind Szenarien mit geringeren sommerlichen Niederschlägen im Mittelmeerraum und höheren winterlichen Niederschlägen in Nordosteuropa (Houghton et al. 1990, 1992). Diese Tendenz wird teilweise durch Beobachtungen seit etwa 1960 gestützt. Anzumerken ist hier jedoch, daß sich viele dieser Aussagen auf die letzten 30–40 Jahre stützen, einen Zeitraum, der mit der Erholung des Klimas in unseren Breiten von einem Temperaturrückgang zusammenfällt, der nach dem Durchlaufen des Temperaturmaximums von 1939/40 begann. Der davor liegende Temperaturanstieg zwischen 1917 und 1939 gehört zu den noch nicht verstandenen Phänomenen und ist wahrscheinlich den natürlichen Schwankungen zuzurechnen, die sich aufgrund der Wechselwirkung zwischen den mit sehr unterschiedlichen Zeitskalen agierenden Untersystemen Ozean, Kryosphäre (polare Eisschilde, Meereis und Gletscher) und Atmosphäre einstellen. Es wäre interessant, diesen Zeitraum mit dem von 1965 bis zur Gegenwart zu vergleichen, weil sich in diesen Zeitabschnitten Parallelitäten im Temperaturanstieg zeigen.

Erheblichen Einfluß auf den Wasserkreislauf hat das sogenannte "ENSO-Phänomen". Hierbei handelt es sich um eine Störung der Zirkulation im äquatorialen Pazifik, bei der der Auftrieb kalten Wassers aus tieferen Schichten des Ozeans vor der peruanischen Küste vermindert wird und sich wärmeres äquatoriales Oberflächenwasser über große Gebiete des Pazifischen Ozeans ausdehnt (El Niño). Dieser Effekt geht Hand in Hand mit einer "Südlichen Oszillation", einer Verschiebung der besonders starken äquatorialen Konvektionsgebiete (Tiefdrucksysteme) vom indonesischen Raum (120° östliche geographische Länge) zur Mitte des Pazifik (180° Länge). Damit ändert sich der Druckgradient zwischen Darwin (Australien) und Tahiti, da unter den Konvektionsgebieten jeweils tiefer Druck herrscht. Gleichzeitig werden vermehrte Niederschläge über Mexiko und Kalifornien sowie Dürren in der Sahelzone registriert. Auswirkungen scheinen auch auf andere Gebiete auszustrahlen. Dies zeigt, daß das globale Zirkulationssystem auf solche Temperaturerhöhungen im Pazifik empfindlich reagiert, und es ist nicht ausgeschlossen, daß sich solche "Temperaturimpulse" durch eine Vergrößerung des Treibhauseffektes in Zukunft häufiger einstellen könnten.

Untersuchungen von Flohn (1992) deuten darauf hin, daß sich in den Tropen zwischen 1949 und 1990 die Oberflächentemperatur, der Feuchtegradient, die Windgeschwindigkeit und die Verdunstung erhöht haben, was auf einen verstärkten Antrieb des Wasserkreislaufes in den Tropen hinweist. Über dem Nordatlantik findet Flohn (1993a,b), daß sich der Druckgradient zwischen dem subtropischen Hochdruckgürtel ("Azorenhoch") und dem subpolaren Tiefdruckgebiet ("Islandtief") im Mittel über den Zeitraum 1971–1991 (Zeitraum in der Nordhemisphäre ansteigender Temperaturen) gegenüber dem Mittel 1951–1971 (Temperaturminimum der zweiten Hälfte des 20. Jahrhunderts) um etwa 5 hPa (Hektopascal: diejenige Einheit, die dem früher gebräuchlichen Millibar entspricht) verstärkt hat. Diese Ergebnisse werden von Malberg und Bökens (1993) bestätigt, die über die Jahrzehnte 1960–1990 für die Traverse Azoren-Island stetig um etwa 0,5 hPa/Jahr (=2,5%/Jahr) im Winter und 0,12 hPa im Frühjahr anwachsende Gradienten findet. Während der Sommer- und Herbstmonate ist diese Tendenz nicht vorhanden. Dieser Druckanstieg geht einher mit der Erwärmung des mittleren Nordatlantik um im Kern 1 K westlich der Biskaya und einer Abkühlung im Labrador-Becken um etwa 0,5 K bei gleichzeitiger Erwärmung des Nordmeeres um 0,2 K (Malberg u. Frattesi 1994), was wiederum konform ist mit einem Rückgang des Meereises zwischen 50°W und 60°E (Abb. 3).

Die Konsequenz einer solchen Gradientverstärkung sind einerseits höhere "geostrophische" Winde, die sich als Folge der Beschleunigung durch den Druckgradienten und der dann auf das bewegte Luftpaket aufgrund der Erddrehung einwirkenden sogenannten "Coriolisbeschleunigung" einstellen. Diese Luftströmung verläuft um 90° gegenüber dem Druckgradienten gedreht, also in östliche Richtung. Dadurch wird in verstärktem Maße feuchte Atlantikluft in Breiten nördlich von etwa 40°N transportiert (Flohn 1993b). Andererseits wirkt eine Zunahme des Hochdrucks über dem südlichen Mittelmeergebiet dem Niederschlag hier verstärkt entgegen. Über eine Verlagerung des Hochdruckgürtels ist dadurch noch nichts ausgesagt. Eine Verschiebung dieses Drucksystems nach Norden, wie es beispielsweise zur Zeit des Klimaoptimums und der Wüstenbildung in der Sahara vor 6000 Jahren der Fall gewesen sein muß (Lamb 1982), hätte den Effekt, daß der Mittelmeerraum stärker unter den Einfluß des absinkenden Astes der "Hadley-Zelle" und damit in den Trockengürtel geraten würde.

Obwohl also hinsichtlich des Einflusses des zunehmenden Treibhauseffektes auf den Wasserkreislauf noch keine gesicherten Erkenntnisse bestehen, deuten Anzeichen auf eine Empfindlichkeit dieses Systems gegenüber Änderungen in der Kopplung zwischen Ozean und Atmosphäre hin, die in der Zukunft Auswirkungen auf die gegenüber Änderungen sehr empfindlichen mediterranen Ökosysteme haben könnten.

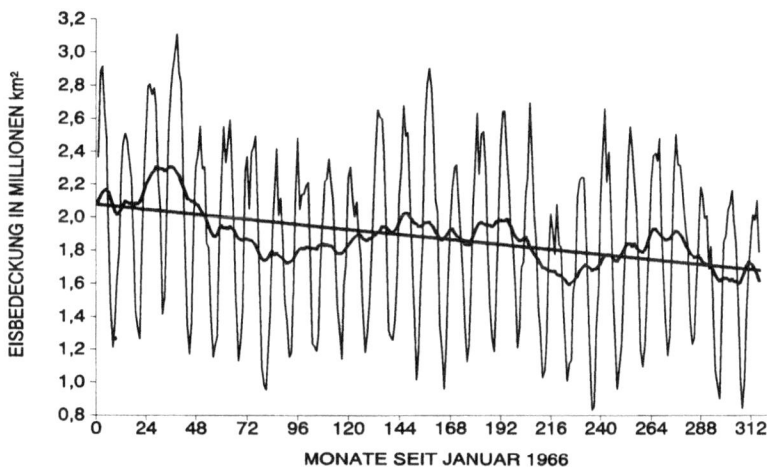

Abb. 3. Monatliche Eisbedeckung des Nordmeeres 1966–1992; 50°W bis 60°E, 12-Monats-Mittel und linearer Trend. (Nach Eckardt 1993, persönl. Mitteilung)

6 Den Wasserkreislauf steuernde Prozesse an den Landoberflächen

Motor des Wasserkreislaufes ist der die Erdoberfläche erreichende Nettostrahlungsstrom, der die Energie für die Verdunstung liefert. Diese Energieströme werden in W/m^2 gemessen. Für die Verdunstung einer Wassersäule von 1 mm/Tag wird pro Flächeneinheit eine Leistung von 29 W/m^2 benötigt. Wenn die gesamte Strahlungsenergie in latente Wärme (Wasserdampf, dessen Verdunstungswärme in Kondensationsprozessen wieder freigesetzt werden kann) umgesetzt werden würde, spricht man von potentieller, das heißt maximal möglicher Verdunstung. Die tatsächliche Verdunstung hängt jedoch davon ab, wieviel Wasser an der Oberfläche oder in den obersten Schichten des Bodens für die Verdunstung zur Verfügung steht und ob sich über dem Boden ein Gradient der Wasserdampfdichte entwickeln kann. Ohne einen solchen Gradienten oder aber seitlichen Abtransport der feuchten Luft (wie beispielsweise am Übergang zwischen trockenen und feuchten Gebieten) kann sich kein Massenfluß entwickeln.

Eine entscheidende Frage des Energiehaushaltes ist es, wie das Strahlungsangebot an der Erdoberfläche in Wärme umgesetzt wird. Wird viel fühlbare Wärme produziert, so erwärmt diese den Erdboden und die unteren Schichten der Atmosphäre und macht sie dadurch für Wasserdampf aufnahmefähiger. Kondensation und Niederschlag werden unterdrückt. Wird der größte Teil der Strahlung in latente Energie umgewandelt, so ändert sich die Temperatur der Erdoberfläche kaum: Der Atmosphäre wird Wasserdampf zugeführt, der in größeren Höhen kondensieren und lokal oder aber auch weit vom Ursprungsgebiet entfernt zu Niederschlägen führen kann. Für ein Volumen, in dem Energie umgesetzt wird, muß die Summe der Wärmeflüsse (Bodenwärmefluß, fühlbarer Wärmefluß, latenter Wärmefluß = Verdunstungswärme, absorbierte photosynthetisch aktive Strahlung und horizontaler Wärmetransport) gleich der absorbierten Strahlungsleistung, dem Nettostrahlungsstrom, sein.

Die Strahlung am Boden setzt sich aus 4 Komponenten zusammen: der aus direkter und gestreuter Sonnenstrahlung bestehenden, nach unten gerichteten kurzwelligen Himmelsstrahlung, der an der Oberfläche reflektierten nach oben gerichteten kurzwelligen Strahlung, der von der Atmosphäre nach unten emittierten langwelligen Infrarotstrahlung und der von der Erdoberfläche ausgestrahlten langwelligen Infrarotstrahlung. Vergleicht man den sich daraus ergebenden Nettostrahlungsfluß verschiedener Klimazonen, so ergibt sich die zunächst überraschende Tatsache, daß dieser in tropischen Trockengebieten trotz stärkerer solarer Bestrahlungsstärke kleiner sein kann als in gemäßigten Breiten. Die Gründe dafür sind einerseits die vergleichsweise höhere Albedo von trockenen Böden sowie andererseits die höhere infrarote Ausstrahlung aufgrund einer tagsüber erhöhten Bodentemperatur. Über den beispielsweise in der Sahara häufiger vorkommenden dunkleren, lateritischen (eisenoxidhaltigen) Böden wird zwar mehr Sonnenstrahlung absorbiert, dafür ist hier aber auch mit weiter erhöhten Temperaturen und dadurch bedingter höherer infraroter Ausstrahlung zu rechnen. Hier haben wir einen natürlichen Kompensationsprozeß vor uns, der die Überhitzung der Oberfläche in Grenzen hält (negative Rückkopplung).

Vegetation, die den Trockenklimaten angepaßt ist, würde die Albedo insbesondere im sichtbaren Spektralbereich beeinflussen, im nahen Infrarot ist ihre Albedo häufig ebenfalls hoch (s. Abb. 4). Auch hier wieder ein natürlicher Kompensationseffekt: Die Pflanze braucht die photosynthetisch aktive Strahlung für die Biomassenproduktion und wird durch eine hohe Albedo im nahen Infrarot davor geschützt, zuviel Sonnenstrahlung absorbieren zu müssen, deren thermischer Effekt nicht durch Transpiration ausgeglichen werden könnte und somit zu einer Schädigung der Pflanze führen würde. Bewachsener Boden, der sich auch aufgrund von vorhandenem Humus bereits häufig durch eine dunklere Farbe auszeichnet, nimmt folglich mehr Sonnenstrahlung auf, erwärmt sich jedoch nicht so stark, da die Energie in latente Wärme umgewandelt wird.

Der Bodenwärmefluß hängt von Art, Wärmeleitfähigkeit und Wärmekapazität der Böden ab, die wiederum eine Funktion des Wassergehaltes sind, sowie von der darüber befindlichen Vegetation. Im 24stündigen Tagesmittel ist er sehr klein, da er nachts seine Richtung

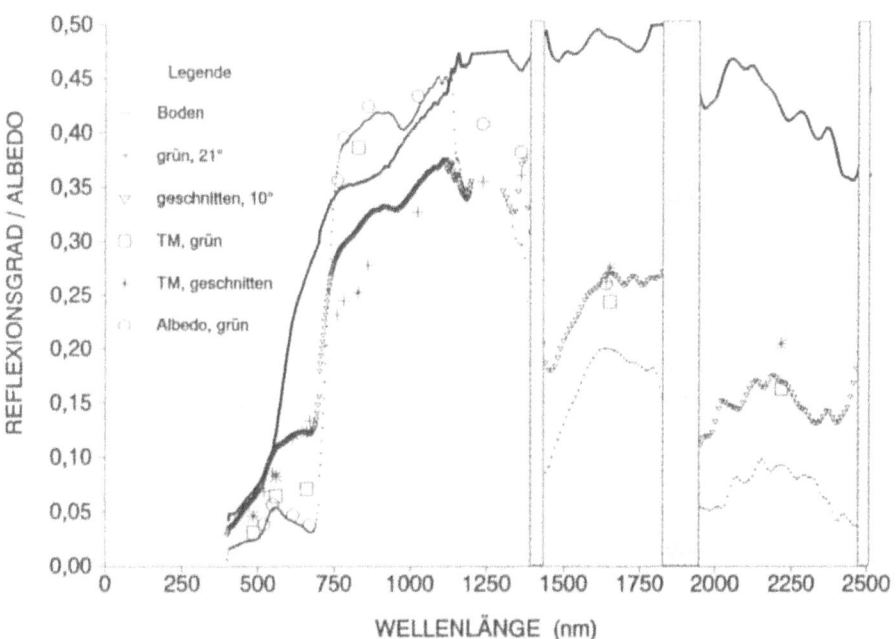

Abb. 4. Reflexionsgrad und Albedo von Alfalfa; Vergleich zwischen voll entwickelten Pflanzen, gerade geschnittenen Feldern und dem unterliegenden Boden (Castilla-La Mancha)

umkehrt. Im Frühjahr und Frühsommer wird durch ihn der Boden erwärmt, und im Herbst und Winter gibt der Boden die Wärme an die Atmosphäre ab.

Der latente Wärmefluß ist immer dann groß, wenn der Boden einen hohen Feuchtigkeitsgrad besitzt oder die Vegetation sehr produktiv ist und einen hohen Wasserdurchsatz hat. Hier liegt ein Berührungspunkt mit anderen Stoffkreisläufen: Die biologische Aktivität der Vegetation ist nur dann groß, wenn außer dem Wasser auch Nährstoffe und Mineralien vorhanden sind und Photosynthese erfolgt. Die dazu notwendige Menge des aus der Luft aufgenommenen Kohlendioxids bestimmt die Öffnung der Spaltöffnungen der Blätter und reguliert damit auch den Wasserdurchsatz. Die von den Pflanzen aufgenommene photosynthetisch aktive Strahlung (PAR) ist nur ein kleiner Prozentsatz (2–3%) der Sonnenstrahlung im Spektralbereich 400–700 nm.

Wenn der Boden trocken ist und die Pflanzen unproduktiv sind, nimmt der fühlbare Wärmefluß hohe Werte an. In diesem Falle heizt sich der Boden auf, da er seine Energie nur durch diesen Wärmefluß und durch Emission infraroter Strahlung abführen kann. Das Verhältnis des fühlbaren Wärmeflusses zum latenten Wärmefluß wird "Bowen-Verhältnis" genannt. Es ist ein Maß für den Grad der Austrocknung. Während dieses Verhältnis beispielsweise in semiariden Gebieten Spaniens mit entsprechender Vegetation bei 2,5 liegt, ergeben sich über landwirtschaftlich genutzten Gebieten in der Hildesheimer Börde Werte unter 0,5. Dies zeigt die Abhängigkeit des Bowen-Verhältnisses von den klimatischen Bedingungen.

Modelle sind heute bei richtiger Vorgabe der Eigenschaften des Bodens, der Vegetation und der atmosphärischen Grenzschicht (Wind, Temperaturprofil, Strahlung) in der Lage, die Energieflüsse zwischen Erdoberfläche und Atmosphäre korrekt wiederzugeben. Für den Fall eines mit karger mediterraner Vegetation bestandenen Gebietes sind die verschiedenen Wärmeflüsse und Temperaturen einmal als gemessene Werte und zum anderen als Ergebnis einer Modellrechnung in Abb. 5 dargestellt (Blümel 1994, persönl. Mitteilung).

7 Großräumige Untersuchungen der den Wasserkreislauf steuernden Landoberflächenprozesse

Die detaillierte Untersuchung der sich zwischen Böden, Vegetation und Atmosphäre abspielenden komplexen Prozesse ist nur in kleinen Gebieten möglich. Um den Übergang zu Arealen zu finden, die mit den Gitterweiten globaler Modelle kompatibel sind, müssen die Energieflüsse für Gebiete von 10^4–10^5 km^2 aggregiert werden, ein Prozeß, der wegen der nichtlinearen Beziehungen zwischen Landoberflächeneigenschaften und Prozessen nicht durch eine einfache Mitteilung bewerkstelligt werden kann und daher auch zu teilweise ganz anderen, vereinfachenden Prozeßbeschreibungen führt als im kleinen Skalenbereich. Beispielsweise spielt in größeren Gebieten der Wassertransport im Boden eine wichtige Rolle, der sich aber in langen Zeiträumen abspielt und das Verhalten der Vegetation bestimmt.

In einem sehr ebenen semiariden Gebiet Spaniens (Castilla-La Mancha) wurden grundlegende Untersuchungen für ein Gebiet von etwa 100 × 100 km^2 durchgeführt (Bolle et al. 1993), das aber wiederum nur an 3 für die Landnutzung repräsentativen Punkten von etwa 10 km^2 Größe sehr dicht instrumentiert werden konnte. Die zur Verwendung kommenden Meßmethoden sind sehr aufwendig, müssen doch die Wassertransportvorgänge im Boden, in den Pflanzen und in der atmosphärischen Grenzschicht simultan untersucht werden, um einen konsistenten Datensatz zu erhalten, der es ermöglicht, detaillierte Transfermodelle auf ihre Leistungsfähigkeit zu überprüfen. In großräumigen (mesoskaligen bis globalen) Modellen müssen die gefundenen Ansätze dann in vereinfachter Form ("parametrisiert") repräsentiert werden. Das bedeutet aber, daß die über 40 Parameter, die zum Betrieb eines detaillierten Transfermodelles benötigt werden, durch ganz wenige flächenrepräsentative ersetzt werden müssen. Dieser Vorgang der "Aggregation" von prozeßbeschreibenden Parametern kann nur mit Hilfe großräumiger Information von Landnutzung, Albedo, Temperaturverhalten und Bewölkung durchgeführt werden. Dabei ist zu beachten, daß die einzelnen Parameter in nichtlinearer Weise in die mathematischen Prozeßformulierungen eingehen und somit im allgemeinen nicht mit einfachen Mittelwertbildungen gearbeitet werden kann.

Ein Aspekt der Erforschung von Landoberflächenprozessen konzentriert sich daher gegenwärtig darauf, die Methoden der Fernerkundung für diese Zwecke heranzuziehen. Die sich dabei ergebenden Aufgaben führen in eine andere Richtung als die in dem Beitrag von Furrer dargestellten Beispiele, obwohl selbstverständlich die Voraussetzungen für die Technik der Datenverarbeitung und Korrektur (beispielsweise für atmosphärische Effekte) gleich sind. Stand dort die Identifikation von Landoberflächencharakteristika mit hochauflösenden multispektralen Systemen im Vordergrund, so geht es hier darum, aus den im Weltraum gemessenen spektralen Strahldichten Größen abzuleiten, die direkt mit den an der Erdoberfläche ablaufenden energetischen Prozessen und Modellparametern in Zusammenhang gebracht werden können (beispielsweise Albedo, Temperatur, Bodenrauhigkeit, Vegetationsdichte) und die am Boden punktuell gewonnenen Meßergebnisse auf große geographische Räume zu übertragen und für lange Zeiträume Datenreihen gleichbleibender Präzision zu gewinnen.

Die Qualität der aus dem Weltraum zu erhaltenden Informationen kann punktuell durch detaillierte Messungen am Boden überprüft werden, die sich mit den relativ selten zu erhaltenden Daten hochauflösender Satellitengeräte wie dem "Thematic Mapper" auf LANDSAT vergleichen lassen. Aggregiert man diese hoch aufgelösten Daten zu Flächen von etwa 1,4 km^2

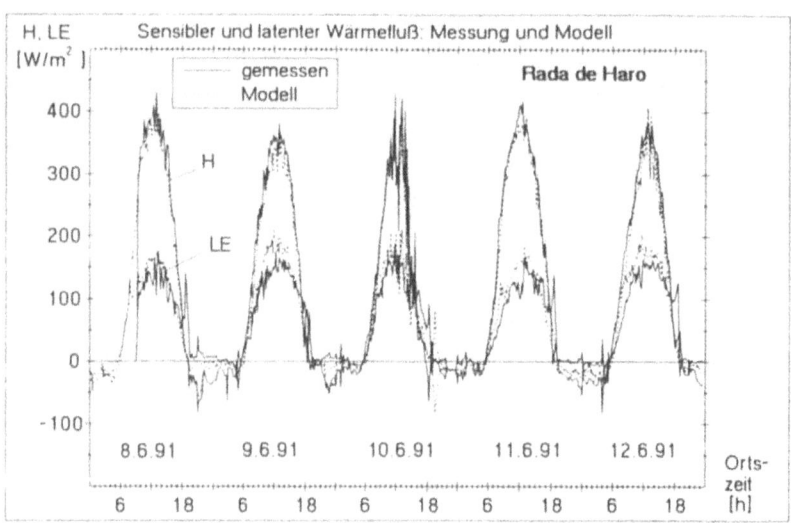

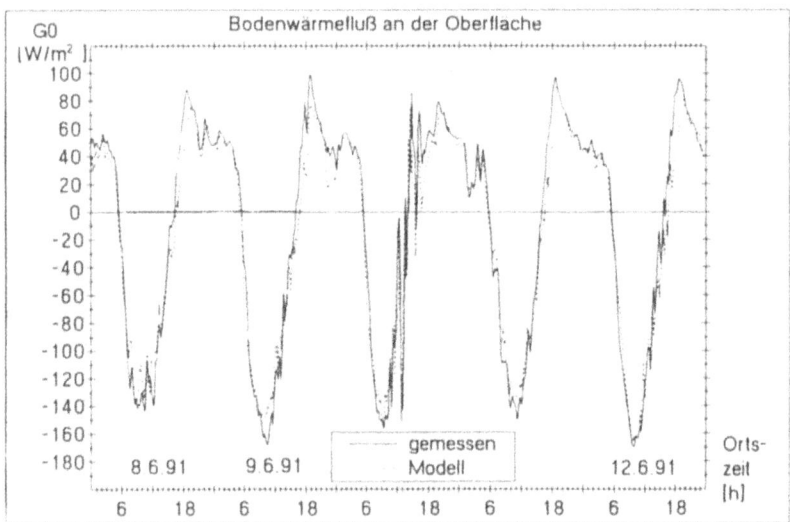

Abb. 5. Gemessene und modellierte Wärmeflüsse und Temperaturen für ein karg bewachsenes steiniges Gebiet in Castilla-La Mancha, Spanien. (Nach Blümel 1994, persönl. Mitteilung)

Größe, so kann man diese Werte dann wieder mit den Messungen vergleichen, die von meteorologischen Satelliten stammen, die ein und dasselbe Gebiet zwar täglich, aber nicht mit der hohen Auflösung beobachten, die notwendig ist, um Bodenmessungen mit den im Weltraum gewonnenen Daten zu vergleichen. Die Daten dieser Satelliten lassen sich dann aber für globale Langzeitstudien heranziehen.

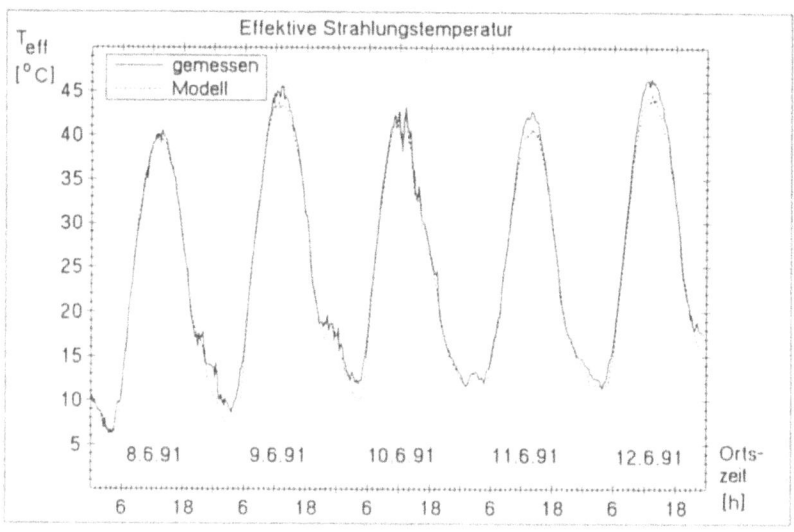

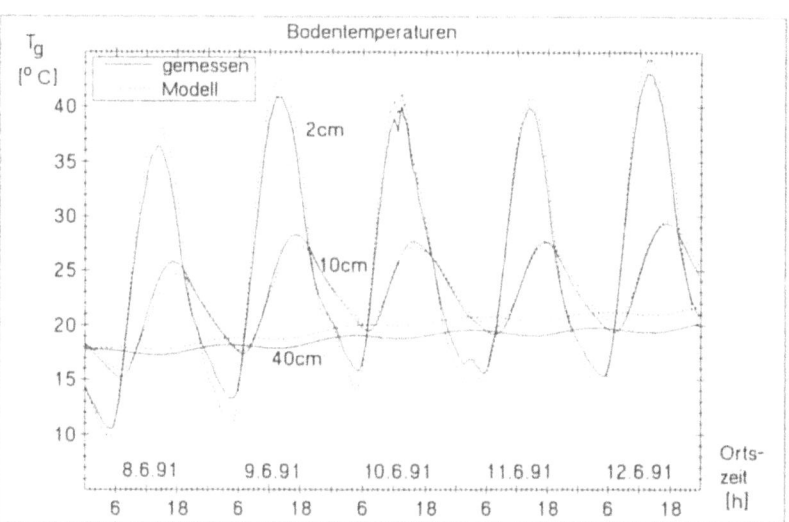

Abb. 5. Fortsetzung

8 Beeinflussung des Wasserkreislaufes durch Aktivitäten der Menschen

Die Beeinflussung des Wasserkreislaufes erfolgt einmal durch eine Veränderung der Größen, die die Verteilung des Niederschlages auf verschiedene Speicher und die Verdunstung steuern. Der Niederschlag kann bereits durch die Veränderung der Kondensationskeime beeinflußt werden, beispielsweise wenn im Zuge einer Desertifikation biogene Aerosole durch Sandaufwirbelungen ersetzt werden. Art und Menge der Vegetation bestimmt die Interzeption (Niederschlag auf Pflanzenteilen), die bei Bäumen bis zu 50% betragen kann. Dieser Anteil des Niederschlages wird als erster wieder verdunsten. Fällt viel Regen auf den unbewachsenen Boden, so kann dessen Aufnahmevermögen durch Kompressionsvorgänge beim Aufschlag der Tropfen verringert werden. Dies führt zu einem verstärkten Abfluß an der Oberfläche und zu Erosion. Abholzung, Brände und Überweidung verändern die Vegetationsdecke und die Böden. Dadurch wird die Verteilung des Regenwassers auf Verdunstung, Abfluß an der Oberfläche und Versickerung häufig zuungunsten der letzteren verschoben.

Eine andere Beeinflussung des Wasserkreislaufes erfolgt über die Entnahme von Wasser aus unterirdischen Speichern oder die Umleitung von Flüssen zum Zwecke der intensiveren landwirtschaftlichen Landnutzung in anderen Gebieten. Als ein Beispiel für das Zusammenwirken verschiedener Faktoren seien hier Untersuchungen angeführt, die in Castilla-La Mancha südöstlich von Madrid durchgeführt wurden. Die Hauptaquifere (wasserführende Schichten) werden von den im Norden und Süden liegenden Bergen gespeist, die unterirdischen wasserführenden Schichten sind durch Verwerfungen voneinander abgegrenzt. Das Gebiet wird von mehreren Flüssen durchquert, die heute jedoch nur noch wenig Wasser führen, da ein Großteil des Wassers durch einen Kanal abgezweigt und nach Südspanien geleitet wird, um dort Gemüse- und Obstanbau zu ermöglichen. Zugleich besteht großes Interesse daran, das Gebiet wieder landwirtschaftlich zu entwickeln. Dies bedeutet aber eine Intensivierung der Bewässerung durch Installation tieferer Bohrlöcher, die jetzt bereits auf dem Grunde des Aquifers angekommen sind. Die Folge davon ist ein ständig absinkender Grundwasserspiegel. Über dem Grundwasser befindet sich eine ungesättigte Zone, die auch für tiefgreifende Wurzeln zunehmend schwerer erreichbar wird. Der Boden trocknet aus, und die Verdunstung erfolgt während des Sommers im wesentlichen über die Vegetation, die im Trockenanbau nur noch Wein zuläßt, der in großen Abständen gepflanzt werden muß. Durch diese Monokultur wird die Region wiederum sehr anfällig gegenüber Nachfrageschwankungen und ausländischer Konkurrenz.

In günstigeren Lagen wird durch die Bewässerung eine intensivere Landwirtschaft möglich, die das Grundwasser und damit über lange Jahre gespeicherte Wasserreserven zu einem sehr großen Prozentsatz direkt an die Atmosphäre abgibt. Wegen der starken Erwärmung des Bodens über dem angrenzenden trockenen Gebiet führt dieses Wasser im Sommer kaum zu lokalen Niederschlägen. Es baut sich eine mit bis zu 3000 m hoch reichende atmosphärische Grenzschicht auf, die sich mit Aerosolen füllt. Von Westen und Südwesten eindringende atlantische bzw. mediterrane Luft wird in dem sich bildenden Tiefdruckgebiet in der unteren Atmosphäre zum Aufsteigen gezwungen, ohne daß es zu Niederschlägen kommt. Das Wasser wird aus diesem Gebiet somit während des Sommers auch über die Atmosphäre exportiert. Ersatz erfolgt erst im Winterhalbjahr, wobei ein Teil des importierten Wassers bereits an den küstennahen Gebirgen abgefangen wird.

Die geographische Lage spielt für die zu erwartenden Niederschläge eine entscheidende Rolle. So gibt es beispielsweise selbst in küstennahen Regionen Italiens kleine, fast semiaride, meist landwirtschaftlich genutzte Gebiete (Guzzi 1981), die in ein niederschlagsreicheres Umfeld eingebettet sind. Hier werden die Luftströmungen, insbesondere Land-Seewind-Zirkulationen so kanalisiert, daß ein Niederschlag nur über den sich weniger stark aufheizenden und höher gelegenen waldreicheren Gebieten möglich wird. Dabei spielen auch vorgelagerte gebirgige Inseln eine Rolle. Diese küstennahen Ebenen besitzen wegen ihrer Landwirtschaft, der dort angesiedelten Industrie und dem expandierenden Tourismus eine große ökonomische Bedeutung für die Regionen. Der steigende Wasserbedarf bewirkt einerseits eine Qualitätsminderung und steigende Verknappung des Trinkwassers, andererseits dringt Salzwasser vom Meer her in die Aquifere ein und führt zur Versalzung der Böden. Allenthalben werden erhebliche technische Anstrengungen gemacht, die Auswirkungen des steigenden Süßwasserverbrauches zu mildern. Solange sich Verbrauch und Niederschlagsangebot nicht die Waage halten, ist jedoch nicht mit einer dauerhaften Besserung der Situation zu rechnen. Nach dem früher Gesagten ist jedoch, abgesehen von großen quasiperiodischen Schwankungen, mit einem erhöhten Wasserangebot im Mittelmeerraum in der Zukunft kaum zu rechnen.

9 Schlußfolgerungen

Die Prozesse, die die kontinentale Komponente des Wasserkreislaufes bestimmen, sind durch viele Untersuchungen in den vergangenen Jahren so weit erforscht worden, daß sie sich lokal mit Hilfe mathematischer Modelle zufriedenstellend beschreiben lassen. Regionale Zusammenhänge sind qualitativ bekannt, jedoch erfordert ihre Anbindung an das globale System neue Methoden der Parametrisierung, an denen gegenwärtig verstärkt gearbeitet wird. Es handelt sich dabei um Probleme der "Skalierung", der in Abb. 6 noch einmal zusammengestellten Einzelprozesse zu einer modellmäßigen Beschreibung mit Hilfe von Parametern, die großräumig, gegebenenfalls mit Hilfe der Fernerkundung, erfaßt werden können. Erschwert wird diese räumliche Integration durch die unterschiedlichen Zeitkonstanten der Untersysteme: Die unterirdische Verteilung des niedergeschlagenen Wassers, sein Aufsteigen zu den Pflanzenwurzeln durch die ungesättigte Zone, sein Speicherung in der Matrix und in den Poren der Böden, die sich verändernde Landnutzung und Wassertechnologie folgen anderen Zeitmaßen als die schnellen Prozesse in der Atmosphäre. Je mehr die naturwissenschaftlichen Forschungsergebnisse reifen, desto klarer wird

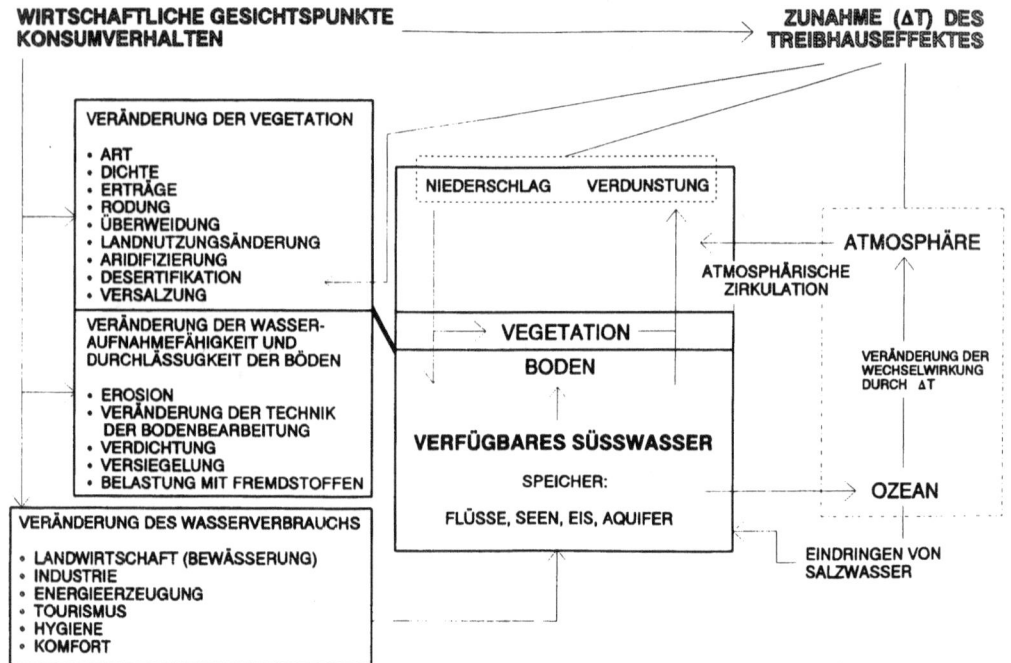

Abb. 6. Beispiele für die Beeinflussung des Wasserkreislaufes durch den Menschen

es auch, daß das Süßwasserproblem nicht nur hinsichtlich der hier überhaupt nicht behandelten Trinkwasserqualität, sondern bereits hinsichtlich seiner regionalen Verteilung, also Quantität, wesentlich von menschlichen Beweggründen beinflußt wird.

10 Zusammenfassung

Die Beeinflussung der globalen Verteilung des Süßwassers durch den Anstieg der Konzentrationen von Treibhausgasen in der Atmosphäre kann nur mit Hilfe von Klimamodellen untersucht werden, die es erlauben, den Einfluß des zunehmenden Treibhauseffektes von den natürlichen Schwankungen und den Einwirkungen der Menschen auf den Wasserhaushalt zu unterscheiden. Dies setzt die korrekte Darstellung derjenigen Prozesse voraus, die den hydrologischen Kreislauf regulieren. Die Erforschung dieser Prozesse macht die Durchführung von Messungen in repräsentativen und aus Gründen des erforderlichen Meßaufwandes relativ kleinen Gebieten notwendig. Beobachtungen aus dem Weltraum müssen herangezogen werden, um die in diesen Gebieten gewonnenen Erfahrungen auf die größeren raum-zeitlichen Dimensionen zu übertragen. Die Freie Universität

Berlin beteiligt sich im Rahmen der europäischen Forschung über Wüstenbildung im Mittelmeerraum an Experimenten, die einer Verbesserung der modellmäßigen Darstellung von Prozessen dient, die sich in semiariden Gebieten an den Landoberflächen abspielen. Diese Prozesse werden aber auch von regionalen sozioökonomischen Gegebenheiten beeinflußt, die in Überlegungen zur zukünftigen Wasserverfügbarkeit einbezogen werden müssen.

Dank. Die in dieser Veröffentlichung verwendeten Abbildungen 3-5 bzw. die diesen zugrundeliegenden Daten wurden von Mitgliedern der Arbeitsgruppe "Atmosphärische Strahlung und Fernerkundung" des Institutes für Meteorologie der Freien Universität Berlin beigesteuert.

Literatur

Amanatidis GT, Paliatsos AG, Repapis CC, Bartzis JG (1993) Decreasing precipitation trend in the Marathon area, Greece

Baumgartner A, Reichel E (1975) Die Weltwasserbilanz. - Niederschlag, Verdunstung und Abfluß über Land und Meer sowie auf der Erde im Jahresdurchschnitt. Oldenbourg Verlag, München

Berger A, Schneider S, Duplessy JCl (eds) (1989) Climate and geo-sciences. NATO ASI Series, vol 285. Kluwer Academic Publisher, Dordrecht

Bolle H-J et al. (36 co-authors) (1993) EFEDA: European field experiment in a desertification-threatened area. Ann Geophysicae 11: 173-189

Cubasch U (1994) Dynamisch-stochastische Vorhersage-Experimente mit Modellen der allgemeinen Zirkulation für einen Zeitraum von 10 Tagen bis 100 Jahren. Examensarbeit Nr. 19, Max-Planck-Institut für Meteorologie, Hamburg

Flohn H (1992) Wasserdampf als Verstärker des Treibhauseffektes. Bericht bei der Anhörung des Enquete-Ausschusses des 12. Deutschen Bundestages "Vorsorge zum Schutz der Erdatmosphäre" (16. Januar 1992)

Flohn H (1993a) Klimaprobleme vor und nach der Rio-Konferenz (Juni 1992). In: Klima. Sammelband der Vorträge des Studium generale der Ruprecht-Karls-Universität Heidelberg im Wintersemester 1992/93. Heidelberger Verlagsanstalt, Heidelberg

Flohn H (1993b) Physical 3D-climatology from Hann to the satellite era. Interactions between global climate subsystems, the Legacy of Hann. Geophys Monograph 75, IUGG vol 15

Fontaine B, Bigot S (1993) West African rainfall deficits and sea surface temperatures. Internat J Climatol 13: 271-285

Guzzi R (1981) Manuale di climatologia. Franco Muzzio, Padova

Hamilton AC (1982) Environmental History of East Africa. Academic Press, London New York

Houghton JT, Jenkins GJ, Ephraums JJ (eds) (1990) Climate change: The IPCC scientific assessment. Cambridge University Press, Cambridge

Houghton JT, Callander BA, Varney SK (eds) (1992) Climate change 1992: The supplementary report to the IPCC scientific assessment. Cambridge University Press, Cambridge

Lamb HH (1982) Climate, history and the modern world. Cambridge University Press, Cambridge

Maheras P (1988) Changes in precipitation conditions in the western Mediterranean over the last century. J Climatol 8: 179-189

Malberg H, Bökens G (1993) Changes in pressure-, geopotential-, and temperature fields between the subtropics and the subpolar region over the Atlantic in the period 1960–1990. Meteorol Z NF 2: 131–137

Malberg H, Frattesi G (1994) Änderungen der nordatlantischen Meeresoberflächentemperatur im Zeitraum 1973–1992. Meteorol Z 6 (im Druck)

Oort AH (1971) The observed annual cycle in the meridional transport of atmospheric energy. J Atmospher Sci 28: 325

Randall DA, Cess RD, Bölanchet JP et al. (30 co-authors) (1993) Intercomarison and interpretation of surface energy fluxes in atmospheric General Circulation Models. J Geophys Res 97, D4: 3711–3724

Schlesinger ME (1989) Model projections of the climatic changes induced by increased atmospheric CO_2. In: Berger A, Schneider S, Duplessy JCl (eds) Climate and geo-sciences. NATO ASI Series, vol 285, Kluwer Academic Publisher, Dordrecht

Schönwiese C-D, Rapp J, Fuchs T, Denhard M (1994) Observed climate trends in Europe 1891–1990. Meteorol Z NF 3: 22–28

von Storch H, Zorita E, Cubasch U (1993) Downscaling of Global Change estimates to regional scales: An application to Iberian rainfall in wintertime. J Climate 6: 1161–1171

Wigley TML (1992) Future climate of the Mediterranean Basin with particular emphasis on changes in precipitation. In: Jeftic L, Milliman JD, Sestini G (eds) Climatic change and the Mediterranean. Edward Arnold, London, 673 pp

Meteorologische Aspekte des Ozonproblems

Karin Labitzke

1 Einführung

In fast jeder Diskussion über Umweltprobleme, ob Treibhauseffekt, Grundwasserverschmutzung oder Überschwemmungen, fällt früher oder später das Wort "Ozonloch" – jeder Laie benutzt es mit einer verblüffenden Selbstverständlichkeit. Obwohl er kaum wissen kann, was sich hinter dem Wort "Ozonloch" eigentlich verbirgt, fühlt er sich laut Meinungsumfragen (in Deutschland) im Vergleich zu allen anderen Umweltproblemen von dem "Ozonloch" am meisten bedroht; und manche Presseberichte schüren diese Angst, indem gelegentlich im Winter vollkommen unsachgemäß und falsch von einem "Ozonloch über Deutschland" berichtet wird.

In dem nachfolgenden Beitrag soll gezeigt werden, daß wir es mit einem *besorgniserregenden langfristigen, bis in die Mitte des nächsten Jahrhunderts andauernden Abbau des Ozons* zu tun haben, der durch die Fluorchlorkohlenwasserstoffe (FCKW), aber auch durch den Anstieg anderer anthropogener Spurenstoffe verursacht wird, und daß deshalb Maßnahmen ergriffen wurden, um den Verbrauch dieser gefährlichen Produkte zu reduzieren oder zu stoppen. Es soll aber auch klargestellt werden, daß sich bei uns auf der Nordhemisphäre bis jetzt kein "Ozonloch" ausbilden kann, so daß wir in Deutschland während des ganzen Jahres vor den Sonnenstrahlen keine Angst haben müssen, jedenfalls nicht mehr als unsere Vorfahren und nicht mehr, als wenn wir in den Süden reisen.

2 Natürliche Bildung und natürliche Zerstörung des Ozons

Ozon ist die dreiatomige Form (O_3) des gewöhnlichen Luftsauerstoffs (O_2). Es entsteht im wesentlichen in der tropischen Stratosphäre, in Höhen zwischen 20 und 30 km:

- Molekularer Sauerstoff (O_2) wird durch Photolyse, d.h. durch Absorption von UV-Strahlung mit Wellenlängen unter 240 nm (1 Nanometer = 10^{-9} Meter), in atomaren Sauerstoff (O) gespalten (s. auch Abb. 2):

    UV-Strahlung + $O_2 \rightarrow O + O$

- Der atomare Sauerstoff lagert sich an ein Sauerstoffmolekül an, und es bildet sich Ozon (O_3) unter Teilnahme eines Katalysators (M):

$$O + O_2 + M \rightarrow O_3 + M$$

netto: $UV + 3O_2 \rightarrow 2O_3$

Das so gebildete Ozon absorbiert seinerseits UV-Strahlung zwischen 200 und 340 nm. Das meiste Ozon befindet sich in der Stratosphäre in Höhen um 20 km. Diese Ozonschicht ist für uns in 2facher Hinsicht von großer Bedeutung: Zum einen schirmt sie die gefährliche Ultraviolettstrahlung der Sonne ab, welche ohne diesen Filter alles Leben auf dem Festland auslöschen würde. Zum anderen bewirkt die Energie dieser in der Höhe absorbierten Strahlung dort eine beachtliche Erwärmung, sie bildet die Strato- und Mesosphäre und hat damit Einfluß auf die allgemeine Zirkulation der Atmosphäre (Fabian 1992).

Im natürlichen photochemischen Gleichgewicht wird Ozon auch wieder zerstört:

- Ozon absorbiert Strahlung (UV-Strahlung und sichtbares Licht) mit Wellenlängen unter 1200 nm, und dabei zerfällt es wieder:

$$\text{Licht} + O_3 \rightarrow O + O_2$$

- Natürliche Kollisionen führen auch zur Ozonreduktion:

$$O_3 + O \rightarrow O_2 + O_2$$

netto: $\text{Licht} + 2O_3 \rightarrow 3O_2$

In einer reinen Atmosphäre sind diese Prozesse der Bildung und Zerstörung des Ozons mit dem wichtigen Prozeß der Absorption der für Menschen schädlichen UV-Strahlung im Gleichgewicht.

3 Natürliche Verteilung des Ozons

Die Produktion des Ozons findet hauptsächlich in der Stratosphäre in einer Höhe von 20–30 km über den Tropen statt, denn nur hier ist, bei hohem Sonnenstand, die Strahlungsintensität für die Photolyse ausreichend stark. Von den Tropen wird das Ozon durch vorherrschende Winde in die mittleren und hohen Breiten abtransportiert. Abbildung 1 zeigt, daß in den Tropen, also gerade dort, wo die Sonne am höchsten steht, der Ozongehalt am geringsten ist. Das bedeutet, daß dort, in den Tropen und Subtropen, die UV-Strahlung aus 2 *natürlichen* Gründen besonders stark ist:

- weil die Sonne hoch steht und damit der Weg für die Strahlung durch die Atmosphäre kurz ist, und
- weil wenig Ozon vorhanden ist, welches die UV-Strahlung vorher absorbieren könnte.

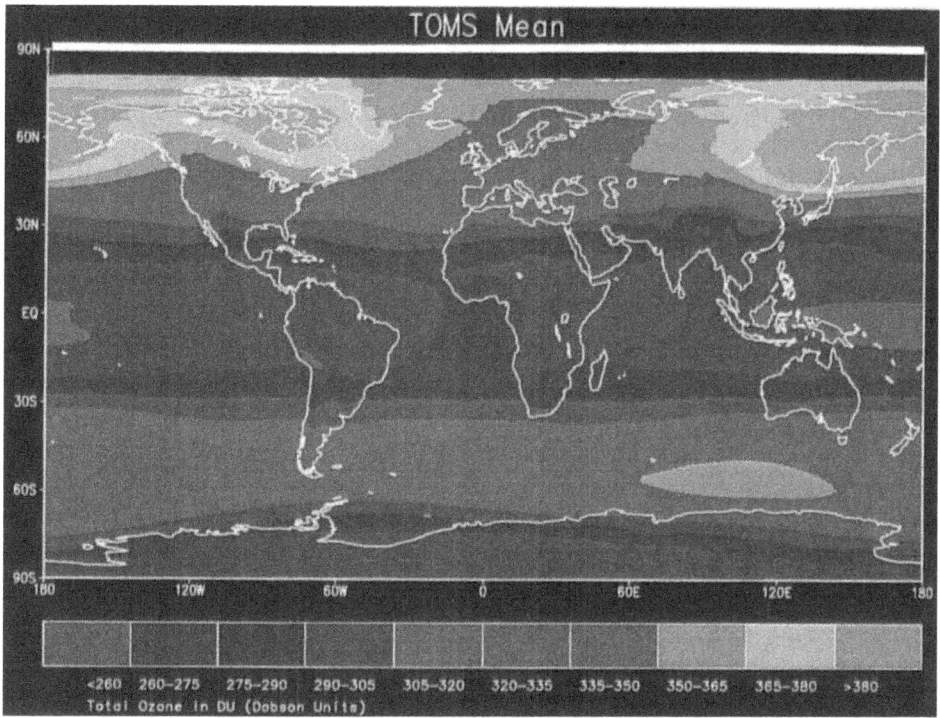

Abb. 1. Globale Verteilung des Gesamtozongehalts (in Dobson-Einheiten, DU) im Jahresmittel, für den Zeitraum von 1979–1992. (Institut für Meteorologie, Freie Universität Berlin, aus TOMS-Daten der NASA)

Nicht zufällig sind die Naturvölker in den Tropen meist dunkelhäutig und damit an die starke Strahlung angepaßt – und nicht zufällig befinden sich "Traumziele" unserer Urlauber in diesen Regionen, da ja "Urlaubsbräune" bei uns eine Art Statussymbol ist.

Bei uns in Mitteleuropa haben wir im *Jahresmittel* Werte des Total-Ozons (Gesamtozongehalt) zwischen 340 und 350 Dobson-Einheiten (DU) (s. Abb. 1). Im einzelnen schwankt dieser Wert aber *von Natur aus* zwischen 200 und 500 Einheiten, wie im Abschnitt 6 noch ausführlich beschrieben wird.

4 Anthropogene Ozonabnahme in der Stratosphäre

4.1 Katalytische Ozonzerstörung

Modellrechnungen, die auch bisher von den Beobachtungen der letzten 10 Jahre bestätigt werden, sagen für die nächsten 50–60 Jahre eine globale Ozonabnahme von 2–3% pro Dekade voraus, wenn das Londoner

Abkommen eingehalten wird (Abschnitt 8). Diese anthropogene Ozonabnahme wird mit hoher Wahrscheinlichkeit von den chlor- und bromhaltigen Bruchstücken der FCKW und der Halone (in Feuerlöschern) verursacht. Aber auch erhöhte N_2O (Lachgas)- und CH_4(Methan)-Konzentrationen tragen über die aus ihnen entstehenden ozonabbauenden Katalysatoren NO bzw. das OH-Radikal dazu bei. Eine schematische Darstellung zeigt Abb. 2. Als Beispiel eines ozonzerstörenden Gases ist hier Freon-12 dargestellt, entsprechendes gilt aber für alle FCKW, Halone, Methylchloro-

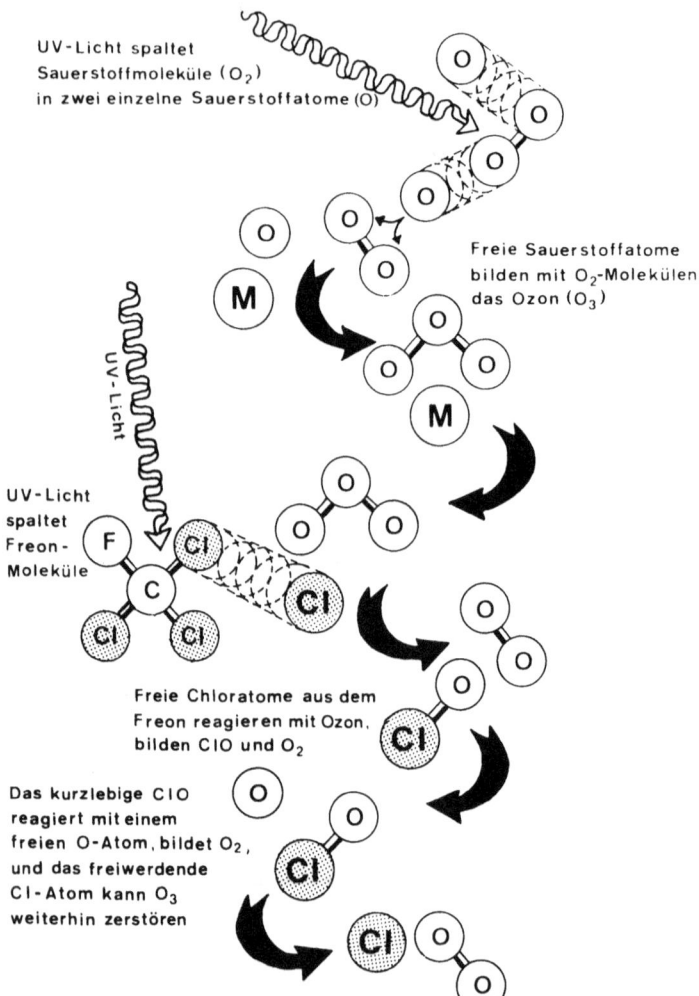

Abb. 2. Schematische Darstellung der Ozonbildung und der Ozonzerstörung durch Chloratome, die aus einem Freon-Molekül freigesetzt wurden. (WMO 1992)

form, Tetrachlorkohlenstoff u.a. Die durch Photolyse oder auf dem Wege der OH-Reaktion freigesetzten Chloratome (Cl: Chlor) reagieren mit Ozon unter Bildung des Chlormonoxidradikals (ClO). Dieses wird durch Reaktion mit OH, NO und O-Atomen in Cl-Atome zurückgeführt. Damit wird ein Kreis geschlossen, in dem ein einziges Chloratom viele tausend Ozonmoleküle zerstören kann. Diesen Kreislauf nennt man "katalytische Ozonzerstörung" (für eine ausführlichere Darstellung vgl. Fabian 1992).

Ein zusätzliches Problem besteht darin, daß die atmosphärische Lebensdauer der FCKW und der anderen Gase 50 bis sogar 100 Jahre beträgt, so daß der Chlorgehalt der Atmosphäre selbst bei drastischer Reduktion der FCKW-Emissionen noch viele Jahrzehnte erhöht bleiben wird (vgl. hierzu Abschnitt 8, Abbildung 8).

Nicht nur die besonders von den Industrienationen hergestellten und benutzten FCKW sind auf das 5fache der natürlichen Gesamtkonzentration angewachsen. Die Nahrungsmittelproduktion einer wachsenden Bevölkerung führt zu der eingangs erwähnten Zunahme der Konzentration von Methan und Lachgas, dabei steigt der Methangehalt der Atmosphäre z.Z. schneller als der Kohlendioxidgehalt. Ungefähr 70% des Methans stammen aus pflanzlichen und tierischen Quellen, wie Reisfeldern und Wiederkäuern. Auch Lachgas wird in der Landwirtschaft bei zu stark gedüngten Acker- und Grasflächen gebildet. Beide Gase bauen, wie beschrieben, über die aus ihnen entstehenden Katalysatoren, NO bzw. das OH-Radikal, Ozon ab, was letztendlich über die dadurch intensivierte UV-B-Strahlung eventuell auch zur Minderung der Ernten führen kann.

4.2 Räumliche und zeitliche Unterschiede in den "Trends"

Insgesamt hat das Ozon in der Stratosphäre in den letzten beiden Jahrzehnten um etwa 2–3% pro Dekade abgenommen (Stolarski et al. 1992; WMO 1992). Diese Abnahme ist aber räumlich und zeitlich sehr unterschiedlich. In den Tropen und Subtropen, wo das Ozon überwiegend gebildet wird, sind noch keine signifikanten Änderungen aufgetreten.

Besonders deutlich ist dagegen der Ozonabbau über der *Antarktis* im Südfrühjahr (September–November), wo im Bereich des sogenannten "Ozonlochs" mit einer Fläche von ca. 15 Mio. km^2 der Gesamtgehalt des Ozons in dieser Jahreszeit auf etwa die Hälfte des Wertes vor 1975 abfiel (vgl. Abschnitt 5).

In den mittleren und höheren nördlichen Breiten wird eine Trendanalyse durch die große natürliche Variabilität besonders erschwert. Abbildung 3 zeigt für die Sommermonate Juni und Juli den zeitlichen Verlauf des Gesamtozongehalts und der Temperatur in der Stratosphäre, die miteinander positiv korreliert sind. Dazu ist gestrichelt die Sonnenaktivität (als 10,7 cm Solar Flux) eingezeichnet. Alle 3 Kurven nehmen während des Beobachtungszeitraums einen ähnlichen Verlauf, und Ozon und Temperatur weisen 1986, im Minimum des 11jährigen Sonnenfleckenzyklus, ebenfalls ein deutliches Minimum auf. Dieser Zusammenhang zwischen Ozon, Temperatur der Stratosphäre und Sonnenaktivität ist inzwischen wissenschaftlich akzeptiert; d.h., wir werden im Maximum eines Sonnenfleckenzyklus immer etwa 3% mehr Ozon haben als im Minimum.

Die Schwankungen von einem Sommer zum anderen, die in Abb. 3 deutlich zu erkennen sind, hängen mit einer weiteren natürlichen, quasizweijährigen Schwingung zusammen.

In dem in Abb. 3 dargestellten Zeitraum führten 2 große Vulkaneruptionen zu einer drastischen Erhöhung des stratosphärischen Aerosols: El Chichon/Mexiko, April 1982 (CH) und Pinatubo/Philippinen, Juni 1991 (P). Dies führte in der Stratosphäre zu einer starken Erwärmung (Labitzke u. McCormick 1992), daher liegt der Temperaturwert für Juni/Juli 1982 oberhalb der Skala. Die Erwärmung nach dem Vulkanausbruch des Pinatubo ist hier noch nicht zu erkennen, sie fand erst ab August 1991 statt.

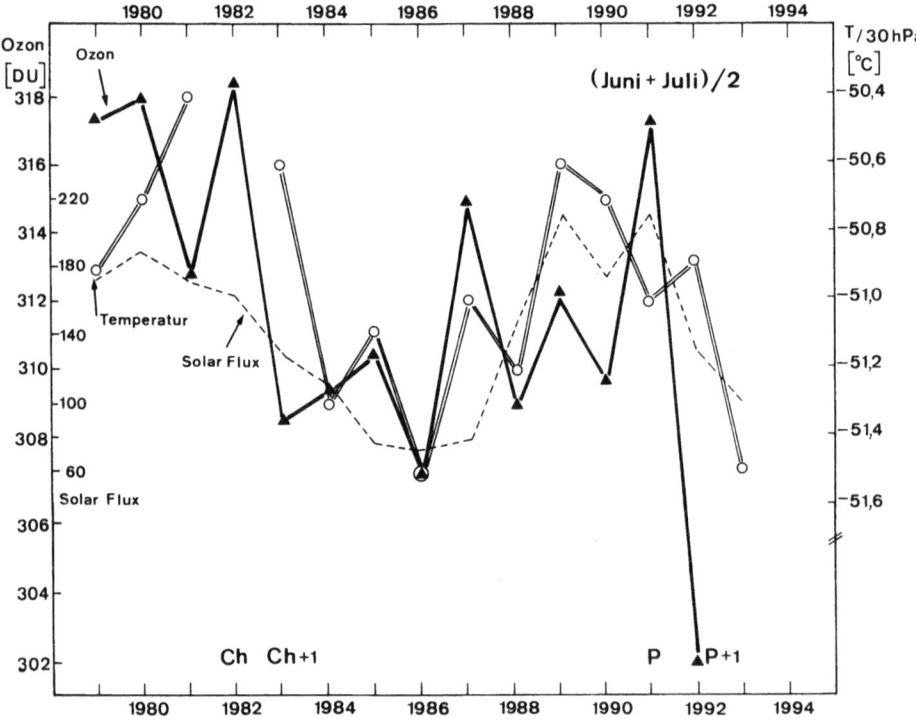

Abb. 3. Zeitreihen von flächengewichtetem Gesamtozon (DU, 0–65°N) und Temperatur der unteren Stratosphäre (°C, ca. 24 km Höhe, 10–90°N), sowie der Sonnenaktivität für die Nordsommermonate Juni und Juli, von 1979 bis 1993. (WBGU 1993, ergänzt). Daten: Ozon: TOMS-Version 6, NASA, USA; Temperatur: Institut für Meteorologie, Freie Universität Berlin; Sonnenaktivität: World Data Center for STP, Boulder, CO, USA

Das erhöhte vulkanische Aerosol (es handelt sich um kleine Schwefelsäuretröpfchen) führt aber auch über heterogene Prozesse zu einer verstärkten Ozonzerstörung, wodurch die besonders niedrigen Ozonwerte 1983, d.h. ein Jahr nach der Eruption des El Chichon (CH + 1), und 1992, d.h. ein Jahr nach der Eruption des Pinatubo (P + 1), zu erklären sind (Granier u. Brasseur 1992).

Die Ozonwerte des Sommers 1991, also vor einem Pinatubo-Effekt, sind genau so hoch wie zu Beginn dieser Zeitreihe. Ein *Langzeittrend* ist im Sommer für die Nordhemisphäre also nicht zu erkennen.

Im Nordwinter nimmt die natürliche Variabilität von Ozon und Stratosphärentemperaturen noch weiter zu (s. auch Abschnitt 6), und über Deutschland kann der Ozongehalt in wenigen Tagen zwischen 200 und 500 (DU) und die Temperatur zwischen −85°C und −40°C schwanken (Abb. 4), genauso wie der Luftdruck zwischen Hochs und Tiefs schwankt. Dies ist seit langem bekannt und da die Sonne im Winter tief steht, erreicht uns im

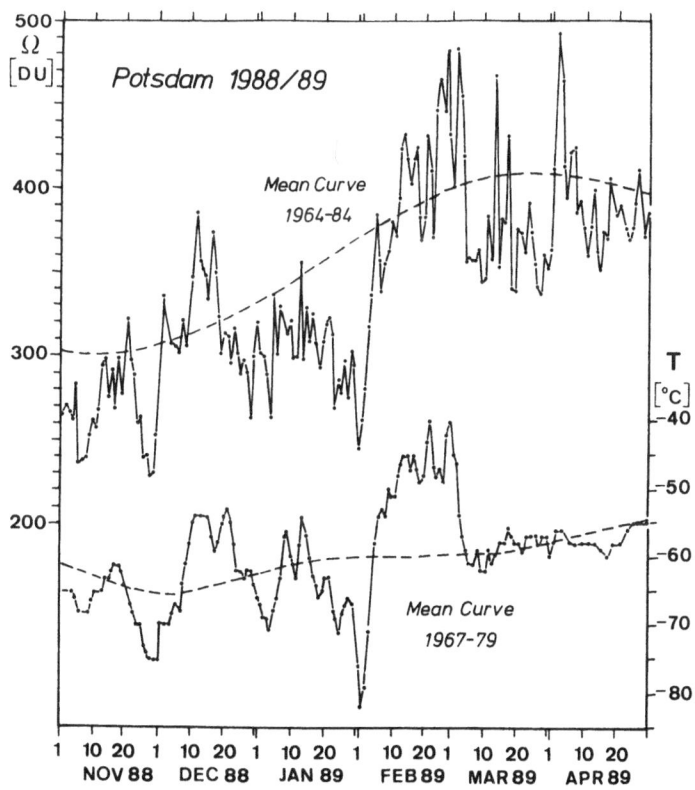

Abb. 4. Tägliche Werte des Gesamtozons (DU), gemessen in Potsdam, und der Temperatur (°C) der unteren Stratosphäre am Schnittpunkt 50°N/10°E, analysiert vom Institut für Meteorologie der Freien Universität Berlin. Zeitraum: 1. Nov. 1988–30. April 1989

schwachen winterlichen Sonnenschein auch bei sehr niedrigem Ozongehalt nur sehr wenig UV-Strahlung: etwa ein Hundertstel der Strahlung, die einen Urlauber erreicht, der zur gleichen Zeit in den Tropen weilt.

Einen "Trend" festzustellen, ist in dieser Jahreszeit besonders schwer. Wie die Ozonwerte verschiedener Stationen in Mitteleuropa im Winter zeigen (Abb. 5), schwanken die Werte, die seit 1959 vorliegen, stark und deutliche Minima sind nach den großen Vulkaneruptionen zu beobachten: 1964, nach der Eruption des Vulkans Agung auf Bali (März 1963), sodann 1983 nach El Chichon und 1992 und 1993 nach Pinatubo. Es wird allgemein akzeptiert, daß die Eruption des Pinatubo um ein Vielfaches stärker war als die des EL Chichon und daß wesentlich mehr Material und Gase in die Stratosphäre gelangten. Darum ist ein stärkerer und über mehrere Jahre anhaltender Abbau des Ozons nach der Eruption des Pinatubo zu erwarten. Abgesehen von diesen durch natürliche Faktoren erklärbaren Minima kann man bisher wohl kaum von einem signifikanten Trend sprechen: Die Werte von 1991 liegen genau so hoch wie 1960 (Abb. 5).

4.3 Auswirkungen eines Abbaus des stratosphärischen Ozons

Eine Abnahme des Gesamtozons führt zu einer Zunahme der zur Erdoberfläche vordringenden UV-B-Strahlung der Sonne, was allerdings bisher nur in den hohen Breiten der Südhemisphäre gemessen worden ist. Im Gegensatz dazu konnte in den USA noch kein einheitlicher Trend der Veränderung der solaren UV-B-Strahlung festgestellt werden. Dabei muß berücksichtigt werden, wie in Abschnitt 4.2 ausführlich dargestellt, daß in mittleren und hohen Breiten die natürliche Veränderung des Ozongehalts sowohl von Jahr zu Jahr als auch von Tag zu Tag sehr groß ist und daß die Natur und die Menschen daran gewöhnt sind. Viele Pflanzen sind in der Lage, UV-absorbierende Substanzen zu bilden und somit tieferliegenden Zellorganellen Schutz zu bieten. Tropische Pflanzenarten, die der höchsten UV-Belastung ausgesetzt sind, sind offenbar besonders belastbar and damit angepaßt (Tevini 1992).

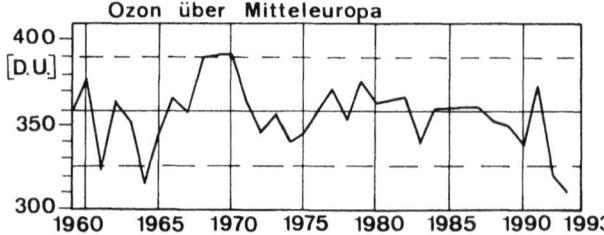

Abb. 5. Gesamtozon (DU) über Mitteleuropa seit 1959: Mittel einiger Stationen für die Wintermonate November–Februar; *gestrichelte Linien*: natürliche Schwankungsbreite von ±10%. (Bojkov, persönl. Mitteilung)

Neben positiven Auswirkungen auf den Menschen, wie z.B. Vitamin-D-Bildung, verbessertem Sauerstofftransport im Blut oder günstigen Auswirkungen auf die Psyche, sind eine Reihe gesundheitlicher Risiken bekannt. Als akute Reaktionen bei zu viel Sonnenstrahlung sind Erythem (Sonnenbrand) und Keratitis (Schneeblindheit) zu nennen, als Reaktionen mit langer Latenzzeit verschiedene Formen des Hautkrebses und der Kataraktbildung (Grauer Star). Da die Ozonabnahme bis jetzt außerhalb der Antarktis noch gering war, ist nach allgemeiner medizinischer Auffassung die in vielen Ländern beobachtete Zunahme von Hautkrebs das Ergebnis einer verstärkten Exposition der Haut in den letzten Jahrzehnten, insbesondere durch verändertes Freizeitverhalten.

Pressemitteilungen berichteten von blinden Schafen in Patagonien und brachten dies voreilig mit dem "Ozonloch" in Verbindung. Inzwischen ist geklärt worden, daß es sich um eine Infektion handelte.

5 "Ozonloch" über der Antarktis

Es ist schon lange bekannt, daß der kalte antarktische Polarwirbel im Winter mit niedrigem Ozongehalt korreliert (Dobson 1963). Gleichfalls weiß man seit dem IGY (International Geophysical Year) 1957/58, daß die Frühjahrserwärmungen mit dem dazugehörigen Ozonanstieg über der Antarktis erst im Oktober/November auftreten, also wesentlich später als über der Arktis (vgl. Abschnitt 6).

Die Ausbildung eines extremen Ozonminimums mit Monatsmittelwerten unter 200 DU im Südfrühjahr über der Antarktis, das sogenannte "Ozonloch", ist jedoch das Ergebnis anthropogener Luftverschmutzung. Die zum größten Teil in der Nordhemisphäre produzierten und dort verbrauchten FCKW und Halone steigen in die Stratosphäre auf und werden dort unter dem Einfluß starker UV-Strahlung photolysiert (s. Abb. 2).

Sodann werden die aggressiven Bruchstücke mit den vorherrschenden Windsystemen in die Polargebiete verfrachtet, und dort können sie unter bestimmten Bedingungen, die aber fast nur über der Antarktis gegeben sind, das Ozon besonders drastisch zerstören (Abb. 6): In der Polarnacht (linker Teil der Abb. 6), bei besonders niedrigen Temperaturen in der Stratosphäre (unter $-80°C$) bilden sich polare, stratosphärische Wolken (Polar Stratospheric Clouds, PSC), die aus gefrorenen Salpetersäuretröpfchen bestehen (1). An diesen Eispartikeln spielt sich eine sehr komplexe, "heterogene" Chemie ab, bei der das Chlor in Form von Cl_2 und HOCl "aktiviert" wird (2). Im Licht der aufgehenden Frühjahrssonne, also im September und Oktober (rechter Teil von Abb. 6), wird Cl aktiviert (3). Das entstehende ClO wirkt katalytisch, d.h., es kann weiterhin Ozon zerstören (4). Die extrem niedrigen Temperaturen sind nur im Inneren des sehr stabilen antarktischen Wirbels zu finden, der während des gesamten

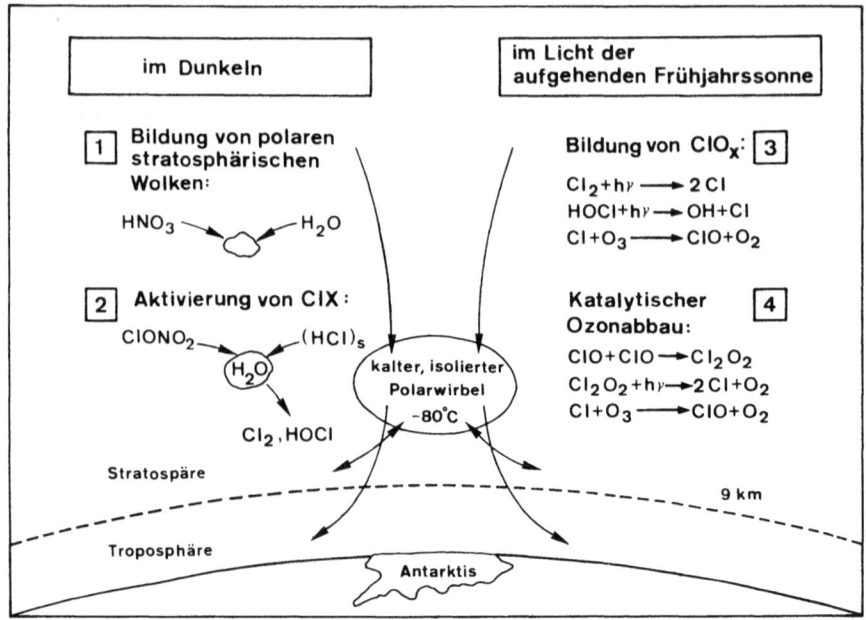

Abb. 6. Schematische Darstellung der Meteorologie und der Chemie des "Ozonlochs" über der Antarktis. (Enquete-Komission 1992)

Südwinters die Zirkulation der antarktischen Stratosphäre beherrscht. *Nur in diesem Wirbel* (polar vortex) wird das Ozon in der eben beschriebenen Weise zerstört.

Heute wird der oben skizzierte Ablauf einer gestörten Chemie, in der außer Chlor auch Brom in der gleichen Richtung wirkt, allgemein akzeptiert; d.h., solange die Atmosphäre mit Chlor u.ä. belastet ist, müssen wir in den Monaten September bis November mit der Ausbildung eines sehr starken Ozonminimums über der Antarktis rechnen (s. Abschnitt 8 bezüglich zukünftiger Entwicklungen).

6 Verhältnisse über der Arktis

6.1 Vergleich der Poltemperaturen

Auch über der Arktis gibt es im Winter einen kalten stratosphärischen Polarwirbel (mit verhältnismäßig niedrigen Ozonwerten), der aber nicht so kalt und nicht so stabil ist wie der antarktische. Dies zeigt die Temperaturstatistik in Tabelle 1.

Die extrem niedrigen Temperaturen über dem Südpol werden in den Monatsmitteln des Nordpols überhaupt nicht erreicht. Die im Vergleich zur

Tabelle 1. Monatsmitteltemperaturen [°C] in der Stratosphäre (30 hPa ~ 22 km Höhe)

Südpol, Juli + Aug.	Nordpol, Jan. + Feb.
Juli: 66% < −91°C	Jan: 50% −76/−80°C
33% −90/−86°C	25% −75/−71°C
	25% > −71°C
Aug: 66% < −90°C	Feb: 15% −76/−80°C
30% −90/−86°C	15% −75/−71°C
	35% −70/−66°C
	35% > −66°C

Südhemisphäre völlig andere Land-Meer-Verteilung erzeugt auf der Nordhemisphäre eine ganz andere Wellenaktivität in der Stratosphäre, und diese Wellen sorgen dafür, daß der arktische Polarwirbel nur selten so kalt und isoliert ist, wie es in Abb. 6 für die Entstehung der PSC gefordert wird. Dies ist nur gelegentlich für einige Tage der Fall, und so findet die Aktivierung des ClX und, falls Sonnenlicht vorhanden ist, auch die Zerstörung des Ozons nur für kurze Zeit statt, obwohl der Chlorgehalt genau so hoch ist wie über der Antarktis! Entscheidend ist also der *meteorologische Zustand* der Stratosphäre.

6.2 Das "Berliner Phänomen"

Die Meteorologie der Stratosphäre wird in Berlin am Institut für Meteorologie der Freien Universität Berlin (FU) seit 1950 intensiv beobachtet, analysiert und erforscht. Bereits 1952 entdeckte R. Scherhag an Hand von Messungen der institutseigenen Radiosonden, daß sich die winterliche Zirkulation in der Stratosphäre plötzlich umkehren kann, verbunden mit einer Erwärmung der Stratosphäre von extrem niedrigen auf weit mehr als sommerlich hohe Temperaturen. Diese Entdeckung wurde als "Berliner Phänomen" bekannt und steht als solche im Brockhaus. Die Forschung in den nachfolgenden Jahren zeigte unter Verwendung immer zahlreicher werdender Daten, daß es sich um ein hemisphärisches Phänomen handelt, das in seiner extremen Form zu einem Zusammenbruch des Polarwirbels führt, zu einem sogenannten "major warming".

Die im Institut für Meteorologie der FU analysierten meteorologischen Strömungs- und Temperaturkarten (im 30-hPa-Niveau, d.h. in ca. 22 km Höhe) zeigen in Abb. 7 ein Beispiel für ein "major warming": Ende Januar 1989 (Abb. 7a) ist der Polarwirbel mit vorherrschenden Westwinden stark ausgeprägt und liegt mit seinem Zentrum (T) nahe dem Nordpol. Zugleich ist das Zentrum des Wirbels mit Temperaturen unter −85°C sehr kalt (Abb. 7b). *In einem solchen Zustand ist der Ozongehalt im Wirbel von Natur aus*

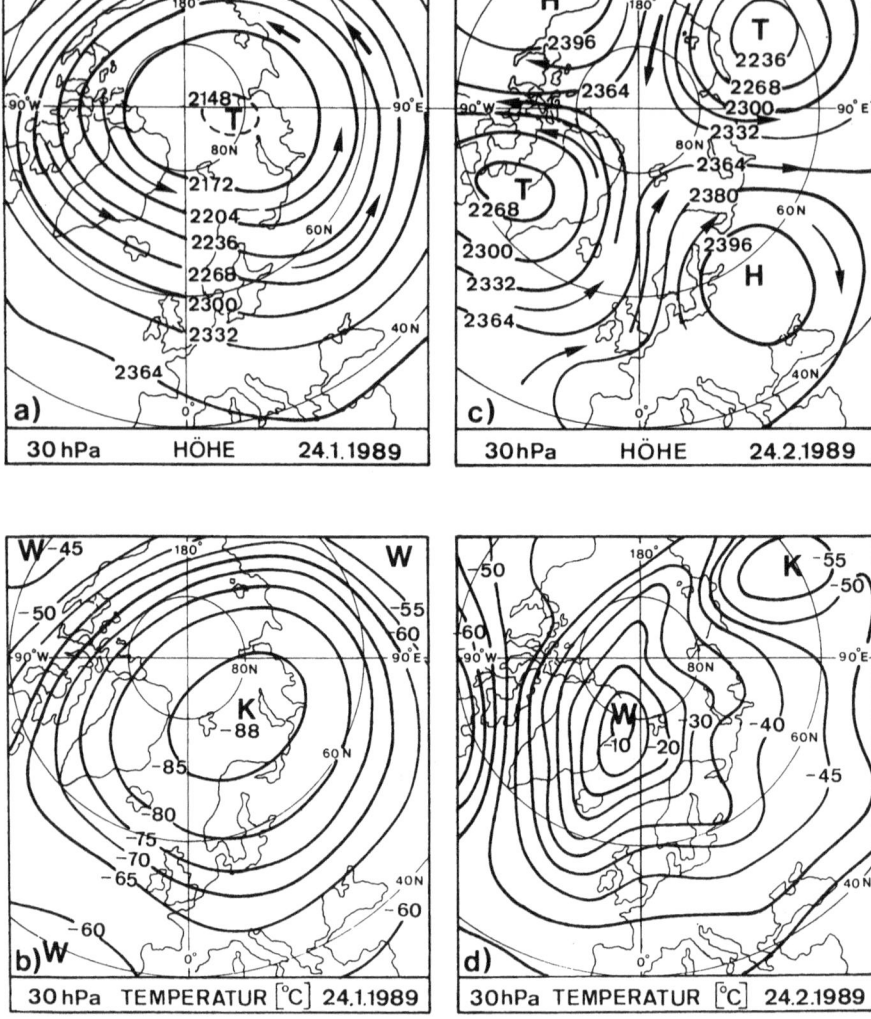

Abb. 7. a Höhenkarte (Linien gleicher Höhe zwischen 21,5 und 23,6 km Höhe) für das 30-hPa-Niveau; **b** Temperaturkarte (Linien gleicher Temperatur zwischen −85 und −45°C) für das 30-hPa-Niveau, beide für den 24. Januar 1989; **c** wie **a**, aber für den 24. Februar 1989, mit Höhen zwischen 22,4 und 24,1 km; **d** wie **b**, aber für den 24. Februar 1989, mit Temperaturen zwischen −60 und −10°C. (Analysen: Institut für Meteorologie, Freie Universität Berlin)

sehr niedrig, denn die Stratosphärentemperaturen sind mit dem Ozon positiv korreliert. Vergleicht man für diesen Zeitraum, Ende Januar, die bereits besprochenen Werte von Berlin/Potsdam (Abb. 4), so sieht man, daß wir uns auch in Mitteleuropa in einer kalten Periode mit niedrigen Ozonwerten befinden; das gleiche gilt für Oslo, wo ebenfalls Ozonwerte um 200 DU gemessen wurden.

Im Verlauf des Februars 1989 entwickelt sich eine große Stratosphärenerwärmung (Abb. 7d), die die winterliche Zirkulation völlig verändert: Ende Februar finden wir einen geteilten Wirbel (Abb. 7c mit 2 Ts), so daß nun Südwinde ozonreiche Luft aus mittleren Breiten in das Polargebiet transportieren. Im Detail zeigen uns die Werte von Berlin/ Potsdam Temperatur- und Ozonanstieg (Abb. 4). *Solche großen Stratosphärenerwärmungen mit dem Zusammenbruch des Polarwirbels gibt es über der Antarktis im Winter nicht.*

In dem oben beschriebenen Winter war praktisch keine Gelegenheit für einen chemischen Ozonabbau über den in Abb. 6 beschriebenen Mechanismus gegeben. Die Aktivität der planetaren Wellen sorgt fast immer dafür, daß das Nordpolargebiet nicht über einen längeren Zeitraum so kalt bleibt. Die PSC-Bildung erfolgt nur über kurze Perioden, und nur in dieser Zeit ist eine gewisse Ozonzerstörung möglich. Oft sorgen die großen Stratosphärenerwärmungen ("major warmings") schon mitten im Winter für den Zusammenbruch des Polarwirbels und damit für einen Transport von ozonreicher Luft in die Arktis.

Wie in Abb. 6 deutlich wird, benötigt man für den besonders markanten Ozonabbau auch die zurückkehrende Sonne, und der Abbau des Ozons über der Antarktis ist besonders ausgeprägt im September und Oktober. Die vergleichbaren Monate für die Arktis sind März und April. In diesen Monaten treten die extrem niedrigen Temperaturen wegen der oben beschriebenen Wellenaktivität nicht mehr auf.

7 Troposphärisches Ozon

Ozon ist ein giftiges Gas, das einen stechenden Geruch hat und die Schleimhäute reizt. Es ist in der unteren Troposphäre normalerweise nur in geringen Mengen vorhanden, nimmt aber heutzutage durch Luftverschmutzung und besonders bei Episoden photochemischen Smogs in Ballungsgebieten mit hoher Kraftfahrzeugdichte und intensiver Sonnenstrahlung zu. Eine Ozonzunahme in der Troposphäre kann eine Abnahme in der Stratosphäre nur bedingt kompensieren, indem auch troposphärisches Ozon UV-Strahlung absorbiert. Eine ausführliche Behandlung der Chemie der Troposphäre findet man bei Fabian (1992) und im 1. Gutachten des Wissenschaftlichen Beirats der Bundesregierung zu Globalen Umweltveränderungen (WBGU 1993).

8 Maßnahmen zur Reduktion des Chlorgehalts

Eine Abnahme des stratosphärischen Ozons erhöht für viele Regionen der Erde die gefährliche UV-B-Strahlung, sie ist daher eine große Gefahr für die Menschheit, alle Landlebewesen und das Plankton. Die Völkergemein-

Tabelle 2. Verminderung der Produktionsraten [%] ozonzerstörender Chemikalien[a]. (WBGU 1993)

Jahr	FCKW	Halone	Methylchloroform	Tetrachlorkohlenstoff	Methylbromid	HFCKW
Globaler Zeitplan:						
1994	75	100				
1995	100			85	Einfrieren der Produktionsrate	
1996			100	100		Einfrieren der Produktionsrate
2004						35
2010						65
2015						90
2020						99,5
2030						100
EG-Zeitplan:						
1994	85	100	50	85	Angaben stehen noch aus	Angaben stehen noch aus
1995	100			100		
1996			100			35

[a] Alle Angaben beziehen sich auf den 1. Januar. Bezugsjahr für Halone und die meisten FCKW ist 1986 (die FCKW, die erstmals auf der Londoner Konferenz reguliert wurden, haben 1989 als Bezugsjahr). Bezugsjahr für Methylchloroform, Tetrachlorkohlenstoff und HFCKW ist 1989. Das Einfrieren der Methylbromidproduktion bezieht sich auf die Werte von 1991. Die Produktion von Bromfluorkohlenwasserstoffen läuft 1996 aus.

schaft hat diese Gefahr erkannt, 1985 wurde das Wiener Abkommen zum Schutz der Ozonschicht unterzeichnet. Das die Ausführungsbestimmungen enthaltende Montrealer Protokoll von 1987 wurde im Juni 1990 in London und im November 1992 in Kopenhagen weiter verschärft (s. Tabelle 2).

Abbildung 8 zeigt die für die Ozonzerstörung besonders verantwortliche Chlorkonzentration der Atmosphäre, wie sie seit 1960 langsam angestiegen ist und wie sie sich verändern wird, je nachdem, welches Abkommen eingehalten wird: Deutlich erkennt man, daß das Protokoll von Montreal keinesfalls ausreicht und daß man unbedingt versuchen muß, das in Kopenhagen verschärfte Abkommen umzusetzen. Dann würde, so sagen die Berechnungen, die Chlorkonzentration ab etwa dem Jahr 2000 nicht mehr steigen bzw. langsam abnehmen. Man hält den Wert von 2 (ppbv) für den kritischen Wert für den Beginn (bzw. das Ende) des Auftretens des "Ozonlochs". In der untersten Zeile der Abbildung 8 ist der bisher beobachtete und der zu erwartende globale Ozonabbau bei Einhaltung der Londoner Vereinbarung in *Prozent pro Dekade* angegeben: Dieser *Langzeittrend ist das eigentliche Problem!*

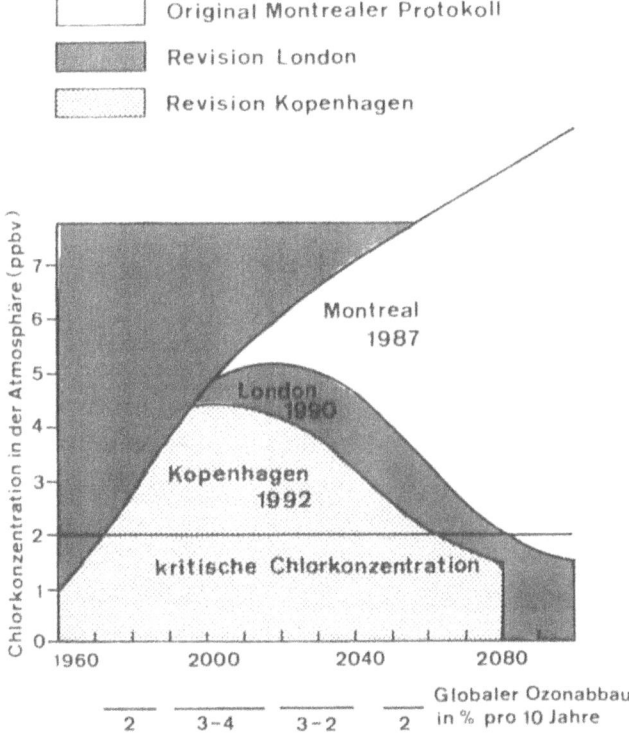

Abb. 8. Entwicklung (seit 1960) und Prognosen (bis 2100) der atmosphärischen Chlorkonzentrationen gemäß den zunehmend verschärften internationalen Abkommen (*oben*); globale Ozonabbauraten pro Dekade bei Einhaltung des Londoner Abkommens (*unten*). (WMO 1992)

Deshalb muß alles versucht werden, daß die Regelungen, die den Ausstieg aus der Produktion von FCKW, HFCKW und Halonen vorschreiben, umgesetzt werden. Vor allem müssen Techniken für die Herstellung von Ersatzstoffen in den Schwellenländern mitfinanziert werden, um alle Produzentenländer der Dritten Welt beim Einhalten der Protokolle zu unterstützen.

Literatur

Dobson G (1963) Exploring the atmosphere. Clarendon Press, Oxford
Enquete-Kommission "Schutz der Erdatmosphäre" des Deutschen Bundestages (Hrsg) (1992) Klimaänderung gefährdet globale Entwicklung. Economica Verlag, Bonn
Fabian P (1992) Atmosphäre und Chemie. 4. Aufl. Springer, Berlin Heidelberg New York Tokyo
Granier C, Brasseur G (1992) Impact of heterogeneous chemistry on model predictions of ozone changes. J Geophys 97/D16: 18,015–18,033
Labitzke K, McCormick MP (1992) Stratospheric temperature increase due to Pinatubo Aerosol. Geophys Res Lett 19: 207–210
Scherhag R (1952) Die explosionsartigen Stratosphärenerwärmungen des Spätwinters 1952. Berichte des Deutschen Wetterdienstes (US Zone) 38: 51–63
Stolarski R, Bojkov R, Bishop L, Zerefos C, Staehelin J, Zawodny J (1992) Measured trends in stratospheric ozone. Science 256: 342–349
Tevini M (1992) Global Change Forschung – konkret. Global Change Prisma 3/4: 4–5
WBGU (Wissenschaftlicher Beirat der Bundesregierung Globale Umweltveränderungen) (1993) Welt im Wandel: Grundstrukturen globaler Mensch-Umwelt-Beziehungen. Economica Verlag, Bonn
WMO (1992) Scientific assessment of ozone depletion. WMO Global Ozone Research and Montoring Project, Report No. 25; WMO No. 778

Fernerkundung der Erde

Reinhard Furrer

1 Einführung

Der für einen Menschen "erfahrbare" Bereich seiner Welt beschränkt sich auf den ihn umgebenden Lebensraum. Nur zu einem verschwindend geringen Teil reicht er, durch elektromagnetische Informationen im sichtbaren Spektralbereich, auch ein wenig in das Universum hinaus. Deshalb "sieht" der Mensch seine "Umwelt" im allgemeinen herausgelöst aus dem Gesamtsystem.

Diese Unzulänglichkeit unserer heute üblichen Betrachtungsweise wird auch dadurch nicht geringer, daß es tatsächlich schwierig und oft unmöglich ist, das Gesamtsystem Erde-Universum quantitativ zu erfassen. Solches gilt selbst noch für das Teilsystem "Erde", wo wir ebenfalls nicht in der Lage sind, alle wichtigen Charakteristika der Atmosphäre, Hydrosphäre, Biosphäre und Geosphäre vollständig zu erfassen und vor allem die Wechselwirkungen dieser Subsysteme untereinander zu verstehen. Deshalb sind auch Vorhersagen z.B. möglicher Klimatrends allenfalls vorläufig und weit davon entfernt, die Wirklichkeit verläßlich zu beschreiben (Warrick u. Jäger 1989). Auch wenn die theoretische Behandlung globaler Transportprozesse in der Erdatmosphäre in mathematischer Hinsicht durchaus bereits fortgeschritten ist, sind solide Zukunftsprognosen durch das Fehlen der dazu notwendigen, nur experimentell zu gewinnenden Parameter weiterhin unsicher. Selbst unsere Vergangenheit können wir heute noch nicht "nachrechnen" und z.B. noch nicht die aus arktischen Eisbohrkernen gewonnenen Informationen (Hutter 1991) über die abgelaufenen Klimaschwankungen der Vergangenheit "first principle" erklären.

Darüber hinaus sind naturwissenschaftliche Methoden zur Identifizierung der "ökologischen Probleme unserer Erde" prinzipiell nicht ausreichend. Denn obwohl Naturwissenschaftler zwar den jeweils aktuellen dynamischen Gleichgewichtszustand irgendwann einmal durchaus vernünftig beschreiben und, unter der Annahme gewisser Randbedingungen, auch seine weitere Entwicklung (zumindest eine Zeit lang) vorhersagen können werden, ergibt sich daraus noch nicht die *Festlegung* des für den Menschen erstrebenswerten Gleichgewichtes. *Wie* für einen Menschen seine "Umwelt" einmal aussehen soll, muß (einvernehmlich) *vereinbart* werden. Und bei diesem "Abkommen" darf nicht nur von den Gewohnheiten und Wünschen unserer heutigen

Generationen ausgegangen werden, denn die Festlegung "wie unsere Umwelt einmal aussehen soll" ist selbst ein dynamischer Prozeß mit sich veränderndem Ausgang. Die heute oft nur vordergründig geführte Umweltdiskussion kann deshalb eigentlich nur auf die Frage reduziert werden, was der Mensch tun soll oder lassen muß, damit die Geschwindigkeit der Änderung des jeweils vorherrschenden Gleichgewichtes nicht seine eigene Anpassungsfähigkeit überschreitet.

Zur Beschreibung unseres gegenwärtigen Gleichgewichtes und für verläßliche Zukunftsprognosen benötigt man jedoch stets zeitlich und räumlich aufgelöste *globale* Langzeitdaten. Dies setzt den Einsatz von Sensoren und Meßapparaturen, die die Erde und ihre Atmosphäre (und das Weltall) kontinuierlich vermessen können, voraus. Mit weltraumgestützten Plattformen, Satelliten und durch Forschungsflugzeuge wurde dies möglich.

Die dabei angewandten Methoden und Verfahren werden heute unter dem Begriff "remote sensing" (Fernerkundung) verstanden. In diesem Beitrag werden einige der Verfahren in der Fernerkundung der festen Erde und der Ozeane beschrieben, während im Abschnitt "Fernerkundung der Atmosphäre" (einige der) Methoden zur Vermessung der Lufthülle vorgestellt werden.

2 Fernerkundung der Erde

In der Fernerkundung werden Meßdaten gesammelt, ohne daß ein Meßgerät oder ein Experimentator am Ort des Geschehens sein muß. Es ist deshalb ein Transportmechanismus nötig, der die gewünschten Informationen von der Erdoberfläche zum entfernten Meß- oder Beobachtungsort transportiert. Auf der Erde wird hierzu (fast ausschließlich) die elektromagnetische Strahlung eingesetzt, da sich elektromagnetische Wellen zeitlich und räumlich ausbreiten. Beim "remote sensing" benötigt man demnach eine Strahlungsquelle, die elektromagnetische Strahlung (von möglichst bekannter Intensität und spektraler Verteilung) emittiert und einen Empfänger, der sie, nachdem sie mit der Erdoberfläche in Wechselwirkung getreten ist, spektral (und möglichst auch räumlich) aufgelöst registriert. Die von der Erdoberfläche reflektierte Strahlung trägt dann, im Vergleich mit der primären Strahlung, die Signatur ihrer Wechselwirkung mit der Erdoberfläche. Ist diese Wechselwirkung dann auch verstanden und numerisch beschreibbar (oder stehen zumindest entsprechende Erfahrungswerte zur Verfügung – ground truth), können aus Flugzeug- und Satellitendaten viele Charakteristika der Erdoberfläche herausgerechnet werden (Elachi 1987; Lillesand u. Kiefer 1979).

Die auftretenden Schwierigkeiten sind auch sofort klar: Es muß eine für eine spezielle Fragestellung geeignete elektromagnetische Strahlungsquelle zur Verfügung stehen (Wellenlänge), es müssen spektral und räumlich auflösende Sensoren über die Erde bewegt werden, und die elektromagnetische Wechselwirkung mit der Erdoberfläche muß beschreibbar (oder empirisch bekannt) sein.

3 Gewinnbare Informationen

Die (von der Erdoberfläche) übermittelten Informationen leiten sich aus der Wechselwirkung der elektromagnetischen Strahlung mit der festen (flüssigen) Materie ab (Absorption, Emission, Streuung). Absorptions- und Emissionsprozesse verlaufen simultan zueinander, ihre Nettobilanz bestimmt, ob man von Emissions- oder Absorptionspektroskopie spricht. Werden z.B. Messungen im hellen Sonnenlicht durchgeführt, ist (meist) eine Absorption durch die Erdoberfläche beobachtbar, wird dagegen Nachts (mit gekühlten Instrumenten) gemessen, reicht oft die Temperatur der Erdoberfläche (Albedo) aus, um auch Emissionsspektren aufzeichnen zu können. Die "fingerprints" solcher Absorptions- und Emissionsspektren, also die Lage und die Intensität der jeweiligen Spektrallinien, verlieren aber ihre charakteristischen Eigenschaften beim Übergang freier Atome und Moleküle in einen Festkörperzustand: Während Moleküle durch ihre Spektralsignaturen noch eindeutig identifizierbar sind, zeigen Festkörper im allgemeinen schon Absorptionsbänder bzw. -kontinua und erlauben nur noch eingeschränkt ihre Zuordnung zu bestimmten Materialen (beim sog. "schwarzen Körper" ist dessen materielle Zusammensetzung "per Definition" spektroskopisch nicht mehr feststellbar).

Unsere Erdoberfläche verhält sich in spektroskopischer Hinsicht ähnlich einem Festkörper. Viele Materialien zeigen jedoch weiterhin Linien, die von eingebauten Molekülen (z.B. Wasser) herrühren und deren energetische Lagen sich durch den Einfluß des Gastgebermaterials charakteristisch verschieben (Elachi 1987). Auch biologische Substanzen zeigen noch Linienspektren, die vor allem auf Chlorophyllabsorptionen zurückzuführen sind: Abbildung 1a zeigt einige charakteristische H_2O-Absorptionslinien, während in Abb. 1b das Reflexionsspektrum von grüner Vegetation im Sonnenlicht zu sehen ist, das eine ausgeprägte Absorption im sichtbaren Spektralbereich ($\lambda \sim 0,65 \mu m$) und eine starke Reflexion im nahen Infrarot(IR)-Bereich zeigt. Die in Abb. 1b in den Kurven 1–3 noch erkennbaren feineren Strukturen können sogar dem biologischen Alterungsprozeß im jährlichen Vegetationszyklus zugeordnet werden. Man sieht aus diesen einfachen Beispielen, daß sich die Wechselwirkung der Sonnenstrahlung mit unserer Erde durchaus dazu eignet, gewisse Eigenschaften der Erdoberfläche aus Spektraldaten zu extrahieren.

Welche Informationen im einzelnen jedoch konkret gewinnbar sind, hängt noch davon ab, bei welchen Frequenzen gemessen wird, da auch die Eindringtiefe der elektromagnetischen Strahlung in die Erdoberfläche

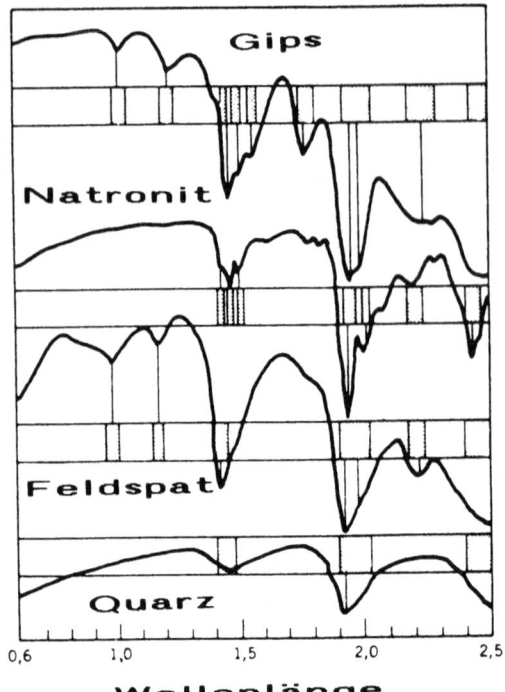

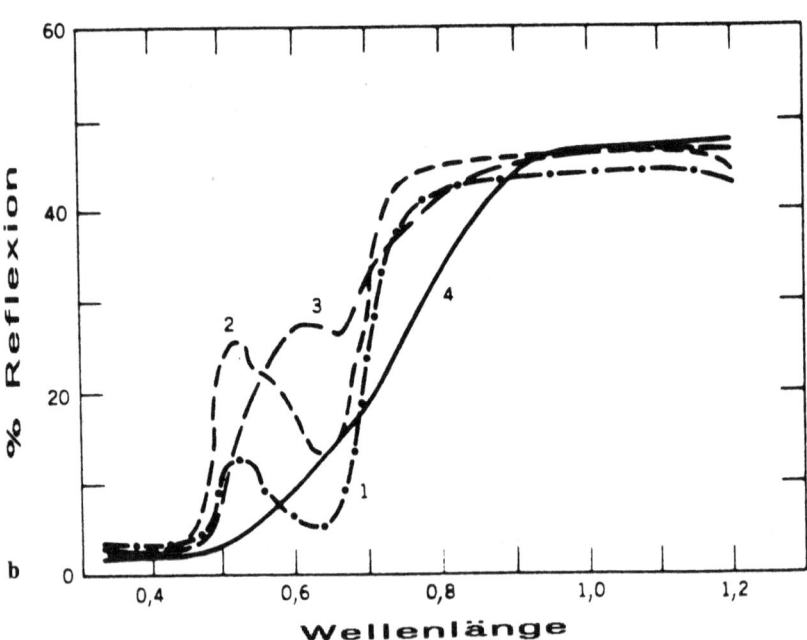

Abb. 1. a Spektren einiger wasserhaltiger Mineralien. Die Markierungen zeigen Absorptionen durch eingebaute Wassermoleküle, deren Lage sich durch den Einbau in die verschiedenen Mineralien in charakteristischer Weise verschiebt; **b** Reflexionsspektren eines (*1*) gesunden Blattes, im Verlauf des jährlichen Alterungsprozesses (*2–4*) (Elachi 1987)

frequenzabhängig ist (sichtbares Licht steht fast ausschließlich mit der Erdoberfläche in Wechselwirkung, kurzwellige Mikrowellenstrahlung dringt einige Millimeter bis Zentimeter tief ein, Radiowellen noch tiefer). Die Stärke der Wechselwirkung selbst ist ebenfalls frequenzabhängig, so daß durch eine geeignete Frequenzwahl auch zwischen verschiedenen Wechselwirkungsmechanismen (und übermittelten Informationen) selektiert werden kann.

In der Fernerkundung wird methodisch zwischen Geräteklassen unterschieden, die hauptsächlich räumliche (abbildende Spektrometer oder Imager), Intensitäts- (Radiometer, Polarimeter, Scatterometer) und/oder spektrale (Spektrometer) Informationen liefern. Der Einsatz satellitengetragener Erdbeobachtungssysteme hat entscheidend dazu beigetragen, daß – zumindest bis zu einem gewissen Grad – heute auch globale Informationen über unsere Erdoberfläche vorliegen.

Die Datenauswertung läuft in der Fernerkundung nach einem immer ähnlichen Schema ab: Die von den Geräten auf ihren Plattformen aufgezeichneten räumlichen und/oder spektralen Daten müssen mit numerischen Verfahren auf die sie hervorrufenden Oberflächeneigenschaften zurückgeführt werden. Wenn die Verarbeitung der großen Datenflut von Satelliten auch weiterhin noch eine Herausforderung bleibt, ist sie dennoch ein primär nur technisches Problem. Die Dateninterpretation dagegen ist ein komplexes (semiempirisches) mathematisch/physikalisches Unterfangen. Dies soll nun an einigen Beispielen, die im Institut für Weltraumwissenschaften der Freien Universität Berlin bearbeitet werden, aufgezeigt werden.

4 Atmosphärenkorrektur

Zur quantitativen Beschreibung der Wechselwirkung mit der Erd(Wasser)-Oberfläche, benötigt man eine möglichst genaue Kenntnis der Intensitäts- und Spektralverteilung der einfallenden Strahlung. Diese wird bei ihrem Weg durch die irdische Atmosphäre durch vielfältige Wechselwirkungsprozesse selbst beeinflußt. Diese Effekte müssen möglichst genau bekannt sein und berücksichtigt werden. In Abb. 2 ist die Strahlungsverteilung unserer Sonne zu sehen, wie sie außerhalb der Lufthülle unserer Erde gemessen wird (Kurve 1). Bei ihrem Weg durch die Atmosphäre wird diese von den dort vorhandenen Molekülen absorbiert und gestreut. Die Kurven 1–4 zeigen, wie sich das Sonnenspektrum durch die verschiedenen Wechselwirkungsprozesse ändert. Die Differenz zwischen Kurve 3 und 4 hat Molekülabsorptionen zur Ursache, die durch Labormessungen weitgehend bekannt sind. Ihre Wirkungsquerschnitte hängen aber noch von der vorherrschenden Temperatur und dem Druck ab. Zwar kennen wir den grundsätzlichen Temperatur- und Druckverlauf in unserer Atmosphäre

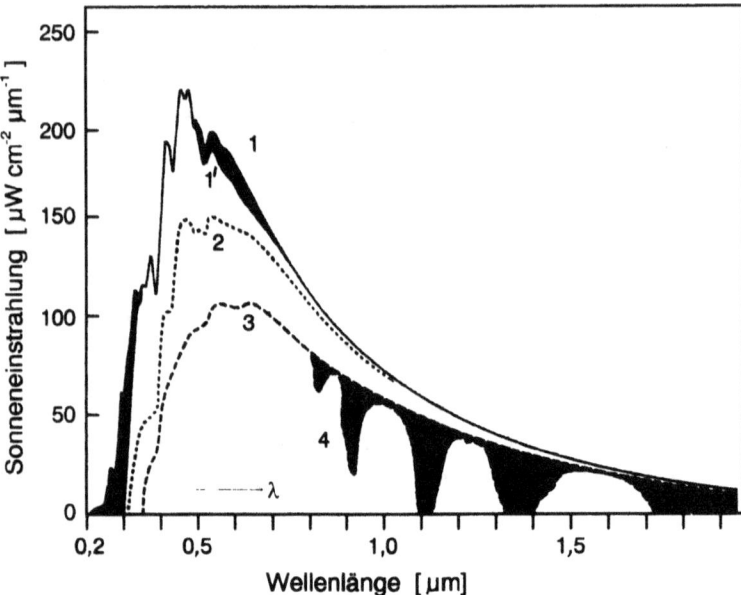

Abb. 2. Änderung der spektralen Verteilung und der Intensität des Sonnenlichtes bei seinem Weg durch die Atmosphäre. *1* Strahlungsverteilung außerhalb der Erdatmosphäre, *1'* unterhalb der Ozonschicht, *2* Streuverluste an Luftmolekülen *3* Streuverluste an Aerosolen, *4* Solarstrahlung an der Erdoberfläche

und können deshalb unter Verwendung sog. Atmosphärenmodelle diese tatsächlichen Molekülabsorptionen berechnen, zur konkreten Beschreibung einer realistischen Situation müssen jedoch verschiedene Atmosphärenmodelle herangezogen werden, die den lokalen Besonderheiten Rechnung tragen. Datenbanken, in denen wichtige Moleküldaten zusammengetragen und verschiedene Atmosphärenmodelle integriert sind, sind heute in den meisten der einschlägig arbeitenden Institute vorhanden (AFGL 1988 u. 1989).

Die Berücksichtigung der atmosphärischen Streuung an Molekülen (Kurve 2) und an festen Teilchen (Kurve 3) erfolgt noch semiempirisch. Aerosole streuen Sonnenlicht abhängig von ihrer Konzentration und der Größe der wechselwirkenden Teilchen. Da sie natürliche und anthropogene Ursachen haben, ist es schwierig, ihre jeweiligen Größen- und Massenverteilungen (dreidimensional) anzugeben. In den Atmosphärenmodellen werden deshalb Annahmen gemacht, die von verschiedenen Aerosoltypen und von vorherrschenden Sichtweiten ausgehen. Dies ist ein zwar nur grobes Verfahren, das sich in der Praxis jedoch durchaus bewährt hat. Ohne auf weitere Einzelheiten der atmosphärischen Korrekturalgorithmen einzugehen, wird im folgenden jedoch gezeigt, wie die Aerosolstreuung die Analyse von Oberflächendaten beeinflussen kann.

Die unterschiedlichen Aerosoltypen besitzen verschiedene optische Eigenschaften, und das von einem Satelliten gemessene Sonnenreflexionsspektrum (an der oberen Grenze der Atmosphäre) hängt demnach vom Aerosoltyp ab. Die Klassifizierung der Erdoberfläche kann deshalb von der korrekten Annahme über die Aerosolwechselwirkung abhängen. Dies ist in Abb. 3 (Krueger u. Fischer 1994) gezeigt. Die Klassifizierung von Thematic-Mapper-Daten ohne Atmosphärenkorrektur ist in Abb. 3a zu sehen, während in Abb. 3b die Korrektur vorgenommen wurde. Die lateralen Ausdehnungen der Oberflächenklassen verändern sich dadurch. Es bleibt deshalb festzuhalten, daß die Interpretation der von der Erdoberfläche zurückgestreuten elektromagnetischen Strahlung nur nach erfolgter atmosphärischer Korrektur möglich ist. Diese Korrektur ist bei der Auswertung von Satellitendaten naturgemäß wichtiger als z.B. in Flugzeugmeßkampagnen.

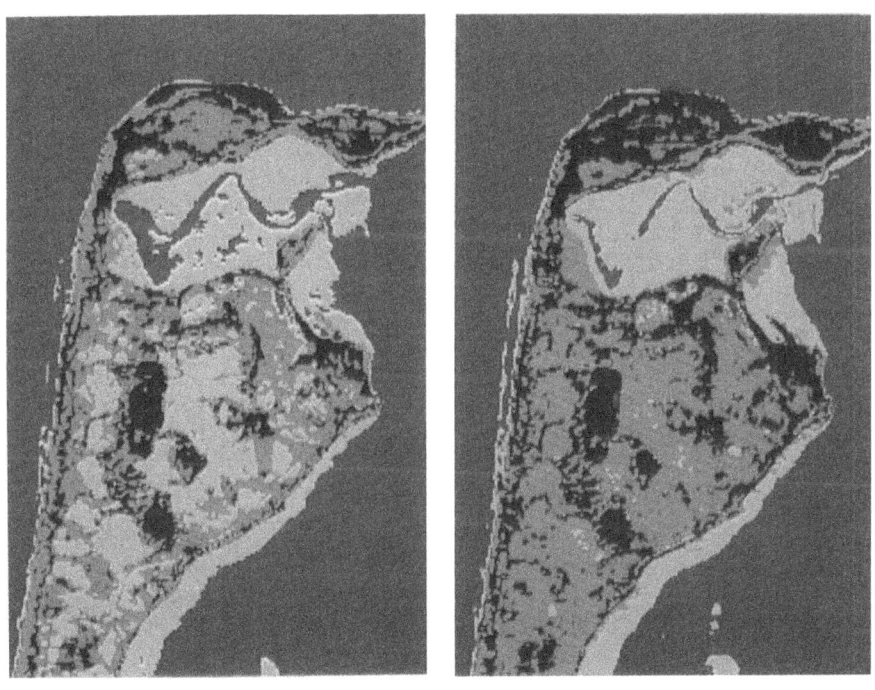

Abb. 3a,b. Klassifizierung von Thematic-Mapper-Daten; **a** vor und **b** nach der atmosphärischen Korrektur

5 Oberflächensignaturen

Am Beispiel von Meßflügen, die vom Institut für Weltraumwissenschaften (mit seinem Meßflugzeug CESSNA 207 A) mit einem abbildenden Spektrometer (CASI) durchgeführt worden sind (Institut für Weltraumwissenschaften 1993), sollen nun Oberflächensignaturen ausgewählter Testgebiete gezeigt und ihre Interpretation erläutert werden. Mit dem CASI-Spektrometer wurde reflektierte Sonnenstrahlung wellenlängenabhängig über verschiedenen landwirtschaftlichen Nutzungsflächen registriert. Abbildung 4 zeigt das Ergebnis für brache Flächen, Wald, Weidegebiete und Wasser. Die Nutzungstypen (Klassen) können tatsächlich durch ihre Spektren voneinander getrennt werden, wobei die klassenspezifischen Unterschiede vornehmlich in gewissen Spektralfenstern gefunden werden. Das Spektrometer wurde auf die folgenden Spektralbereiche eingestellt (Tabelle 1).

Diese Auswahl erfolgte durch Vergleich der Spektren verschiedener Landnutzungsklassen (bzw. ihrer Unterschiede). Es ist unmittelbar klar, daß es gerade die Auswahl der geeigneten Spektralbereiche ist, die darüber entscheidet, ob mit Methoden der Fernerkundung die Beantwortung der gestellten Fragen möglich ist. Auf diesen Punkt wird später zurückgekommen.

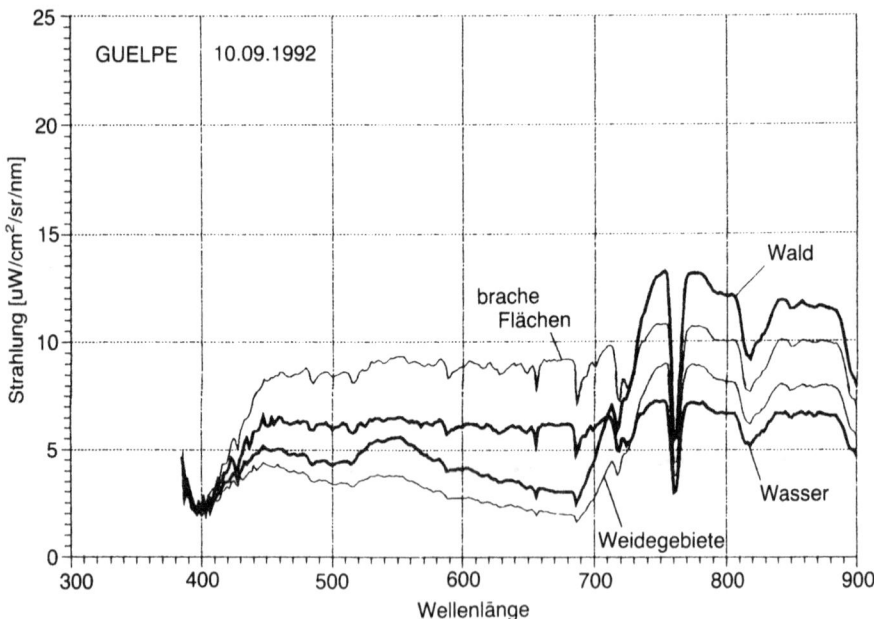

Abb. 4. Reflexionsspektren einiger ausgewählter Oberflächen (Brache, Wald, Weidegebiet, Wasser)

Tabelle 1. Ausgewählte Spektralbereiche des CASI-Imagers

Kanal	Wellenlänge [nm]	Bemerkung
1	479,4–514,9	Für Bildrekonstruktion
2	530,9–570,1	Für Bildrekonstruktion
3	639,9–679,4	Absorption von Chlorophyll a
4	708,2–711,8	Rotkante
5	740,6–749,6	IR-Absorption (Reflexionsplateau vor dem O_2-Absorptionsband)
6	776,7–785,8	IR-Absorption (nach dem O_2-Absorptionsband)
7	841,9–874,6	IR-Absorption

Die Klassifizierung z.B. einer Vegetationsoberfläche wird mit Hilfe des sog. Normierten Differenz-Vegetationsindex (NDVI) vorgenommen. Dieses Verfahren beruht auf einer Berechnung der Intensitätsunterschiede der reflektierten Strahlung in ausgewählten Wellenlängenintervallen. Da spektral neutrale Intensitätsschwankungen dabei unberücksichtigt bleiben sollen, wird diese Differenz normiert:

$$\text{NDVI} = (I_5 - I_3)/(I_5 + I_3)$$

Die digitale Bildinformation im abbildenden Spektrometer wird mit diesem Ausdruck prozessiert und den Bildpixels ihr derart berechneter Wert zugeordnet. Die so entstehende Wertematrix wird entweder farb- oder grauwertkodiert dargestellt. Ein solches Bild ist in Abb. 5 wiedergegeben: Auf der linken Seite befindet sich ein aus den Kanälen 1–3 rekonstruiertes (natürliches) Bild der Erdoberfläche, die Mitte zeigt die Klassenbildung nach dem NDVI, während rechts die Signatur der Oberfläche im thermisch-infraroten Spektralbereich zu sehen ist. Man kann erkennen, daß auch ein solch einfacher Algorithmus wie der NDVI schon zu einer akzeptablen Oberflächenklassifizierung bei vegetationsbedeckten Gebieten führt und z.B. auch Oberflächeninhomogenitäten in Wiesen erkennen läßt, die auf einer normalen Photographie unsichtbar bleiben.

So ermutigend dieses (einfache) Beispiel auch sein mag, jede weitere Verbesserung der Differenzierungsfähigkeit erfordert bereits einen erheblich größeren Aufwand. Dabei werden vornehmlich statistische Verfahren angewandt, bei denen bekannte Bodendaten und spektroskopische Eigenheiten einander zugeordnet werden. Durch eine Hauptkomponentenanalyse wird dabei versucht, signifikante Korrelationen von gewissen Spektralbereichen und z.B. Vegetationsklassen aufzufinden. Dieses "Ground-truth-Verfahren" wird in der Fernerkundung sehr häufig angewendet.

Stehen zusätzlich noch Daten weiterer Sensoren (die in anderen Spektralbereichen arbeiten) zur Verfügung, werden diese nach weiteren Auffälligkeiten durchsucht und auch mit Hilfe sog. Geoinformationssysteme

Abb. 5. NDVI-Darstellung einer Szene (*Mitte*), die aus den in Tabelle 1 wiedergegebenen Kanälen rekonstruiert wurde

(GIS) mit verschiedenen Oberflächeneigenschaften korreliert. Eine solche "mehrdimensionale Verschneidung" von Informationen ist das eigentliche Know-how jeder experimentell arbeitenden Gruppe.

6 Neuronale Netze in der Erdfernerkundung

Das größte Problem in der Fernerkundung besteht darin, die klassenspezifischen Charakteristika von Spektren aufzufinden. Dazu müssen die Spektren bekannter Oberflächen über einen möglichst weiten Wellenlängenbereich auf spektrale Eigenheiten hin untersucht werden.

Abbildende Spektrometer können entweder Spektren aufnehmen, dabei aber nur in eingeschränktem Maße geometrische Informationen liefern (sie können nur noch ihre Blickrichtung angeben), oder aber in festgelegten Wellenlängenfenstern mit guter Ortsauflösung arbeiten. Bei Flugzeugkampagnen kann prinzipiell in diesen beiden Moden gemessen werden, bei Satellitenspektrometern ist dies nicht möglich. Die dort eingesetzten Geräte arbeiten immer nur in vorher fest eingestellten Spektralbereichen, wobei stets Kompromisse zwischen den Wünschen verschiedener Arbeitsgruppen zu schließen waren. Die meisten Spektralintervalle sind nicht notwendigerweise für alle Fragestellungen optimiert. Das "finetuning" von Spektrometern zukünftiger Satellitengenerationen ist deshalb eine wichtige Aufgabe. Es werden auch mehr "dedicated satellites" fliegen, während viele der heutigen Systeme noch eher einer breiteren Nutzergemeinde dienen.

Unabhängig vom Frequenzbereich bleibt die Auswahl geeigneter Spektralintervalle ein Verfahren mit vielen Parametern, da natürliche Oberflächen eine große Variabilität zeigen. In der Literatur findet man entsprechend viele Vorschläge. In neuerer Zeit wird in diesem Zusammenhang auch versucht, parallele Rechnernetze (neuronale Netze) einzusetzen.

Neuronale Netze sind nach dem (mehr oder weniger genauen) Vorbild des menschlichen Gehirns konzipiert (Ritter et al. 1991). Sie unterscheiden sich von den üblichen (linearen) Rechnern dadurch, daß sie parallel arbeiten und ihre sog. Inputebene, auf die z.B. spektrale Intensitätsverteilungen abgebildet werden, mit ihrer Outputebene, auf der z.B. die gesuchten Objektklassen repräsentiert sind, selbständig verknüpfen. Dazu bedarf es eines Lernvorganges, der in Interaktion mit einem Experimentator erfolgt. Ein neuronales Netzwerk programmiert sich selbst. Sein Vorteil besteht darin, daß es auch komplexe Datenstrukturen miteinander vernetzen kann. Sein Nachteil liegt darin, daß sich die Kausalverknüpfungen im Netz zumindest teilweise der Kontrolle des Experimentators entziehen. Auch ist noch nicht klar, welche Netze für welche Aufgaben am besten geeignet sind. Dies ist noch eine Frage von "try and see".

Wir haben unsere CASI-Daten, die über einem von einem ausgedehnten Waldbrand zerstörtem Gebiet in der Nähe von Berlin aufgenommen worden sind, sowohl mit dem NDVI als auch mit einem neuronalen (KOHONEN)-Netz behandelt (Furrer et al. 1994). Das von uns eingesetzte Netz besteht aus einer Anzahl von Neuronen (mapping cortex), die miteinander in Wechselwirkung treten können. Die Neuronen verbleiben an ihren festen Orten, ihre Gewichtsvektoren (synaptic strength) können sich jedoch auf Positionen im "sensorischen Kortex" ausrichten, der einen zweidimensionalen Raum darstellt, der aus den spektroskopischen Daten der Spektralkanäle 3 und 4 (Tabelle 1) aufgebaut wird. Innerhalb des Lernprozesses können sich die Gewichtsvektoren reorientieren. Ein Vergleich der Inputvektoren (Pixel der Spektralkanäle 3 und 4) mit den Gewichtsvektoren des virtuellen Netzes kann als "beste Repräsentation" der (spektroskopischen) Inputvektoren interpretiert werden. Werden sie farblich dargestellt, erhält man sichtbare Oberflächenstrukturen. Das KOHONEN-Netz ist in der Lage, z.B. viele der Eigenschaften einer Brandzerstörung wiederzugeben, wie sie auch in den NDVI-Daten sichtbar sind. Darüber hinaus hat das Netz jedoch gelernt, daß es weitergehende spektrale Unterschiede und Ähnlichkeiten gibt, die vom NDVI nicht erfaßt werden, aus denen es weitere Klassen gebildet hat: So kann das KOHONEN-Netz zwischen der Autobahn (auf der kein pflanzliches Chlorophyll vorhanden ist) und einer durch Feuer verbrannten Vegetation unterscheiden (auf der ebenfalls kein Chlorophyll existiert).

Dieses Beispiel zeigt, daß parallele Rechnerarchitekturen ein durchaus taugliches Mittel sind, komplexere Korrelationen mit Spektraldaten aufzufinden. Neuronale Netze werden jedoch hauptsächlich erst in der geometrischen Objekterkennung (pattern recognition) eingesetzt.

Es ist noch darauf hinzuweisen, daß neuronale Netze per definitionem nicht fehlerfrei sind und ihr Lernprozeß von einem Experimentator unterstützt werden muß, der diesem sein "Wissen" zur Verfügung stellt. Wie sich das Netz programmiert, ist für den Experimentator nur eingeschränkt nachvollziehbar. Auch bleiben Netze, selbst wenn ihnen dieselben Eingangsdaten angeboten werden, stets "Individuen". Ferner ist die Auswahl der geeignetsten Netze problematisch, da es noch keine Rezeptur dafür gibt, welche Architektur für welche Aufgabe am besten geeignet ist; und da das Ergebnis immer erst am Ende des jeweiligen Lernprozesses eingesehen werden kann und der Lernprozeß selbst ein (oft) langwieriges Verfahren ist, benötigt man dazu viel Zeit. Dieses Problem wird sich aber durch den Einsatz echt (und nicht nur simuliert) parallel arbeitender Prozessoren zukünftig verringern.

7 Zusammenfassung

Unser Teilsystem Erde (mit seiner Atmosphäre) steht mit dem All (und hier vor allem mit der Sonne) durch den Austausch elektromagnetischer Strahlung in Wechselwirkung. Schon ein relativ kleiner Prozentsatz der

Sonnenstrahlung reicht aus, den jeweiligen Gleichgewichtszustand einzustellen und aufrechtzuerhalten. Jede Änderung im Gesamtsystem bewirkt immer einen anderen, geänderten Gleichgewichtszustand. Die Erde und ihre Atmosphäre können deshalb nur in der Gesamtheit ihrer Wechselwirkungen vernünftig beschrieben werden. Alle Vorhersagen benötigen auch Annahmen über die (Veränderungen auf der) Erdoberfläche. Dafür müssen globale Bestandsaufnahmen gemacht werden, wofür nur Fernerkundungsverfahren in Frage kommen.

Die Fernerkundung befindet sich, ingesamt gesehen, noch in ihren Anfängen. Neben der Entwicklung zunehmend intelligenter Sensoren und Plattformen muß vor allem die Interpretation der Meßdaten vorangetrieben werden. Dazu müssen auch unkonventionelle Wege beschritten werden. Der Einsatz neuronaler Netze wird uns wahrscheinlich dazu verhelfen, die große Zahl der verschiedenen Wechselwirkungen besser zu erfassen; und, bevor nicht zumindest die wichtigsten Prozesse auch mit verbesserten Modellen erfaßt und beschrieben sind, bleiben auch Trendprognosen noch mit großen Unsicherheiten behaftet.

Literatur

AFGL – Air Force Geophysical Laboratory of the Jet Propulsion Laboratory (JPL) (1988) MODTRAN: Users Guide to LOWTRAN 7:AFGL-TU-88-0177, USA

AFGL – Air Force Geophysical Laboratory of the Jet Propulsion Laboratory (JPL) (1989) MODTRAN: A Moderate Resolution Model for LOWTRAN 7:AFGL-TR-89-0122, USA

Elachi C (1987) Introduction to the physics and techniques of remote sensing. Wiley & Sons, New York Chichester

Furrer R, Bartsch B, Olbert C, Schaale M (1994) Multispectral imaging of land surfaces. Geo J 32/1: 7–16

Globaler Wandel. European Space Report Verlag, München

Hutter K (1991) Dynamik umweltrelevanter Systeme. Springer, Berlin Heidelberg New York Tokyo

Institut für Weltraumwissenschaften (1993) Jahresbericht. Freie Universität Berlin, Berlin

Krueger O, Fischer J (1994) Correction of aerosol influence in Landsat 5 thematic mapping data. Geo J 32/1: 61–70

Lillesand T, Kiefer R (1979) Remote sensing and image interpretation, 2. Aufl. Wiley & Sons, New York Chichester

Ritter H, Schulten K, Martinez T (1991) Neuronale Netze: Eine Einführung in die Neuroinformatik selbstorganisierender Netzwerke, 2. erweiterte Aufl. Addison-Verlag

Warrick B, Jäger D (1989) The greenhouse effect, climatic change and ecosystems. Wiley & Sons, New York Chichester

Über die Besonderheiten des Großstadtklimas am Beispiel von Berlin

Horst Malberg

1 Einführung

Städte verändern die Landschaft, nicht nur optisch, sondern auch hinsichtlich der physikalischen Eigenschaften. An die Stelle des natürlichen Untergrundes tritt eine künstliche Anhäufung von Stein, Beton, Asphalt, Glas usw., an die Stelle natürlicher Versickerung tritt eine großflächig versiegelte Erdoberfläche mit Kanalisation zur Wasserabführung, an die Stelle von Sträuchern, Büschen und Bäumen treten Häuser, Türme, Fabriken, Maste. Eine veränderte Erdoberfläche führt aber zwangsläufig zu einer veränderten Wechselwirkung mit der Atmosphäre, speziell mit der unteren, rund 1000 m mächtigen sog. planetarischen Grenzschicht. Auswirkungen auf die Sonnenscheindauer, die Strahlungsverhältnisse, die Temperatur, die Feuchte, den Niederschlag und den Wind sind damit zwangsläufig. Daneben führen die hohe Einwohnerdichte in den Städten, die industriellen Arbeitsplätze und der Verkehr zu einer anthropogen bedingten Zunahme von Luftbeimengungen, die zur Luftbelastung für Mensch, Tier und Pflanzenwelt werden kann.

Daß die Probleme des Stadtklimas aber keineswegs ein Phänomen der Neuzeit sind, ist schon bei Seneca (4 v. Chr.–65 n. Chr.) nachzulesen: "Sobald ich der schweren Luft Roms entronnen war und dem Gestank der rauchenden Kamine, dem aus ihnen quellenden Ruß und den pestilenzartigen Dämpfen, fühlte ich eine Veränderung meines Wohlbefindens". Waren jedoch im Altertum Städte mit 1 Mio. Einwohnern oder mehr auf das alte Rom und Babylon zur Blütezeit beschränkt, so ist die Weltbevölkerung von ca. 1 Mrd. zu Beginn unseres Jahrhunderts über 2,5 Mrd. um 1950, 4 Mrd. um 1975, ca. 5 Mrd. 1985 angewachsen und wird im Jahre 2000 die 6-Mrd.-Schwelle überschritten haben. Die Mehrheit der Erdbevölkerung wird dann in Städten leben (Oke 1978). Nach einer neueren Prognose werden dies im Jahr 2025 9 Mrd. Menschen sein (Ermer et al. 1994). Diese Zahlen belegen nur zu deutlich, welche Bedeutung dem Stadtklima in bezug auf die Lebensqualität vieler Menschen zukommt.

2 Die Stadt als Wärmeinsel

Durch die Ansammlung von Stein, Beton, Asphalt, Glas und Stahl werden die thermischen Eigenschaften der Erdoberfläche verändert. Als Mittelwert für die spezifische Wärme findet man für die Stadt $0{,}9 \cdot 10^3$ J/kg K, für das Umland dagegen $1{,}8 \cdot 10^3$ J/kg K, d.h., die Stadt erwärmt sich bei gleicher Sonneneinstrahlung deutlich schneller, ihre Wärmekapazität (Masse · spezifische Wärme) ist auch wegen der größeren Masse merklich größer. Ferner haben die Baumaterialien ein anderes Wärmeleitvermögen als der Erdboden, so daß die Wärme nicht nur oberflächennah gespeichert und dadurch abends langsamer wieder abgegeben wird; und außerdem kommt es bei der abendlichen Wärmeausstrahlung zu vielfachen Reflexionen in den Straßenschluchten zwischen den gegenüberliegenden Hauswänden, während das Umland aufgrund des freien Horizonts durch nahezu unbehinderte Ausstrahlung viel rascher Wärme "verliert".

Die Folge dieser Effekte ist, daß in Karten der Temperaturverteilung die Städte wie wärmere Inseln in einer kälteren Umgebung erscheinen. Katzer (1936) gab als Jahresmittel der städtischen Übertemperatur einen Wert bis 1,5 K an. In Abb. 1 ist für Berlin die mittlere Höchst- und Tiefsttemperatur im Sommer, in Abb. 2 für den Winter wiedergegeben. Wie man erkennt, sind die Unterschiede bei der Höchsttemperatur zwischen Innenstadt und Außenbezirken gering. Der am Tage auffrischende Wind sowie eine turbulente Durchmischung der Luft sorgen für eine nahezu einheitliche Höchsttemperatur im Stadtgebiet. Ein völlig anderes Bild zeigt sich bei der Tiefsttemperatur. Im Sommer wie im Winter ist die Innenstadt im Mittel über alle Tage, also über alle Wettersituationen, deutlich wärmer als die vergleichsweise wenig dicht bebauten Außenbezirke bzw. das Umland.

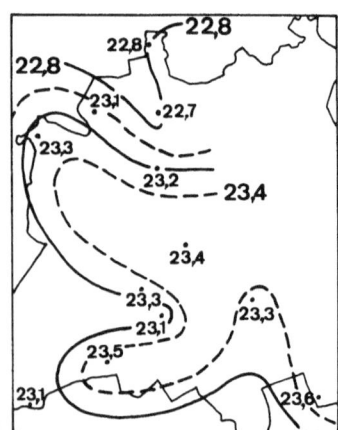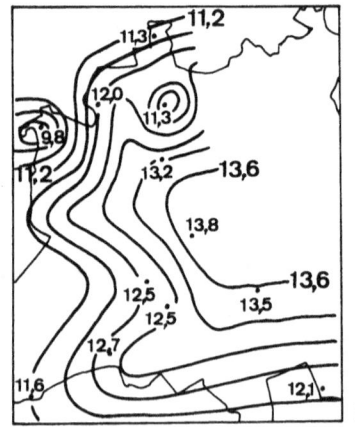

Abb. 1. Mittlere Höchst- (**a**) und Tiefsttemperaturen (**b**) im Berliner Stadtgebiet im Sommer [°C]

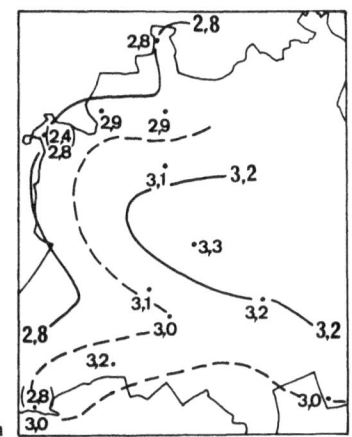 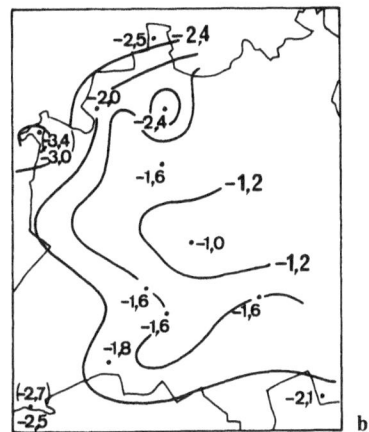

Abb. 2. Mittlere Höchst- (a) und Tiefsttemperaturen (b) im Berliner Stadtgebiet im Winter [°C]

Nachts "schläft der Wind" ein, und die Luft ist stabil geschichtet, d.h. weniger turbulent durchmischt, so daß die entstandenen Gegensätze erhalten bleiben.

Besonders groß können die Temperaturunterschiede zum Umland abends und nachts bei wolkenlosen und windschwachen Wetterlagen werden. Wie Tabelle 1 veranschaulicht, können dabei im Einzelfall Extremwerte von 6–12 K auftreten, und zwar in Abhängigkeit von der Einwohnerzahl, wobei diese allerdings nur als Synonym für die Größe, Bebauungsdichte und Struktur der Stadt zu verstehen ist.

Wie die zeitliche Entwicklung der klimatischen Übertemperatur mit zunehmender Urbanisierung und Industrialisierung verlaufen ist, wird in Abb. 3 veranschaulicht. Um 1800 war die Bebauungsdichte im heutigen Berliner Stadtgebiet gering; zahlreiche Dörfer bestimmten das Siedlungsbild, und von einem speziellen Stadtklima konnte noch keine Rede sein. Mit der zunehmenden Bebauungs- und Bevölkerungsdichte setzte die Temperaturerhöhung im dichter werdenden Stadtzentrum ein; Innenstadt

Tabelle 1. Maximale Temperaturunterschiede zwischen Stadt und Umland

	Einwohner ($\cdot 10^3$)	Temperaturdifferenz [K]
Uppsala	63	6,5
Sheffield	500	8,0
San Francisco	784	11,1
Vancouver	1000	10,2
Montreal	2000	12,0

Abb. 3. Temperaturverlauf in Berlin seit 1800 in der Innenstadt (S) und am Stadtrand (A)

und Außenbezirk weisen im Laufe der Zeit eine immer größere Temperaturdifferenz auf; die Wärmeinsel Stadt nahm an Intensität zu. Während somit der untere Kurvenverlauf die grundsätzliche klimatische Temperaturentwicklung in Mitteleuropa seit 1800 widerspiegelt, ist der Gang des Klimas bei der oberen Kurve vom wachsenden Stadteffekt überlagert.

Die Übertemperatur der Städte führt dazu, daß dort weniger Nebel, Straßenglätte und Schneefall auftritt als im Umland. Außerdem ist infolge der höheren Nachttemperaturen die Tagestemperaturschwankung kleiner. Da eine mittlere jährliche Übertemperatur mitteleuropäischer Großstädte von 2 K der Umlandtemperatur Oberitaliens entspricht, wird ferner verständlich, warum sich mediterrane Pflanzen in unseren Städten heimisch fühlen und warum einige Zugvogelarten, z.B. Amseln, in Großstädten überwintern, zumal ihnen dort genügend Futter zur Verfügung steht.

3 Feuchte, Wind und Niederschlag

In den Städten wird die Erdoberfläche in erheblichem Umfang durch Bauwerke, asphaltierte Straßen und Plätze sowie gepflasterte Gehwege versiegelt. Während im Umland 90–100% der Erdoberfläche mit Vegetation bewachsen ist, sind es in den Städten nur 10–50%. Beide Faktoren haben ihre Auswirkungen auf den Feuchtegehalt der Luft. Die relative Luftfeuchte, die ein Maß für den Sättigungsgrad der Luft mit Wasserdampf ist, liegt in der Berliner Innenstadt im Sommer bis zu 6% und im Winter durchschnittlich um 2–3% unter den Außenbezirkswerten. Die Stadt ist trockener, und zwar auch in bezug auf den absoluten Wasserdampfgehalt (in Gramm Wasserdampf pro Kubikmeter Luft).

Nachhaltig wird die anströmende Luft durch die städtischen Baukörper beeinflußt. Der im Vergleich zum flachen Umland erhöhte Rauhigkeitseinfluß führt dazu, daß die Luft einerseits abgebremst, anderseits aber teils böigturbulenter, teils durch Straßenschluchten kanalisiert wird. Außerdem führen die großen Strömungshindernisse dazu, daß die Luft verstärkt nach oben ausweicht, also eine zusätzliche aufsteigende Bewegungskomponente erfährt.

Die Strömungseinflüsse durch die Stadt ebenso wie ihre Eigenschaft als Wärmeinsel wirken sich auf die Niederschlagsverhältnisse aus. In Abb. 4 ist am Beispiel von Berlin zu erkennen, daß der Tagesgang starker Schauer beeinflußt wird. Während in der Innenstadt 45% aller sommerlichen Schauer in den relativ warmen Abendstunden von 18–24 h auftreten, sind es in den Außenbezirken in diesem Zeitraum weniger als 30%; hier liegt die größte Schauerhäufigkeit zwischen 12 h und 18 h MEZ; die stärkere Abkühlung der Luft im Umland nach 18 h läßt die Schauerneigung im Vergleich zur Stadt schon merklich zurückgehen.

Abbildung 5 verdeutlicht, daß auch die Intensität von Schauern beeinflußt wird. Während in der Innenstadt im Durchschnitt 2,6–2,7 mm/ 10 min (l/m² pro 10 min) pro Starkregen fallen, sind es in den Außenbezirken weniger als 2,2 mm/10 min. Da sich gezeigt hat, daß jeder starke Schauer durchschnittlich in der Innenstadt wie in den Außenbezirken rund 11 mm gebracht hat, so bedeutet das: In der Innenstadt sind die Schauer intensiver, aber kürzer, im Umland sind sie etwas weniger intensiv, dauern aber etwas länger.

Sehr komplex sind die Verhältnisse bezüglich der Niederschlagsmenge. Wie die langjährigen Klimabeobachtungen zeigen, befindet sich über dem

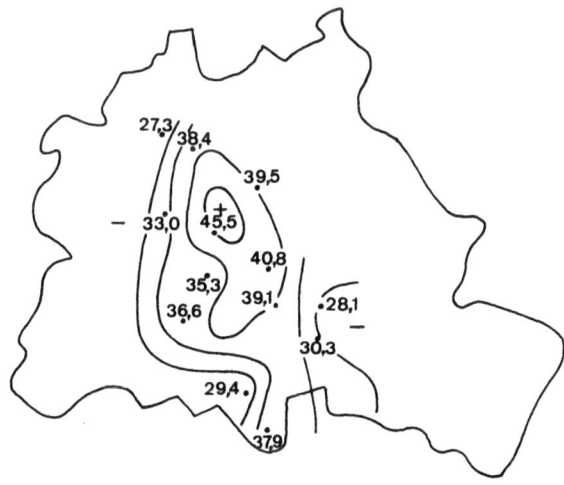

Abb. 4. Mittlere Häufigkeit [%] sommerlicher Schauer im Berliner Stadtgebiet

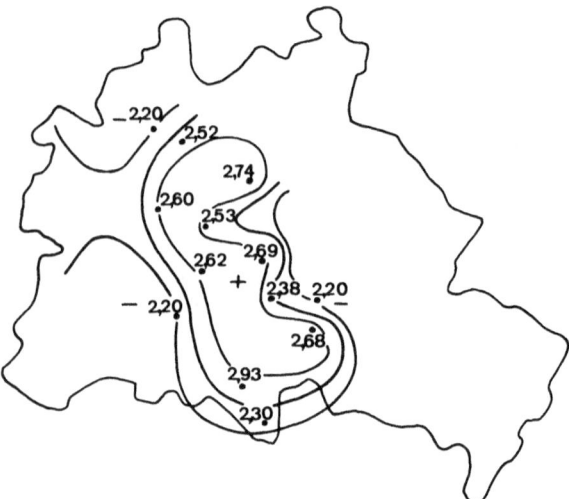

Abb. 5. Mittlere Intensität [mm/10 min] sommerlicher Schauer im Berliner Stadtgebiet

westlichen Stadtgebiet Berlins ein Niederschlagsmaximum mit rund 630 mm pro Jahr; über dem Innenstadtbereich werden nur 540 mm und über den östlichen Stadtgebieten wieder 630 mm angetroffen. Wie. Abb. 6 veranschaulicht, ist diese Dreiteilung mit Unterschieden bis zu 100 mm im Jahresniederschlag auf 10 km Entfernung im wesentlichen durch die Orographie verursacht, obwohl die Höhenunterschiede nur 30–100 m betragen. Da die Windrichtungen Südwest, West und Nordwest zusammen am häufigsten und am regenreichsten sind, erzeugen sie im wesentlichen die Dreiteilung im Niederschlagsbild mit dem Minimum im dicht bebauten Spreetal. Überlagert ist dieser Grundstruktur der Stadteffekt. Etwa 5% der Jahresniederschlagsmenge in Berlin erklären sich aus dem Stadteinfluß. Für andere Städte sind bis zu 10% ermittelt worden.

4 Die Luftbelastung

Auch wenn Übertemperatur, reduzierte Feuchte und geringere Tag-Nacht-Schwankung der Temperatur herz- und kreislaufbelastend sein können, so kommt doch der Luftbelastung mit festen, flüssigen und gasförmigen Beimengungen in Städten eine besondere Stellung zu. Die Höhe der jeweiligen Konzentration ist dabei entscheidend für die Luftqualität im Vergleich zum Umland. Neben Schwefeldioxid (SO_2) sind es vor allem Stickoxide (NO_x), Kohlenwasserstoffverbindungen (KW) und Staub, die von Industrie, Kraftwerken, Gebäudeheizungen und Verkehr in die Stadtluft emittiert werden.

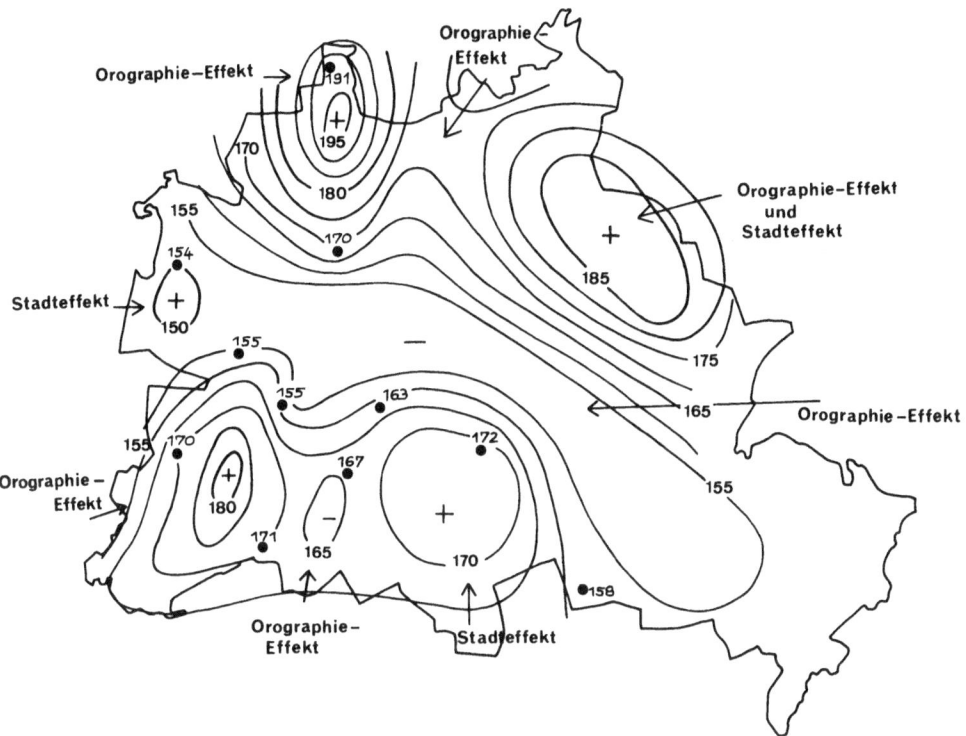

Abb. 6. Mittlere Niederschlagsmenge [mm = 1/m²] im Berliner Stadtgebiet bei (geostrophischem) Westwind

Am Beispiel der SO_2-Verhältnisse in Berlin sollen wesentliche Grundzüge der Luftbe-lastung aufgezeigt werden. Unter dem Begriff Emission versteht man dabei die aus Schornsteinen, Hochkaminen, Auspuffrohren usw. freigesetzten Luftbeimengungen; unter Immission wird dagegen die Konzentration verstanden, die in den unteren Metern über Grund von uns eingeatmet bzw. dort von einem Meßgerät angezeigt wird.

Bei konstanter Emission in einem Gebiet hängt die Immission ganz wesentlich von der jeweiligen Wetterlage ab. Grundsätzlich gelten folgende Abhängigkeiten:

- von Windrichtung und Windstärke,
- von der Existenz bodennaher Inversionen,
- von der Temperatur.

In der Regel kann man sagen, daß westliche und nördliche Winde mit geringen, südliche und östliche Winde mit höheren Luftbeimengungen verbunden sind. An stark windigen Tagen werden die Luftbeimengungen schneller abtransportiert und verteilt, so daß die Konzentrationen geringer sind als an schwachwindigen Tagen.

Zeitlich anhaltende bodennahe Inversionen, also Schichten, in denen die Temperatur (entgegen dem allgemeinen Verhalten) mit der Höhe zunimmt, bilden sich nachts, vor allem im Herbst und Winter. Sie verhindern, daß die Luftbeimengungen nach oben abgeführt werden, so daß sie in Bodennähe akkumulieren und die Luft immer "dicker" wird (sog. austauscharme Wetterlage).

Die Außentemperatur wirkt sich im Winter auf die Emission wie auf die Immission aus. Je kälter es ist, um so mehr muß geheizt werden, um so mehr Kohle, Gas und Heizöl werden verbrannt, desto mehr SO_2 wird freigesetzt und erhöht die Emission. Da die Kälteperioden grundsätzlich mit den inversionsreichen Ost- und Südostwinden auftreten, steigt auch die wetterabhängige Immission.

Abbildung 7 zeigt auf der Basis des Luftgütemeßnetzes des Senats von Berlin die mittlere jährliche SO_2-Konzentration (Immission) im Zeitraum 1976–1980. Wie man erkennt, nehmen die Werte von der Innenstadt zum Stadtrand deutlich ab, so daß in den Außenbezirken die SO_2-Konzentrationen nur halb so groß sind wie in der dichtbesiedelten Innenstadt mit rund 10.000 Einwohnern/km². Außerdem wird deutlich, daß der vom Gesetzgeber festgelegte Grenzwert für die SO_2-Dauerbelastung von 140 µg/m³ im Stadtzentrum z.T. deutlich überschritten wurde.

Abbildung 8 gibt die SO_2-Verhältnisse in Berlin 10 Jahre später wieder. Zwar ist die Struktur die gleiche geblieben, doch zeigt sich eine deutliche

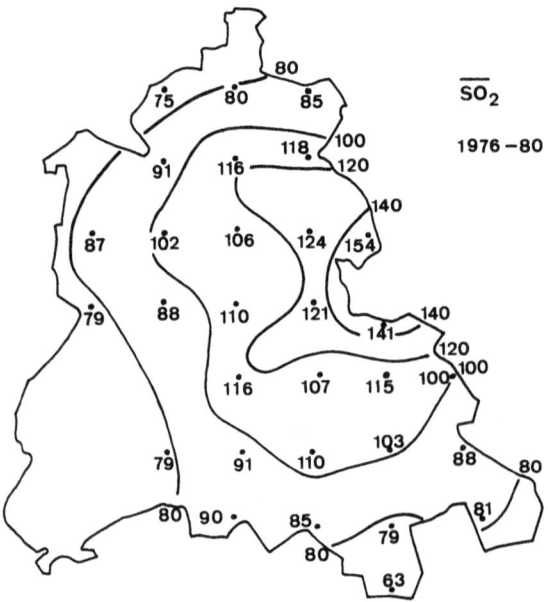

Abb. 7. Mittlere SO_2-Verteilung [µg] im Berliner Stadtgebiet im Zeitraum 1976–1980

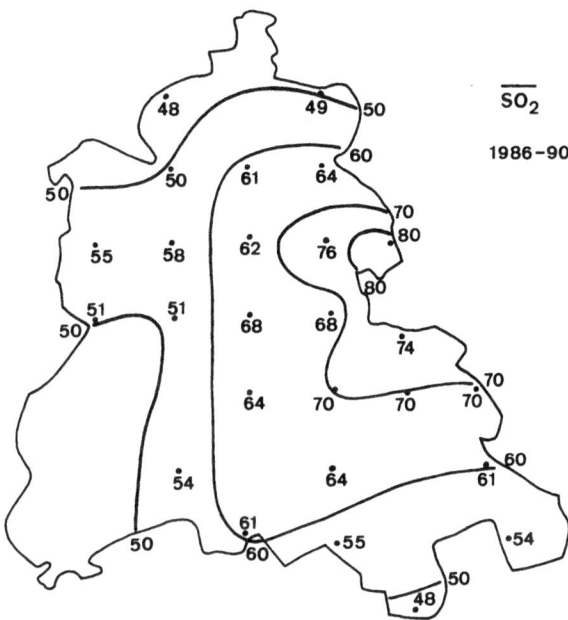

Abb. 8. Mittlere SO_2-Verteilung [µg] im Berliner Stadtgebiet im Zeitraum 1986–1990. (Kley 1994)

SO_2-Abnahme, wobei sich die Werte im Innenstadtbereich praktisch halbiert haben. Der Grund sind vielfältige emissionsmindernde Maßnahmen, wie z.B. Filter bei Kraftwerken und Industrieanlagen, Verwendung schwefelarmer Brennstoffe, Überwachungen der Heizungen, Umstellung auf Fernwärme aus Heizkraftwerken.

Beim Jahresgang des SO_2-Gehaltes in der Luft stehen relativ geringen Werten im Sommer hohe Konzentrationen im Winter gegenüber. Diese sind zum einen durch die Industrie, Kraftwerke und Gebäudeheizungen und zum anderen durch die ungünstigeren winterlichen Wetterlagen (Kälte, schwachwindig, Inversionen) verursacht. Mit dem deutlichen Rückgang der SO_2-Konzentration ist in den deutschen Städten, vor allem in den alten Ländern, die Wahrscheinlichkeit für das Auftreten von schwefeligem Wintersmog erheblich zurückgegangen.

Ein Problem ist dagegen der sommerliche Ozonsmog, der auf die Emissionen von Industrie und Verkehr zurückzuführen ist. Vor allem durch die Zunahme des Verkehrs ist die Konzentration von Stickoxiden und Kohlenwasserstoffen in der Luft nicht zurückgegangen. Unter dem Einfluß von ultravioletter Strahlung entsteht aus Stickstoffdioxid und Kohlenwasserstoffverbindungen über eine komplexe chemische Reaktion der 3atomige Sauerstoff O_3, das Ozon. Dieses ist vor allem an den "Schönwettertagen" der Fall, wenn die UV-Strahlung bei wolkenlosem Himmel besonders intensiv ist. Dieses erklärt auch, warum im Alpenraum in höher gelegenen, verkehrsreichen Orten die sommerliche Ozonkonzentration besonders hoch ist. Ozon ist ein lungengängiges Gas und führt zu Reizerscheinungen der Atemwege und der Augen. Abends und nachts sinkt infolge fehlender Sonnenstrahlung die Ozonkonzentration wieder deutlich ab. Daher lautet das Gebot bei Ozonsmog: möglichst keine schwere Arbeit und kein Sport in den Mittags- und Nachmittagsstunden.

So paradox es klingt, aber die höchsten Ozonkonzentrationen werden in der Regel nicht in der verkehrsreichen Innenstadt, sondern in den benachbarten Reinluftgebieten, z.B. in den benachbarten Wäldern, angetroffen. Die Ursache dafür ist, daß vom Verkehr auch Stickoxid (NO) freigesetzt wird, das Ozon wieder zerstört. Außerhalb der Städte, wo der Verkehr gering ist, werden die "Ozonwolken", die aus der Stadt mit dem Wind dorthin gelangen, daher tagsüber kaum zerstört.

Wie die aktuellen Untersuchungen gezeigt haben, ist bei Ozonsmog die hohe Vorbelastung der heranwehenden Luft der entscheidende Faktor. Der hausgemachte Anteil in den Städten macht kaum mehr als 10–20% der Konzentration aus. Dieser Tatbestand ist verantwortlich dafür, warum lokale Maßnahmen gegen den photochemischen Smog nur sehr begrenzte Auswirkungen haben können.

5 Schlußbetrachtungen

Die Stadt steht in einer sehr komplexen Wechselwirkung mit den unteren 1000 m der Atmosphäre, der sog. Grenzschicht. Sie entwickelt klimatologische Besonderheiten und unterscheidet sich in vielfältiger Weise vom ländlichen Umland. Für die Luftqualität ist es dabei wichtig, daß man bei der Urbanisierung bzw. der Stadterweiterung oder der Ansiedlung von Industrie und Kraftwerken den Erkenntnissen der Stadtklimatologie in vollem Umfang Rechnung trägt. Grünflächen und Parks dienen nicht nur der Temperatur- und Feuchtestabilisierung, sondern sind auch hervorragende Staubfilter. Die Stadt im allgemeinen und die Verkehrsadern im besonderen brauchen eine gute Durchlüftung, d.h. Gebäudekomplexe sind vor ihrer Errichtung darauf zu prüfen, ob sie die Frischluftschneisen der Stadt beeinträchtigen.

Eine Stadt lebt von ihrer Industrie, ihrem Handel und Gewerbe und hat allein schon wegen ihrer Einwohnerdichte höhere Konzentrationen von Luftbeimengungen. Jedoch lassen sich die Auswirkungen minimieren, wenn neben emissionsmindernden Maßnahmen auch die meteorologisch-klimatologischen Einflußfaktoren berücksichtigt werden.

Literatur

Bornstein RG (1975) The two-dimensional URBMET urban boundary layer model. Appl Met 14: 1459–1477

Changnon SA (1970) Recent studies of urban effects on precipitation in the USA. In: Urban climates, WMO-No 254, TP 141: 327–343

Ermer K, Mohrmann R, Sukopp H (1994)(Hrsg) Stadt und Umwelt. Economica Verlag, Bonn

Katzer A (1936) Das Stadtklima. Braunschweig

Kley M (1994) Die Schwefeldioxidbelastung von Berlin in Abhängigkeit von Wetterkriterien in den Jahren 1986–1990 und ihre Entwicklung seit 1971. Diplomarbeit am Institut für Meteorologie der Freien Universität Berlin, Berlin (unveröffentlichtes Manuskript)

Kraus H (1978) Stadt- und Landschaftsklima. Mitt Dt Meteor Ges Nr 7: 9–30

Malberg H (1994) Meteorologie und Klimatologie. Springer, Berlin Heidelberg New York Tokyo

Oke TR (1978) Boundary layer climate. New York

Die Stadt als ökologisches System

Gerd Weigmann

1 Einführung

Die Entwicklung von Städten hat vielfältige Änderungen für Natur und Menschen mit sich gebracht. In urbanen Räumen gibt es Flächen ohne jede Natur, die für Nutzungszwecke versiegelt und überbaut wurden. Die Großstadtentwicklung hat auch die Lebenssituation des Menschen drastisch verändert, aber das Bedürfnis nach Natur in seiner unmittelbaren Nähe besteht offenbar fort und wird in der städtischen Enge durch Balkonpflanzen, Zimmerpflanzen, Aquarien und Haustiere befriedigt. Die Entfremdung von der Natur kontrastiert also mit dem Bedürfnis, Natur zu erleben. Schon kleine Kinder zeigen eine starke Affinität zu naturnaher Umgebung, zu Pflanzen und Tieren. Dies ist jedoch nicht unbedingt ein Hinweis auf angeborene Naturprägung, denn auch der Umgang mit Natur wird im soziokulturellen Kontext erlernt, vergleichbar dem Umgang mit technischer Umwelt (Gebhard 1993).

Zu den psychosozialen Belastungen des Menschen in Städten kommen die physischen und gesundheitlichen Beeinträchtigungen durch Fremdstoffe aus Luft, Trinkwasser und Lebensmitteln. Viele dieser Belastungen des Stadtmenschen resultieren aus Eingriffen in seine ehemals natürliche Umgebung. Die Stadt ist das Ergebnis des Gestaltungswillens des wirtschaftenden Menschen; die Stadtumwelt ist also eher sozioökonomisch als ökologisch bedingt. Immer häufiger zu hörende Forderungen nach langfristigen Umweltverbesserungen in Städten sowie Ansätze zur Implementierung solcher Konzepte können programmatisch als Forderung nach "Ökologisierung der Städte" verstanden werden.

Im folgenden soll gefragt werden, welche Unterschiede zwischen natürlichen Ökosystemen und einem sogenannten "Ökosystem Stadt" bestehen, und ob natürliche ökologische Prinzipien in Städten imitiert werden können, um diese lebensfreundlicher zu gestalten. Aus naturwissenschaftlicher Sicht sollen einige konzeptionelle Argumente genannt werden, die die sozioökonomische Stadtökologiedebatte ergänzen; denn eine Lösung von Umweltproblemen der Einwohner von städtischen Ballungsräumen ohne Berücksichtigung ihrer biologischen Existenz und ihrer biologisch-ökologischen Umwelt ist mir schwer vorstellbar.

Zuerst wird deshalb eine Skizze des naturwissenschaftlichen Ökosystemmodells gegeben, das auf natürlichen Ökosystemprozessen beruht. Dann wird ein Konzept der Landschaftsökologie referiert, das die Agrarlandschaft zum Gegenstand hat, um schließlich zu hinterfragen, ob diese Konzeption auf Großstädte anwendbar ist.

2 Das Ökosystemkonzept der Naturwissenschaften

2.1 Natürliche Ökosysteme

Ökosysteme werden in der Biologie und in anderen Naturwissenschaften als das Ergebnis der Tätigkeit natürlicher Lebensgemeinschaften in einem Landschaftsausschnitt mit bestimmten Boden- und Klimabedingungen verstanden. Die Populationen der in Ökosystemen lebenden Organismen werden insgesamt als Biozönose (Lebensgemeinschaft) bezeichnet (vgl. Schaefer 1992). Sie organisieren natürlicherweise die wichtigsten Ökosystemprozesse wie Stoffkreislauf, Energiehaushalt, Auf- und Abbau lebender Substanz (Biomasse). In unserem Klima laufen diese Prozesse jahresrhythmisch ab und wiederholen sich in einem stabilen Ökosystem Jahr für Jahr in ähnlicher Qualität und Dynamik. Natürliche Ökosysteme sind energiesparend, d.h., für die Aufbauprozesse biologischer Substanz durch grüne Pflanzen reicht die eingestrahlte Sonnenenergie aus. Anders ausgedrückt, es wird nur so viel produziert, wie Energiezufuhr oder Wasser- und Nährelementeverfügbarkeit zulassen. Umbauprozesse und Abbauprozesse nutzen die in der Biomasse gespeicherte Energie, die letztendlich nach dem Abbau zum allergrößten Teil als Wärmeenergie in die Atmosphäre abgestrahlt wird, während manche Nährstoffe, wie Stickstoff, Schwefel oder Phosphor, von den die Biomasse produzierenden Pflanzen wieder aufgenommen werden. In natürlichen Ökosystemen besteht in dieser Hinsicht ein optimaler Recyclingprozeß.

Während der Entwicklungsphase von Ökosystemen durchläuft die Lebensgemeinschaft eine natürliche Sukzession, indem Pionierarten zunehmend von solchen Arten durch Konkurrenz verdrängt werden, die in das komplizierte Beziehungsgefüge komplexer Ökosysteme besser hineinpassen. Optimal in eine Lebensgemeinschaft passen daher solche Arten, die die speziellen Ressourcenangebote nach Menge und Qualität nutzen und ihre Vermehrung biologisch rückgekoppelt an die begrenzten Umweltkapazitäten anpassen können. Dadurch kommen stabile Artengemeinschaften und stabile abiotische Bedingungen für Ökosysteme zustande.

2.2 Anthropogene Ökosysteme

Vor einigen Jahren wurden Lebensgemeinschaften, wie in Gärten, Äckern, Baumplantagen, Parks und Fischteichen und auf urbanen Flächen, nicht als Biozönosen im engeren Sinne bezeichnet, sondern als Technozönosen (Schwerdtfeger 1975). Dies begründete sich aus der ehemals verbreiteten Lehrmeinung, daß nur selbstorganisierte Artengemeinschaften als Biozönosen zu bezeichnen seien, während Gemeinschaften in den oben genannten Lebensräumen im wesentlichen durch technische Maßnahmen von Menschen gesteuert würden. Inzwischen wird in Lehrbüchern stärker die natürliche Regulationsfähigkeit von Populationen auch auf anthropogen gestalteten Grünflächen hervorgehoben. Man spricht beispielsweise von Agrarbiozönosen auf Äckern und von Agroökosystemen (vgl. dazu Bick et al. 1984).

Nutzflächen mit Vegetation, wie die oben genannten, werden durch technische Maßnahmen gestaltet oder hergestellt und auch an ihrer Weiterentwicklung im Sinne natürlicher Sukzessionen gehindert. Auf einer Ackerfläche würde sich beispielsweise eine Brachlandgesellschaft entwickeln, die mit der Zeit in eine Wiesen-Busch-Formation und letztlich in eine Waldformation übergehen würde. Die Hauptnutzung durch den Menschen, d.h. die Ernte auf einem Acker, erfordert jedoch, daß eine "Pioniergesellschaft" aus einjährigen Nutzpflanzen bestehen bleibt. Diese anthropogene Steuerung erfordert zusätzliche Energie, die in der modernen Landwirtschaft sehr erheblichen Aufwand an techischen Geräten, Brennstoffen, Chemikalien und Arbeitskraft des Menschen benötigt.

Anthropogene-Systeme sind also weniger energiesparend als natürliche. Darüber hinaus wird ein natürliches Stoffrecycling verhindert. Die exportierten Biomassen und Nährelemente müssen dann in Form von Dünger den Systemen wieder zugefügt werden, was weitere Energie erfordert. Wegen der disharmonischen Stoffhaushalte sind damit Belastungen der Umwelt, etwa durch Windverdriftung von Dünger und Pestiziden oder durch Versickerung solcher Pflanzenbehandlungsmittel in das Grundwasser oder Eintrag in benachbarte Gewässer, verbunden. Umweltbelastungen aus der Landwirtschaft oder aus dem Gartenbau resultieren also aus unökologischen anthropogenen Steuerungsmechanismen.

2.3 Das Konzept der Landschaftsökologie

Natürliche Landschaften bestehen aus einem Mosaik von natürlichen Ökotopen (Haber 1986). Unter Ökotopen versteht man die geographischen Flächeneinheiten, auf denen sich Ökosysteme bzw. Lebensgemeinschaften etabliert haben. Art, Größe und Verteilung der natürlichen Ökotope resultieren u.a. aus naturräumlichen Qualitäten wie Hanglage, Ausgangsgestein, Boden und Wasserversorgung. Vergleichbar findet man in der

Kulturlandschaft verschiedene anthropogene Ökotope vor, die vom Menschen bewußt verändert bzw. gestaltet werden. Die Art der Ökotope und ihre Gestaltung begründet sich aus den Nutzungsansprüchen des Menschen.

Wegen der optimierten Stoffkreislaufprozesse in natürlichen Ökosystemen, also durch Recycling und optimale Stoffnutzung, sind die Stoffexporte aus natürlichen Ökotopen minimal. Dies hat zur Folge, daß Nachbarökotope stofflich kaum belastet oder beeinflußt werden. In speziellen Fällen, wie kleinen Seen oder Bächen, sind allerdings die natürlichen Stoffimporte aus Nachbarsystemen erheblich; diese gehören jedoch zu den natürlichen Betriebsgrundlagen dieser Systemtypen.

In der Kulturlandschaft gibt es hingegen in unterschiedlichem Umfang unnatürliche Stoffflüsse zwischen den verschiedenen Nutzökotopen, die aus der in Abschnitt 2 angesprochenen Disharmonie und Fremdorganisation dieser Ökotope herrührt. Je intensiver die Nutzung einer Fläche ist, desto stärker sind die stofflichen Belastungen auch der Nachbarschaft. Stoffliche Belastungen verändern jedoch die Lebensgemeinschaften und die Standortsqualitäten. In der modernen Agrarlandschaft findet sich demzufolge eine flächendeckende Stickstoffeutrophierung und eine hohe Belastung der Böden mit verschiedenen Stoffen wie Schwermetallen und organischen Chemikalien aus Industrie, Verkehr und Landwirtschaft. Diese Stoffe werden wegen ihrer unnatürlichen Herkunft und anthropogenen, hohen Konzentrationen als Schadstoffe bezeichnet, wenn Belastungen oder Schäden der Lebensgemeinschaften eintreten.

Eine vom Menschen intensiv genutzte Kulturlandschaft setzt also nicht nur erhöhten Energiebedarf zur speziellen Steuerung und Erhaltung von Nutzökotopen voraus, sondern ist auch in modernen Industrie- und Agrarländern fast zwangsläufig chemisch belastet und verändert. Viele dieser Belastungen schlagen über Atemluft, Trinkwasser und Lebensmittel auf die Menschen zurück.

3 Die Stadt als anthropogene Landschaft

3.1 Die Struktur der Stadtlandschaft

In Städten finden sich sehr unterschiedliche Flächen in bezug auf ihre Nutzung und das Vorkommen wildlebender Pflanzen und Tiere. Manche Flächen sind vollständig oder nahezu frei von sich spontan ansiedelnden Tieren und Pflanzen. Dies sind Häuser und Hauskomplexe, Straßen und Bahntrassen mit künstlicher Bedeckung, intensiv genutzte Industrieflächen oder auch Sportplätze. Oft findet sich jedoch in der Stadt ein Anteil an "Restlandschaft" der die Stadt umgebenden Kulturlandschaft. Häufig sind dies Forst- und Wiesenflächen, die zur Naherholung genutzt werden oder nachträglich zu Parks, Gärten, Baumschulen, Friedhöfen umgestaltet wurden. Daneben gibt es auch neu angelegte naturnahe Nutzflächen der genannten Typen. Eine dritte Gruppe städtischer Flächen stellen solche, auf denen mehr oder weniger unbeabsichtigt Pflanzen und Tiere geduldet werden, etwa Straßenränder, Bahntrassensäume, brachliegende Baugrundstücke, Uferböschungen von Flüssen, Seen und Kanälen, industriell genutzte Flächen, Mülldeponien usw. (Sukopp u. Wittig 1993).

Akzeptiert man den Denkansatz, daß die Stadt ein Mosaik verschiedener Nutzflächen ist, unter denen auch solche mit naturnahem Zustand sein können, so bietet sich die Analogie zwischen Stadt und Kulturlandschaft an. Städtische Kulturlandschaft unterscheidet sich von ländlicher durch einen höheren Grad an menschlichem Einfluß, durch einen geringeren Anteil an Flächen mit natürlich entwickelten Lebensgemeinschaften und durch spezifische Stadtökotope. Eine Stadtlandschaft in diesem Sinne ist also genauso charakteristisch wie eine Agrarlandschaft. Ihre Teilflächen (Ökotope) sind jedoch vergleichsweise stärker durch anthropogene Stoff- und Energieflüsse miteinander verbunden.

Die Städteplanung hat die Aufgabe, Kompromisse zwischen diversen, oft konkurrierenden Nutzungsansprüchen zu finden. Städteplanerische Probleme ergeben sich u.a. aus ungesteuerten Stadtentwicklungen in der Vergangenheit, aus veränderten sozioökonomischen Erfordernissen und aus Veränderungen der Verkehrstechnik und der Industrieproduktion, was sich vor allem als massiver Bedarf an Siedlungsflächen äußert. Flächennutzungspläne dienen dementsprechend einer planerischen Neubestimmung von Flächennutzungen und ihrer räumlichen Organisationen. Dabei dürfen jedoch auch solche umweltpsychologischen und umwelthygienischen Bedürfnisse der Menschen nicht ignoriert werden, die, pauschal gesagt, eher durch mehr Natur in der Stadt befriedigt werden können – von Fragen des Stadtklimas, des Vorhandenseins von Versickerungsflächen etc. ganz abgesehen.

Heute wird zunehmend auch der Naturschutz in der Stadt diskutiert (wie ja auch nach § 1 des Bundes-Naturschutzgesetzes Natur und Landschaft "im *besiedelten* und unbesiedelten Bereich" zu schützen sind). Es geht insbesondere um die Erhaltung von sich spontan entwickelnden Lebensgemeinschaften von Pflanzen und Tieren auf für längere Zeit nicht genutzten Flächen (Sukopp 1990). Die Naturschutzproblematik stellt sich in der Stadt in vergleichbarer Weise wie in der ländlichen Kulturlandschaft: Die Biozönosen sind eigentlich keine natürlichen, weil sie sich unter dem intensiven Einfluß aus ihrer Umgebung in spezieller Weise entwickelt haben.

Interessanterweise gibt es aber sowohl in der ländlichen Kulturlandschaft als auch auf städtischen Grünflächen eine Reihe von Tier- und Pflanzenarten, die in Mitteleuropa nur diese Ökotope besiedeln können (Sukopp u. Wittig 1993). Sie stammen meistens aus trockeneren und wärmeren Ökotopen Südeuropas oder Zentralasiens, wo unseren Stadtökotopen vergleichbare klimatische und standörtliche Bedingungen vorherrschen. Beispiele aus der Vogelwelt sind Hausrotschwanz, Haubenlerche oder Türkentaube. Viele Menschen empfinden solche "Kulturfolger" unter den Pflanzen und Tieren als eine wohltuende Bereicherung ihrer Umwelt. Dazu kommt aber auch eine ethische Begründung für den Natur- und Artenschutz: die Forderung nach einem Existenzrecht für freilebende Tiere und Pflanzen per se, also ohne Begründung aus der menschlichen Nutzungsperspektive.

3.2 Energie und Stoffflüsse im System Stadt

Theoretische Konzepte der Ökologie haben in der Vergangenheit entweder den Ökosystemcharakter von Städten grundsätzlich abgestritten oder aber versucht, die Stadt insgesamt als (Super-)Ökosystem zu betrachten. Nach dem ersten Ansatz wird die Stadt als ein künstliches System bezeichnet, dem prinzipiell die biologisch-ökosystemaren Eigenschaften fehlen (Arndt 1987). Dies kann mit der Argumentation begründet werden, daß die städtischen Freiflächen unnatürlich sind und kaum durch Selbstregulation entstandene Lebensgemeinschaften beherbergen. Danach fehlen auch den naturnahen Ökotopen in der Stadt wichtige Ökosystemeigenschaften.

Der zweite ökosystemtheoretische Ansatz geht von einem umfassenden Energie- und Stoffflußmodell aus. Hierbei werden, wie bei der Untersuchung natürlicher Ökosysteme, die Bilanzen von Energieeinfuhr und Energieausfuhr sowie von Stoffimporten und Stoffexporten erstellt. Das Ergebnis derartiger Studien (Duvigneaud u. Denayer-deSmet 1975; s. Abb. 1) ist erwartungsgemäß, daß mehr und größtenteils auch andere Energie in der Stadt benötigt wird, als durch Sonneneinstrahlung einströmt. Es wird deshalb zusätzliche Energie importiert. Diese Energie, die für Brüssel jährlich $32 \cdot 10^{12}$ kcal ausmacht (Abb. 1), ist in Brennmaterialien, elektrischem Strom und in Nahrungsmitteln enthalten, was letztlich durch Abwärme zu einer unnatürlichen Erwärmung der Stadt im Vergleich zu ihrer Umgebung führt. Außerdem besteht eine übermäßige Nachfrage nach Lebensmitteln, diversen Materialien (Baustoffe, Rohstoffe, Fertigprodukte u.a.) und Wasser für Haushalte und Wirtschaft, die ebenfalls nicht im Stadtgebiet in hinreichender Menge gewonnen oder produziert werden können. Die zu importierenden Wassermengen summieren sich für Brüssel auf 61 Mio. t. Diese Stoffimporte bewirken gigantische Mengen an Müll und Abfallstoffen, außerdem auch hohe Abwasser- und Luftbelastungen.

Nur ein Teil dieser Stoffimporte wird mit Abwasser und Wind wieder aus dem System Stadt entfernt, die Festmüllmengen machen beispielsweise für Brüssel allein etwa 224 000 t aus. Ein anderer Teil wird in Form von Bauschutt zu "Stadtboden". Aus diesem Grunde wachsen die Bodenoberflächen in Städten im Laufe von Jahrhunderten ständig in die Höhe und entfernen sich zunehmend vom Grundwasserspiegel. Städtische Böden sind

Die Stadt als ökologisches System

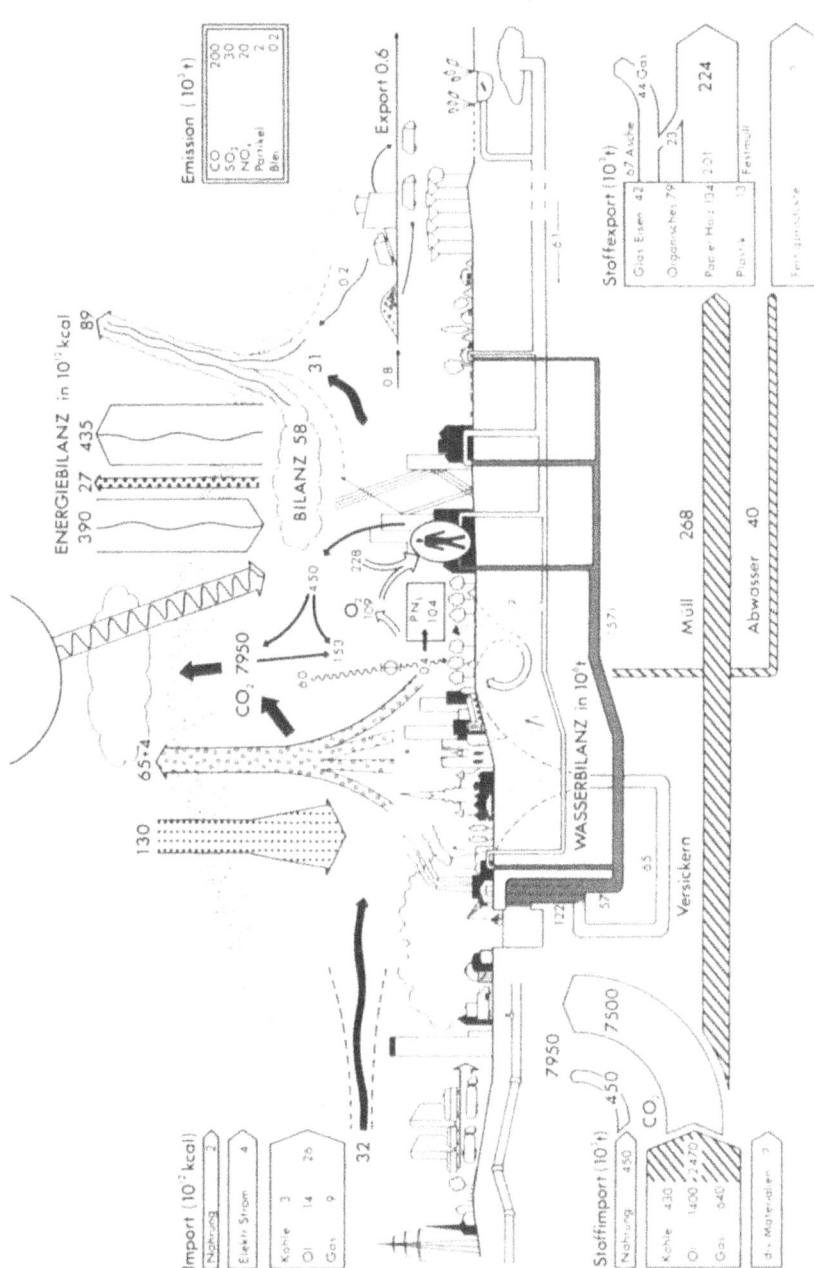

Abb. 1. Bilanzierung der Stoff- und Energieflüsse von Brüssel. (Nach Duvigneaud u. Denayer-deSmet 1975)

also in der Regel Kunstböden aus Bauschutt und importierten Erden, auf denen sich allerdings naturnahe Böden entwickeln können, auf denen Vegetationswachstum zugelassen wird (Gärten, Parks, Friedhöfe). Ein Nebeneffekt der anwachsenden Oberflächen und der künstlich gesteuerten Wasserströme ist die relative Trockenheit naturnaher Flächen in der Stadt; denn einerseits werden Niederschläge in hohem Maße durch Abwässerkanäle abgeleitet, statt durch die Böden zu versickern, andererseits können viele Pflanzen in Gärten und Parks in der relativ trockene Stadt nur durch künstliche Bewässerung erhalten werden.

Eine neuere Untersuchung von Baccini et al. (1993) über die Stoffbilanz aller Privathaushalte der Stadt St. Gallen kommt zu dem Ergebnis:

Urbane Siedlungen... zeigen aus stofflicher Sicht keine signifikante Kreislaufwirtschaft. Es sind praktisch reine 'Durchflußfaktoren'. Sie benötigen deshalb nicht nur ein geographisch weitgefaßtes Gebiet für die Versorgung, sondern auch eines für die Entsorgung (Baccini et al. 1993)

– und dies bei einem Pro-Kopf-Wachstum der mobilen Güter um 2% jährlich.

4 Zur ökologischen Stadtentwicklung

Nach der hier vertretenen These ist die Stadt insgesamt kein Ökosystem nach biologischen Kriterien. Sie ist nicht aus einer ökologischen Eigendynamik heraus entstanden wie eine natürliche Landschaft. Die Stadtlandschaft ist künstlich entstanden und hat sich historisch entwickelt, wobei primär soziale und ökonomische Kräfte die Ausgestaltung der Stadtstrukturen bewirkt haben. Die Stadt ist also eher ein sozialökologisches Großsystem im Sinne der Anthropogeographie. Damit soll nicht bestritten werden, daß natürliche Restflächen während der Entwicklung der Städte oft bewußt geduldet und weiterentwickelt wurden und Natur in der modernen Stadtplanung durchaus Bedeutung besitzt.

In Abb. 2 wird ein Beziehungsschema wiedergegeben, das auf der Basis eines vergleichbaren Schemas über Kulturlandschaften (Müller 1987) auf die Gegebenheiten einer Stadt adaptiert wurde. Es gibt eine Reihe interner Wechselwirkungen zwischen ökonomischen, sozialen und politischen Teilsystemen, die jeweils auch auf ökologische Bedingungen der Stadt einwirken. Diese sind z.B. allgemeine Umweltqualitätsparameter, speziell Bodenqualitäten, Emissionen und Luftqualitäten sowie Nutzwasserqualitäten. Diese Umweltparameter werden zugleich auch von den natürlichen Ausgangsbedingungen in der Stadt, insbesondere von der Qualität naturnaher Flächen, beeinflußt.

Für die planerische Verbesserung städtischer Umweltqualität kann man auf der einen Seite den Einfluß der naturnahen Flächen auf die Lebenssitua-

Die Stadt als ökologisches System 81

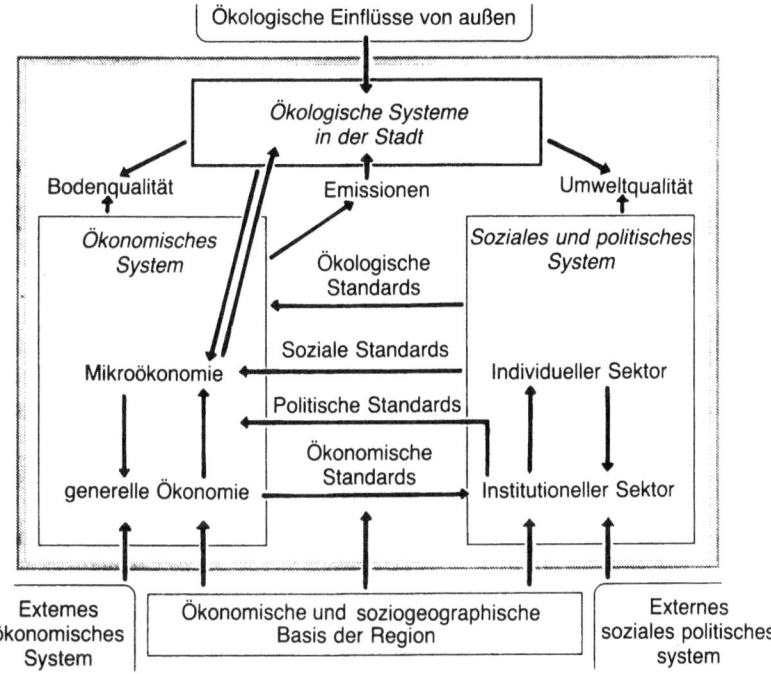

Abb. 2. Schema der Entwicklungseinflüsse auf die Stadt und Wechselbeziehungen zwischen Ökologie, Ökonomie und Politik

tion des Menschen nutzbar machen. Das heißt vor allem, genügend naturnahe Freiflächen in der Stadt zu erhalten oder zu erstellen und diese in ihrer Qualität zu verbessern. Beispielsweise haben Untersuchungen der Klimatologie und Lufthygiene belegt, daß sinnvoll angelegte Parks und Grünzüge einen außerordentlich positiven Einfluß auf die Luftqualität in Städten ausüben. Grünschneisen können etwa für eine gute Durchlüftung auch des Stadtkernbereichs sorgen, wenn keine Windbarrieren vorliegen. Auf der anderen Seite sind geschlossene Stadtkerne lufthygienisch sehr ungünstig, vor allem wenn sie in einem Tal liegen oder von geschlossenen Baumassen umgeben sind.

Aspekte der ökologischen Stadterneuerung stoßen jedoch normalerweise auf erhebliche Durchsetzungshemmnisse. Meist müssen Verwaltungsbehörden, zu deren Ressorts dieser Bereich gehört, mühselige Kompromisse mit durchsetzungsstärkeren Verkehrs- oder Wirtschaftsressorts eingehen und sind häufig wenig erfolgreich. Seit den 70er Jahren haben sich zunehmend Bürgerinitiativen und ökologische Vereinigungen zum Anwalt ökologischer Anliegen der Stadtgestaltung gemacht. Es ist sinnvoll, daß diese Gruppierungen als Fachleute für die Bürgerbetroffenheit von ökologischen Mißständen in das soziale und politische System eingebunden werden und über ökologische Standards auf Entscheidungen einwirken.

Das skizzierte Beziehungsgefüge macht deutlich, daß interdisziplinäre und ressortübergreifende Entscheidungsprozesse notwendig sind. Weiterhin muß berücksichtigt werden, daß Städte weder naturräumlich noch politisch unabhängig sind. Aus diesem Grunde sind von außen kommende ökologische, ökonomische, soziale und politische Einflüsse vorhanden, die ebenfalls – wenn auch auf einer anderen politischen Ebene – gesteuert werden können.

Vermutlich ist es utopisch, die Stadt als ein autarkes ökologisches System mit idealem internem Recycling und minimalem Energiebedarf zu konzipieren. Dennoch geben die Stichworte "sparsames Haushalten mit Stoffen und Energien", "Recycling" und "Regionalisierung" wichtige Hinweise auf Möglichkeiten einer Ökologisierung von Städten. Regionalisierung und Dezentralisierung insgesamt hätte den positiven Effekt, daß Transportvorgänge verringert werden, die bekanntlich viel Energie benötigen und schädliche Emissionen zur Folge haben. Zur Ökologisierung gehört auch eine städteplanerische Optimierung der Zusammenhänge von Arbeit – Wohnen – Freizeitgestaltung.

Aus der Sicht der biologischen Ökologie bieten städtische Grünflächen einen zentralen Ansatzpunkt. Ökologisierung kann dabei vorrangig heißen, die natürlichen Regelungskräfte der Organismen zu fördern bzw. zu nutzen. Wichtig dabei ist, daß standortgemäße, naturnahe Zustände von urbanen Grünflächen kostengünstiger zu erhalten sind, da interne selbststabilisierende Kräfte sie bewirken. Dagegen erfordern standortfremde Gestaltungen von Grünflächen technischen und energetischen Aufwand, der ihrer natürlichen Entwicklung entgegenläuft. Jede ersparte Energiemenge und jeder ersparte Stoffeintrag zur Gestaltung der städtischen Natur ist zugleich ein Beitrag zur Minderung der Umweltbelastung. Ökologische Nachhaltigkeit von urbanen Grünflächen erfordert notwendig Naturnähe und ökologische Eigendynamik.

Literatur

Arndt U (1987) Die Stadt als Ökosystem? – Eine Einführung. In: Ökologische Probleme in Verdichtungsgebieten. Hohenheimer Arbeiten. Ulmer Verlag, Stuttgart, S 1–8

Baccini P, Daxbeck H, Glenck E, Henseler G (Hrsg) (1993) Metapolis. Güterumsatz und Stoffwechselprozesse in den Privathaushalten einer Stadt, ETH-Zürich, Februar 1993

Bick H, Hansmeyer KH, Olschowy G, Schmoock P (1984) Angewandte Ökologie. Mensch und Umwelt, Bd 1 + 2. G. Fischer, Stuttgart

Duvigneaud P, Denayer-deSmet S (1975) L'écosysteme urbain. Application à l'agglomération bruxelloise. Scope: Trav Sect Belge Progr Biol Intern, Univ de Bruxelles, pp 11–173

Gebhard U (1993) Natur in der Stadt – Psychologische Randnotizen zur Stadtökologie. In: Sukopp H, Wittig R (Hrsg) Stadtökologie. G. Fischer, Stuttgart, S 97–112

Haber W (1986) Über die menschliche Nutzung von Ökosystemen – unter besonderer Berücksichtigung von Agrarökosystemen. Verh Ges Ökol 14 (Hohenheim 1984), 13–24

Müller N (ed) (1987) Problems of interdisciplinary ecosystems modelling. MAB-Mitt 5. Dt Nationalkommitee MAB, Bonn

Schaefer M (1992) Ökologie. Wörterbücher der Biologie, 3. Aufl. G. Fischer, Jena
Schwerdtfeger F (1975) Synökologie. Parey, Hamburg Berlin
Sukopp H (1990) Stadtökologie. Das Beispiel Berlin. Reimer, Berlin
Sukopp H, Wittig R (Hrsg) (1993) Stadtökologie. G. Fischer, Stuttgart

Rechtliche Ansätze zur Regulierung von Stoffströmen

Philip Kunig

1 Einführung: Der Jurist im Dialog mit (anderen) Wissenschaftlern

Die in diesem Band zusammengestellten Beiträge zur Umweltforschung bilden 2 Blöcke. Es ging bisher um Problemlagen aus naturwissenschaftlicher Sicht; nunmehr soll es um Handlungsansätze aus sozialwissenschaftlicher Sicht gehen. Deshalb seien zu Beginn des sozialwissenschaftlichen Teiles einige Vorbemerkungen vorausgeschickt, zu denen sich auch angesichts der hier von Naturwissenschaftlern präsentierten Beiträge Anlaß ergibt.

Die sozialwissenschaftlichen Aufsätze beginnen mit einem juristischen Beitrag. Das könnte zunächst zu der Frage führen, ob oder ggf. inwieweit die Rechtswissenschaft überhaupt eine Sozialwissenschaft ist. Sie ist es "auch", denn das Recht dient zwar einerseits der Herstellung von Gerechtigkeit, damit andererseits notwendigerweise der Gestaltung der gesellschaftlichen Verhältnisse. Es setzt jedenfalls Rahmenbedingungen für deren Entwicklung. Es setzt auch Rahmenbedingungen für andere Fakten. Jedoch: Die Natur selbst und die Naturwissenschaften halten sich nicht an das Recht. Auch hat die Natur selbst keine Rechte – was übrigens teilweise schon anders gesehen wird und sogar schon Gerichte beschäftigt hat.

Wie verhalten sich der Rechtswissenschaftler und der Naturwissenschaftler zueinander? Für die Juristen gehört das, was die Naturwissenschaften ermitteln, zum sog. Sachverhalt oder auch Tatbestand. Juristen stellen sich die Frage, ob Sachverhalte unter irgendwelche bestehenden Rechtsnormen passen und welche Rechtsfolgen sich daraus ergeben, gegebenenfalls, ob und wie solche Rechtsfolgen durchsetzbar sind. Ein Beispiel mag eine der wichtigsten Vorschriften des Bundesimmissionsschutzgesetzes (BImSchG) bieten. Dessen § 5 Abs. 1 Nr. 1 spricht davon, daß genehmigungsbedürftige Anlagen – u.a. – so zu errichten und zu betreiben seien, daß schädliche Umwelteinwirkungen und sonstige Gefahren, erhebliche Nachteile und erhebliche Belästigungen für die Allgemeinheit und die Nachbarschaft nicht hervorgerufen werden können. Der Jurist sagt in Kenntnis einer solchen Norm: Bringt mir die Tatsachen, ich sage Euch, was daraus folgt. Bringt Ihr mir zu wenig oder bleibt Ihr unklar, entscheide ich gegen denjenigen, der etwas von mir will. Juristisch vorgebildete Leser mögen die Ungenauigkeit dieser Aussage nachsehen.

Doch ist die Angelegenheit bei näherem Hinsehen komplex. Der Naturwissenschaftler wird einer bestimmten industriellen Anlage "gefährliche Auswirkungen" bescheinigen. Der Jurist – in der Rolle der zuständigen Behörde – müßte dann unter Umständen mit der Ablehnung eines Genehmigungsantrages oder mit dem Erlaß einer Untersagungsverfügung antworten. Doch ist offenkundig, daß nicht nur Juristen, sondern auch Naturwissenschaftler viele verschiedene Meinungen haben. "Gefährlichkeit" ist ersichtlich ein relativer Begriff. Die Rechtsordnung reagiert darauf z.B., indem sie Verfahren zur Konkretisierung von Grenzwerten vorsieht. In diesen Verfahren treffen sich, wie es die Rechtsordnung nennt, sog. beteiligte Kreise, d.h. zunächst einmal alle diejenigen, denen man Sachverstand zutraut. Im Laufe der Zeit hat man allerdings gemerkt, daß Grenzwerte niemals für objektive Wahrheiten stehen. Man beteiligt deshalb zunehmend nicht nur Sachverständige mit verschiedenen Ansichten, sondern verschiedene Interessenten. Unterschiedliche Interessen legen unterschiedliche Ansichten nahe. Das Auffinden von Grenzwerten wird manchmal zu einer Art Aushandeln, was u.a. die Frage nach der demokratischen Legitimation der handelnden Personen aufwirft.

Das Vorgenannte betraf den juristischen Umgang mit von anderen gelieferten Erkenntnissen über Tatsachen, die sogenannte Subsumtion. Noch wichtiger und eigentlich für den Umweltrechtler interessanter ist aber die weitere Frage: Wie sollte eine Rechtsnorm beschaffen sein, damit sie einen Beitrag zum Umweltschutz und – einmal abgesehen von Umweltbelangen, die ja nicht absolut zu setzen sind – allgemein zu einer gedeihlichen Entwicklung der Verhältnisse leisten kann. Auch diese Aufgabe kann der Jurist nicht alleine bewältigen. Er muß sich, wenn er neue Normen formuliert und sie den Gesetzgebern vorschlägt, anhand naturwissenschaftlicher – und sozialwissenschaftlicher – Erkenntnisse sachkundig zu machen versuchen (und dabei seine Wertungen offenlegen).

Um nur kurz in die Perspektive der Naturwissenschaftler und ihre Einschätzung des Rechts überzuwechseln: Mitunter gewinnt man den Eindruck, sie schätzten das Recht eher gering. Das tun allerdings alle, die es – mit einem gewissen Recht, auch wenn die Formulierung außer Mode gekommen ist – als ein Phänomen des Überbaus bezeichnen, also alle diejenigen, die meinen, sich ihres Wissens über die Entwicklung der Dinge sicher sein zu können.

Andere Naturwissenschaftler halten juristische Begriffe für falsch. So äußerte ein Kollege bei einem Vorgespräch über das Vorhaben, das diesem Buch zugrunde liegt, der Begriff "gefährliche Stoffe", der sich u.a. im Chemikaliengesetz (ChemG) findet, sei schlicht "falsch"; denn kein Stoff sei "gefährlich", vielmehr nur bestimmte Mengen von Stoffen in ihrem Zusammenwirken mit anderen. Das wird man so ausdrücken können, doch nützt es dem Juristen leider wenig. Er findet einen Begriff in der Gesetzessprache vor und muß sich Gedanken darüber machen, was gemeint sein könnte. Naturwissenschaftliche Erkenntnis ist nur bedingt geeignet, eine

Norm des geltenden Rechts zu falsifizieren. "Ungültig" sind Normen, wenn sie gegen solche "höherrangigen" Rechtes verstoßen, insbesondere die Verfassung, unter Umständen auch vorgeordnetes europäisches Recht.

Eine letzte Gruppe von Naturwissenschaftlern äußert sich, so scheint es dem Juristen, derart grundsätzlich, daß das Gespräch besonders interessant, aber auch schwierig wird. So wird – relativierend – etwa darauf hingewiesen, von Katastrophen in der Entwicklung globaler Verhältnisse könne man eigentlich nicht reden. Manchmal komme es eben vor, daß eine Spezies verschwinde – wir wissen es vom "Tier des Jahres 1993", dem Dinosaurier – müssen es aber vielleicht auch vom Menschen befürchten. Es könne daher im Endeffekt nur darum gehen, die Verhältnisse angenehm oder weniger unangenehm zu gestalten. Das wiederum genügt dem Juristen, kurzfristig wie er denkt, eigentlich nicht, auch wenn er weit davon entfernt ist, die naturwissenschaftlich begründete Hypothese oder Beobachtung in Frage stellen zu wollen.

2 Zum Thema

Das Thema lautet: Rechtliche Ansätze zur Regulierung von Stoffströmen. Wir befinden uns damit im Teilgebiet "Umweltrecht". Dieses Rechtsgebiet gibt es – dem Namen nach – erst seit etwa 2 Jahrzehnten, der Sache nach aber seit mindestens 2 Jahrtausenden, denkt man an römische Rechtsvorschriften über Fäkalien oder – kurzfristiger – an preußisches Industrieanlagenrecht, dessen Grundstrukturen übrigens bis in das gegenwärtig geltende Immissionsschutzrecht nachwirken.

Das Umweltrecht möchte im Ausgangspunkt die sog. Umweltmedien schützen. Wir verstehen darunter die Luft, das Wasser und den Boden. Das Umweltrecht betrachtete ursprünglich potentielle Belastungsvorgänge aus der Sicht dieser "Medien". Es gibt deshalb Immissionsschutzrecht, hier geht es um Luft und Lärm, Gewässerschutzrecht und – erst seit kurzem – auch eigenständiges Bodenschutzrecht. Abgesehen vom medialen Ansatz kam mit der Zeit zunehmend das sog. Stoffrecht in den Blick. Es betrachtet seinen Gegenstand nicht allein vom – schädigenden – Ergebnis her, sondern nimmt ihn als solchen in den Blick. Vor allem geht es um den Umgang mit Chemikalien, um Waschmittel, um Pflanzenschutzmittel – und um Abfall. "Stoffstromrecht" ist ein Konzept, das an die Stelle vor allem des herkömmlichen Abfallrechts treten soll, es bestenfalls überflüssig machen könnte, es jedenfalls ergänzen soll, wo es von vornherein defizitär bleiben muß.

Es geht – schon der Begriff verdeutlicht es – dabei um Ströme von Stoffen, d.h. den "Strom" vom Rohstoff über den Nutzstoff zum entwerteten Stoff (als Abfall, welcher nur noch eine Belastung darstellt). Seit dem Frühjahr 1991 gibt es auf (bundes-)ministerieller Ebene Vorarbeiten zum

Entwurf eines (zunächst sog.) Kreislaufwirtschaftsgesetzes. Er mündete in den Entwurf eines Gesetzes, das den Titel trägt "Gesetz zur Vermeidung von Rückständen, Verwertung von Sekundärrohstoffen und Entsorgung von Abfällen" (und inzwischen beschlossen wurde).

Manches bei solcher Umorientierung verbleibt auf semantischer Ebene, ist "Umdefinition". So nützt es für sich genommen nicht viel, wenn "Abfälle" in "Rückstände" umbenannt werden. Zwar gibt es dann keine Abfallberge mehr, keinen Abfalltourismus, aber eben noch andere Übel. Überwiegend bietet das Gesetz aber inhaltlich neue Ansätze gegenüber dem bisherigen Abfallrecht. Um nur Stichworte zu nennen (die später wiederaufzugreifen sein werden): "Produktverantwortung" der Hersteller soll mit rechtlichen Mitteln gestärkt werden. Die stoffliche Verwertung soll den Vorrang haben vor der energetischen Verwertung (gemeint: Verbrennung). Es sind Vermischungsverbote und Getrennthaltungsgebote vorgesehen, Bilanzierungspflichten für das Abfallaufkommen, allgemein eine Förderung der Sekundärrohstoffwirtschaft. Es sei ausdrücklich darauf verzichtet, hier die Einzelheiten zu diskutieren. Grundsatzfragen sollen im Vordergrund stehen.

Was will das Stoffstromkonzept bzw. was ist sein Hintergrund? – Inwiefern ist dieses Konzept im geltenden Recht schon teilweise verwirklicht? – Welche rechtspolitischen, also auf wünschenswerte Umgestaltung des Rechts bezogenen Perspektiven und Schlußfolgerungen könnten sich ergeben? – Die Antworten müssen auch die verfassungsrechtlichen Vorgaben bedenken, innerhalb derer alles Nachdenken über das Recht stattzufinden hat. Die Verfassung, das Grundgesetz, ist – wie schon angedeutet – die Rahmenordnung für das gesamte sonstige Recht. Das Grundgesetz würde es zum Beispiel wohl ausschließen, daß der Gesetzgeber ab morgen bestimmt: Niemand darf Dinge, die sich vernünftigerweise noch gebrauchen lassen, etwa einen alten Anzug oder eine durchgesessene, aber noch funktionstüchtige Sitzgruppe in die Entsorgung geben. So einleuchtend das unter Gesichtspunkten der Stoffströme wäre: Man hält es im allgemeinen für verfassungswidrig. Freilich ist die Verfassung keine gänzlich statische Veranstaltung, sie ist aus sich heraus anpassungsfähig an gewandelte Prioritäten. Sie ist auch änderbar. Man muß sich entscheiden, und man sollte die Konsequenzen bedenken.

3 Konzept und Hintergrund

Wer eine "Regulierung der Stoffströme" fordert, möchte mit Mitteln des Rechts die gegenwärtige industrielle Wirtschaftsweise nachhaltig verändern, jedenfalls in Frage stellen. Die moderne Industriegesellschaft nimmt als "Wirtschaftskreislauf" vor allem eine Einbahnstraße wahr, nämlich die

Verwandlung wertvoller Rohstoffe durch Produktion and Konsumtion in nutzlosen Abfall – und dies mit zunehmendem Stoffumsatz.

Hinter den Schlagworten "Stoffflußwirtschaft" und "Regulierung der Stoffströme" steht das Konzept, die stoffliche Einbahnstraße zu einem wesentlichen Teil in einen Kreislauf zu verwandeln. Das soll einerseits die Verschwendung von Ressourcen eindämmen, andererseits die Abfallproblematik entschärfen. Die Grundstrategie dabei liegt darin, die Problemlösung, die bislang im wesentlichen am Ende des Wirtschaftszyklus, nämlich bei der Abwasser- und Abfallbeseitigung einsetzt, bereits in dem privaten Wirtschaftsbereich, also die Phasen der Produktion und Konsumtion, vorzuverschieben. Dabei kommt in Betracht,

- die Herstellungsverfahren so zu verändern, daß weniger Stoffe zum Einsatz kommen und weniger Rückstände anfallen;
- die Produkte so zu verändern, daß sie langlebiger und verwertungsgerechter werden, jedenfalls umweltgerechter entsorgt werden können;
- die Verbrauchsstruktur abfallärmer zu gestalten.

Ein solcher Umbauprozeß ist, so wird es mittlerweile weithin gesehen, einerseits im Grundsatz unumgänglich, andererseits für die Industrie (und mittelbar das Publikum) mit erheblichen Anstrengungen verbunden – demzufolge ohne eine staatliche Regulierung nicht zu bewerkstelligen. So kommt das Recht ins Spiel.

Unumgänglich ist der Umbauprozeß wegen der Konsequenzen der gegenwärtigen "Einbahnstraße". Das betrifft zum einen die Ressourcenvergeudung. Die Menge der umgesetzten Stoffe nimmt ständig zu. Am Ende des Prozesses steht der irreversible Ressourcenverbrauch. Ökonomisch betrachtet ist Abfall regelmäßig nur eine niederwertige Ressource, die nur mit nicht vertretbarem Energieaufwand wieder verfügbar gemacht werden kann. Zu berücksichtigen ist ferner, daß die gegenwärtig in den Abfällen enthaltenen Stoffanreicherungen den vorgefundenen natürlichen Zustand der Umweltmedien nachteilig verändern und daß bereits im Produktionsprozeß (auch beim Konsum) "Nebenprodukte" entstehen, welche ihrerseits nachteilig auf die Umweltmedien wirken.

Mittlerweile ist in bezug auf diese Ausgangslage ein Umdenkungsprozeß begonnen worden, dies allerdings weniger aufgrund der Erkenntnisse über die Verknappung der Ressourcen, sondern wegen der augenfälligen Probleme, die die moderne Wirtschaftsweise an ihrem Ende anhäuft. Wir werden bekanntlich der Abfallberge nicht mehr Herr. Die scheinbar billigen Deponien gelangen in absehbarer Zeit an ihre Kapazitätsgrenzen. "Billig" sind sie überdies nur für die gegenwärtigen "Entsorger" – den Folgegenerationen stellen sie sich als "Altlasten" dar. Insbesondere neue Abfallverbrennungskapazitäten sind politisch kaum noch durchsetzbar, sie sind auch ressourcenökologisch fragwürdig. Eine marktfähige Abfallverwertung scheitert nicht nur am häufig großen Vermischungsgrad der eingesetzten

Stoffe, sondern auch an Defiziten der Recyclingtechnologie. Den Entwicklungsrückstand der Recyclingtechnologie im Vergleich zu den Standards der Produktionstechnologie kann man als sinnfälligen Ausdruck der Einbahnstraßenperspektive begreifen.

Die traditionelle staatliche Problemlösung reflektiert die skizzierten Wirtschaftsweisen: Die Herstellung und der Verbrauch von Gütern sind privatwirtschaftlich organisiert, die Abfallbeseitigung hingegen ist im Ausgangspunkt als öffentliche Aufgabe definiert, denn Abfälle sind betriebswirtschaftlich überwiegend ein negatives Gut, sie verursachen Kosten, man möchte sich ihrer so billig wie möglich entledigen. Fehlt es an einem marktgängigen Gut, so können die Regulative des Marktes von vornherein nicht greifen.

4 Gibt es schon "Stoffstromrecht"?

Der staatliche Ordnungsrahmen für die Umweltpolitik ist bisher vor allem ausgerichtet auf Gefahrenabwehr und Gefahrenvorsorge. Vorsorge liegt im Vorfeld der Gefahrenabwehr. Der Unterschied ist graduell. Von Gefahr läßt sich nur aus der Endsicht sprechen, in bezug auf die eingetretenen oder erkennbaren Konsequenzen im Einzelfall, konkret also. "Abstrakten" Ressourcenschutz nehmen sich bisher vor allem "programmatische" Rechtsnormen zum Ziel, solche also, die nicht unmittelbar vollziehbar sind. Im folgenden wird ein Überblick über Rechtsvorschriften gegeben, die einzelne Stoffe (auch) in ihren "Strömen" ansprechen. Sie finden sich vornehmlich in Rechtsgebieten, die innerhalb des Fachgebiets Umweltrecht systematisch als Gefahrstoffrecht, Wasserschutzrecht, Immissionsschutzrecht und Abfallrecht eingeordnet werden.

Das Gefahrstoffrecht kennt einige spezielle Stoffverbote, vor allem Ermächtigungen zum Verbot, und betrifft dabei besonders gefährliche Stoffe, wie DDT, PCB, FCKW. Aus ordnungspolitischen Gründen ist es von Zurückhaltung gegenüber staatlichen Verboten geprägt und möchte vor allem dem sicheren Umgang mit Stoffen dienen. Weniger interessiert es sich bisher für das spätere Schicksal von Sachen. Es kennt Anmelde- und Prüfpflichten, ausnahmsweise auch Zulassungspflichten. Es verlangt Kennzeichnungen, Verpackungen, es mindert aber nicht Gesamtmengen, bewirkt keine Kreisläufe. Es wäre möglicherweise hierzu besonders geeignet, doch ist im vorliegenden Zusammenhang nicht über geeignete Regelungsorte für einzelne Vorschriften zu sprechen, sondern über inhaltliche Anliegen.

Interessanterweise bestehen bisher am ehesten im Wasserschutzrecht solche Regelungen, die den Stoffflußgedanken nahestehen. In diesem Bereich hat der Staat die privatnützige Teilnahme an einem ursprünglich dem freien Zugriff unterliegenden Gut einer öffentlich-rechtlichen Bewirtschaftungsordnung unterworfen (also anders als z.B. bei der Luft). Reguliert

Rechtliche Ansätze zur Regulierung von Stoffströmen 91

ist hier nicht erst der Austritt des Stoffes aus dem Wirtschaftsprozeß, sondern umfassend bereits sein Einsatz. Ordnungspolitisch schien das vertretbar und auch geboten, weil für die besonders kostbare und empfindliche Ressource Wasser die Gefahrenabwehr als Quantitäts- und Qualitätsvorsorge bereits unmittelbaren Ressourcenschutz bewirkt.

Das Wasserhaushaltsrecht (geregelt im Wasserhaushaltsgesetz des Bundes, WHG) verdeutlicht Chancen und Schwierigkeiten der Regulierung von Stoffflüssen besonders anschaulich. Es enthält einerseits einen der schon oben angesprochenen vollzugsunzugänglichen Programmsätze, andererseits dann das klassische Instrumentarium des Ordnungsrechts mit vielfältig differenzierten Instrumenten für die Zulassung, die Überwachung, das nachträgliche Einschreiten in Konsequenz aus der Überwachung gewonnener Ergebnisse. Ordnungsrecht ist zielgenau, greift aber in die Marktautonomie stark ein, ist zudem besonders vollzugsaufwendig. Schwierig ist es auch, die angemessene Reaktionsfähigkeit der Normsetzung auf die Dynamik, Innovativität und Vielfältigkeit sowohl wirtschaftlicher Prozesse als auch der wissenschaftlich-technischen Entwicklung herzustellen. Man versucht dies durch verschiedene, gerade im Wasserrecht entwickelte Formen der Typisierung von technischen und wissenschaftlichen Standards, wobei die Normkonkretisierung unter Einbeziehung gesellschaftlichen Sachverstandes erfolgt.

Bemerkenswert ist ferner, daß es im Bereich der Abwasserregulierung nicht mehr allein auf die Belastbarkeit des einzelnen Gewässers ankommt, sondern darüber hinaus – im Sinne eines vorsorgenden Emissionsprinzips – die technisch-wirtschaftlich machbare Schadstoffminimierung erstrebt wird. Deshalb enthalten Abwasser-Verwaltungsvorschriften vermeidungsorientierte Anforderungen an Herstellungsverfahren und geben so ein Beispiel für eine frühzeitig wirkende Regulierung von Stoffströmen.

Das Gewässerschutzrecht kennt auch indirekt wirkende Stoffflußregelungen. Hier ist zum einen ein Ausbau kooperativer Steuerungsformen zu nennen, der zum Ziel hat, die Kompetenz und Eigenverantwortlichkeit der wirtschaftenden Subjekte zu aktivieren. Das führt zu institutionalisierter Selbstkontrolle im Sinne einer Eigenkontrolle durch Anlagenbetreiber. Vor allem aber sind die monetären Anreizsysteme zu nennen. Sie können gegenüber ordnungsrechtlichem Eingriff als eher marktkonform gelten. Der Staat erzeugt Knappheitssignale, ohne den Marktteilnehmern die Entscheidung über ihr Verhalten bereits abzunehmen. Monetäre Anreize aktivieren deren Eigenkompetenz, binden nicht lediglich an einen Grenzwert, sondern regen eine Senkung der Ressourcennutzung – soweit wirtschaftlich möglich – unterhalb der Grenzwerte an. In diesem Sinne dienen dem Ressourcenschutz Abgaben, die den Stoffeinsatz verteuern. Die Abwasserabgabe, sie wird auf Schadstoffeinträge erhoben, gibt den Anreiz, Herstellungsverfahren umweltfreundlicher zu gestalten.

Im Gegensatz zum Wasserrecht zielt das Immissionsschutzrecht noch kaum auf die Regulierung von Stoffströmen. Das Immissionsschutzrecht ist dasjenige Rechtsgebiet, das in besonders starkem Maße auf Herstellungsverfahren einwirken kann. Dieses Potential nimmt es im Sinne einer Stoffstromregulierung allerdings nur in Ansätzen wahr. Diese Zurückhaltung gründet sich ersichtlich auf ordnungspolitische Bedenken, denn eine tiefgreifende Normierung von Herstellungsverfahren würde die Autonomie und die Innovationskraft der Marktteilnehmer erheblich beschränken. Auch begrenzt die Vielfältigkeit von Betriebsabläufen die Vollzugsfähigkeit derartiger Regelungen. So zielt das Immissionsschutzrecht im wesentlichen auf die Verminderung von Schadstoffemissionen in die Luft, um – erkennbaren – Gefahren vorzubeugen. Mit Hilfe etwa von ausgefeilten Rückhaltetechniken ist das recht weit gediehen, hat dafür jedoch neue Probleme verursacht, denkt man an die Notwendigkeit der Entsorgung von Filterstäuben.

Ein stoffpolitisches Gebot enthält allerdings § 5 Abs. 1 Nr. 3 BImSchG, wonach genehmigungsbedürftige Anlagen so zu errichten und betreiben sind, daß Reststoffe vermieden werden – es sei denn, sie werden schadlos verwertet. Ihre Beseitigung als Abfall ist nur zulässig, wenn Vermeidung oder Verwertung technisch nicht möglich oder unzumutbar sind. Ein effektiver Ressourcenschutz ergibt sich aus den immissionsschutzrechtlichen Reststoffvermeidungs- und Reststoffverwertungsgeboten aber noch zu wenig. Das liegt zum einen daran, daß in den genehmigungsbedürftigen Anlagen (für die die genannten Gebote gelten) nur 50% der Reststoffe anfallen. Auch ist festzuhalten, daß die Vermeidung und die schadlose Verwertung im Ausgangspunkt rechtlich gleichwertig sind, also *ohne* daß es darauf ankäme, ob die Verwertung stofflich oder energetisch erfolgt. Schließlich fehlt es noch an einer zuverlässigen Dokumentation des Standes der Technik in Verwaltungsvorschriften und mithin an der vollzugsnotwendigen Handreichung für die Praxis.

Stoffstromregelungen finden sich schließlich im Abfallrecht. Die im Grundsatz allgemein konsentierte abfallpolitische Grundphilosophie, nämlich die Vorstellung von einer Hierarchie von Vermeidung, Verwertung und Beseitigung, ist bisher im wesentlichen nur programmatisch, aber kaum vollzugstauglich ausgeformt worden und stellte jedenfalls keine Weiche hin zur "Kreislaufwirtschaft".

Besonders deutlich zeigt sich dies daran, daß die abfallrechtliche Vorschrift über den Vermeidungsvorrang rechtstechnisch so ausgestaltet ist, daß sie erst durch den Erlaß einzelner Rechtsverordnungen Verbindlichkeit erhält; für sich genommen bleibt sie "unvollkommen". Solche Verordnungen setzen bisher, soweit für die Stoffstromregulierung von Interesse, vor allem auf Rücknahmepflichten. Rücknahmepflichten haben ein beträchtliches Regulierungspotential: Der Produzent muß die Entsorgungskosten bereits in den Verkaufspreis einkalkulieren, so daß die gegenwärtige Trennung von Herstellungskosten und Entsorgungskosten entfällt. Wichtig ist auch, daß der Hersteller die Zusammensetzung seines Produktes am besten kennt. Steht er in Rücknahmepflicht, wird ihn das veranlassen können, seine technologische Kompetenz präventiv auf eine verwertungsfreundliche Produktgestaltung zu richten. Gegen Rücknahmepflichten bestehen auch keine grundsätzlichen ordnungspolitischen Bedenken. Sie stellen allerdings ein Ausmaß an Produzentenverantwortung her, das die betroffene Industrie zu grundsätzlichem Widerstand veranlaßt hat. Das hat bremsend auf die Ambitionen der Gesetzgeber gewirkt. Gegenwärtig bestehen lediglich für Altöle und bestimmte halogenierte Stoffe Rücknahmepflichten. Die bekannte Verpackungsverordnung droht sie für Verpackungsmaterialien an, sofern es dem sog. Dualen System bis zu den festgesetzten Terminen nicht gelingt, flächendeckend bestimmte Quoten an stofflicher Verwertung zu erreichen. Der Fortgang dieser Entwicklung, insbesondere auch das Schicksal des schon erwähnten Gesetzes zur Initiierung einer Kreislaufwirtschaft, ist noch nicht im einzelnen absehbar. Jedenfalls wird sich die rechtspolitische Diskussion hierüber fortsetzen. Es ist auch nicht zu verkennen, daß die Rücknahmepflicht weiterhin vom Abfallstatus der erfaßten Stoffe ausgeht und also ebenfalls am Ende des Wirtschaftszyklus ansetzt. Eine im engeren Sinne präventive Perspektive ergibt sich hier also nur in Grenzen.

Zu erwähnen sind schließlich "weiche" Instrumente des Abfallrechts, die gleichfalls einen Bezug zu der Stoffstromidee aufweisen. Das gilt etwa für den umweltpolitisch gesteuerten Einsatz öffentlicher Marktmacht im Beschaffungs- und Vergabewesen, aus der sich ein multiplikatorischer Effekt (öffentliches Vorbild) ergeben mag. Vorschriften hierzu finden sich in den neueren Landesabfallgesetzen, Praktiker berichten freilich von erheblichen Defiziten in der Befolgung.

5 Perspektiven

Bestandsaufnehmende Schlußfolgerungen lassen sich in 7 Punkten zusammenfassen:

1. Es muß darum gehen, die Steuerungswirkung stoffwirtschaftlicher Regelungen vom Ende an den Anfang des Zyklus der Produktion zu verschieben – ohne daß dabei die Innovationskraft und die Wettbewerbsfähigkeit des Wirtschaftssystems unvertretbar beeinträchtigt werden dürfte. Zudem müssen solche Regelungen vollzugsfreundlich ausgestaltet sein. Das verlangt nach der Bewältigung einer Optimierungsaufgabe.
2. Diese Vorgabe, aber auch die Vielzahl der Stoffe und die Vielfältigkeit ihrer Einsatzmöglichkeiten schließen einen umfassenden staatlichen Steuerungsanspruch über Stoffströme aus. Die dafür vorausgesetzte Steuerungskapazität steht dem Staat nicht zur Verfügung. Derartiges würde sich auch in das marktwirtschaftliche System nicht einfügen lassen. Die künftige Problemlösung muß insoweit versuchen, bislang eingeschlagene Strategien fortzuschreiben.

3. Sinnvoll ist in jedem Fall eine Harmonisierung bestehender Regelungen. Insbesondere das Abfallrecht einerseits, das Immissionsschutzrecht andererseits, beide auch in ihrem Verhältnis zum Gefahrstoffrecht, weisen Unstimmigkeiten auf. Es muß eine gleichsinnige Hierarchie von Entsorgungsstrategien gefunden werden. Auch Binnenharmonisierung ist nötig, etwa zu erwägen, auch die immissionsschutzrechtlich nicht genehmigungsbedürftigen Anlagen den Geboten der Reststoffvermeidung und Reststoffverwertung zu unterwerfen (was allerdings Vollzugsschwierigkeiten macht). Zu erwähnen, nicht vorzustellen, ist hier das Bemühen um eine breite Harmonisierung des Umweltrechts, seine Fortbildung in einem sog. Umweltgesetzbuch.
4. Die Entsorgungshierarchie darf nicht allgemeines Postulat bleiben. Nötig ist ein vollzugsfähiges Instrumentarium. Nach dem Vorbild des Abwasserrechts bedarf es der Konkretisierung von Maßgaben in Verwaltungsvorschriften.
5. Um stoffliche Verwertung gegenüber energetischer Verwertung auszubauen, bedarf es der Fortschreibung von Pflichten zur Abfalltrennung, denn die Marktfähigkeit von Recyclingmaterialien hängt wesentlich von ihrem Reinheitsgrad ab. Man kann auch daran denken, Sekundärrohstoffe bzw. die sie verwendende Industrie direkt oder indirekt zu subventionieren, um ihre Konkurrenzposition gegenüber Primärrohstoffnutzern zu stärken (nicht außer Betracht bleiben darf dabei, auch im Blick auf andere Beiträge dieses Bandes, daß die Ökonomien vieler Entwicklungsländer von Rohstofflieferungen in Industriestaaten abhängig sind).
6. Ein wesentlicher weiterer Schritt richtet sich auf eine Ausweitung der Herstellerverantwortung. Es geht darum, langlebigere und verwertungsfreundliche Produkte herzustellen, die Herstellungs- und Vertriebsverfahren abfallarm auszugestalten. Dabei ist nicht zu verkennen, daß das Postulat, langlebigere Güter herzustellen, ein Fundamentalprinzip der Marktwirtschaft berührt, die Wertschöpfung aus dem Güterumschlag. Jedenfalls aber die öffentliche Marktmacht mag hier ein Potential entfalten. Wirtschafts- bzw. Finanzwissenschaft haben zu klären, wie das Steuerrecht auf die Entscheidungen der Marktteilnehmer insoweit Einfluß nehmen kann.

Herstellerverantwortung im Markt muß im übrigen auf die Innovationskraft der Wirtschaftssubjekte selbst setzen, die durch den Ausbau von Rücknahmeverpflichtungen wesentlich gefördert werden kann. In diesem Zusammenhang ist auch der Vorschlag zu erwähnen, die Güternutzung vermehrt statt durch Kaufbeziehungen, durch Leasingbeziehungen auszugestalten: Der Leasinggeber hat (im Gegensatz zum Verkäufer) ein Interesse an langer Nutzungsdauer. Erneut wird hier wohl nur das Steuerrecht Anreize vermitteln können.
7. Schließlich ist zu erwägen, den Unternehmen – vergleichbar ihrer handelsrechtlichen Bilanzierungspflicht – die Erstellung von Energie-

und Materialbilanzen abzuverlangen. Mindestens kann das der Markttransparenz dienen, woraus sich auch Verkaufsargumente für umweltfreundliche Produkte ergeben. Der Staat mag durch Prämierungssysteme ("Umweltzeichen", Kaufempfehlungen) reagieren. In diesen Zusammenhang gehört auch das Phänomen des sog. Öko-Audit, eine Art Selbstevaluierung von Unternehmen, auf Freiwilligkeit beruhend, aber anreizbar durch günstige Publizität.

Bei alledem darf man sich Illusionen nicht hingeben. Wir haben derzeit ein System, bei dem die Problemlösung vor allem ansetzt, wenn Stoffe den Wirtschaftsprozeß wieder verlassen. Ideal wäre es, sie in geschlossenem Kreislauf zirkulieren zu lassen, das nicht Brauchbare zu zerlegen und erneut in den Kreislauf einzubringen. Vollen Umfangs wird das nicht erreichbar sein, doch müssen wir einem solchen System wohl näherkommen.

Literatur

Jarass HD, Kloepfer M, Kunig P, Peine F-J, Rehbinder E, Salzwedel J, Schmidt-Aßmann E (1994) Umweltgesetzbuch, Besonderer Teil, Gesetzentwurf. Erich-Schmidt-Verlag, Berlin (erschienen in der Reihe "Berichte" des Umweltbundesamtes)

Kunig P (1992) Auf dem Weg zu einem Umweltgesetzbuch. Landes- und Kommunalverwaltung 2: 145–150

Kunig P (1993) Der Abfall und die Grundrechte. In: Becker B, Bull HP, Seewald O (Hrsg) Festschrift für Werner Thieme. Heymanns-Verlag, Köln, S 979–995

Kunig P, Schwermer G, Versteyl L-A (1992) Abfallgesetz, Kommentar, 2. Aufl. Beck, München

Lottermoser S (1991) Die Fortentwicklung des Abfallbeseitigungsrechts zu einem Recht der Abfallwirtschaft. W. Kohlhammer, Stuttgart Mainz

Rat von Sachverständigen für Umweltfragen (1990) Sondergutachten Abfallwirtschaft. W. Kohlhammer, Stuttgart Mainz

Schenkel W, Reiche J (1993) Stoffpolitik und Umweltrecht. Z angew Umweltforsch 2: 184–196

Tettinger PJ, Asbeck-Schröder C, Mann T (1993) Vorrang der Abfallverwertung. Springer, Berlin Heidelberg New York Tokyo

Versteyl L-A (1992) Abfall und Altlasten. Beck-dtv, München

Rechtliche Aspekte der Altlastenproblematik

Franz-Joseph Peine

1 Einführung

"Altlasten" sind unter dem Aspekt langfristiger Umweltveränderungen ein nicht zu übersehender Problembereich. Im folgenden geht es um die Möglichkeiten des rechtlichen Umgangs mit diesem Phänomen. Das Umweltschutzrecht kann man von zwei unterschiedlichen Punkten aus konstruieren: medienbezogen und stoffbezogen. Der "mediale" Ansatz hat die Umweltmedien Wasser, Luft und Boden im Blick, der "stoffbezogene" die Verhinderung von Gefahren durch gefährliche Stoffe. Das Bodenschutzrecht ist "medial"; es will einerseits den Landverbrauch einschränken, andererseits den Boden vor Belastungen schützen. Schutz des Bodens vor Belastungen ist reaktiv: Beseitigung von vorhandenen Belastungen – sowie präventiv: Verhinderung zukünftiger Belastungen ist vorstellbar. Altlastenrecht ist Schutz des Mediums Boden durch Bereitstellung von Handlungsmitteln, die vorhandene Belastungen zu beseitigen erlauben. – Damit reagiert Altlastenrecht auf die "Sünden der Vergangenheit". Es ist "Reparaturrecht". Sein Beitrag zum Schutz der Umwelt besteht darin, zu ermöglichen, einen Zustand wiederherzustellen, der bestünde, wenn in der Vergangenheit ein sorgloser Umgang mit dem Boden unterblieben wäre. Einen darüber hinausgehenden Beitrag zur Bewahrung der Umwelt leistet es nicht. Diesen präventiven Schutz müssen andere Teile des Bodenschutzrechts bringen.

Alle rechtlichen Aspekte der Altlastenproblematik in einem solch knappen Beitrag darzustellen, ist unmöglich. Deshalb werden einige Aspekte aus dem Themenkreis herausgegriffen und anhand von 4 Gliederungspunkten behandelt:

- Problemlösung auf der Grundlage des Landespolizeirechts,
- Problemlösung auf der Grundlage von speziellem Landesaltlastensanierungsrecht,
- Problemlösung auf der Grundlage des Entwurfs eines Gesetzes zum Schutz vor schädlichen Bodenveränderungen und zur Sanierung von Altlasten des Bundes (im folgenden abgekürzt: EBodSchG) und
- Problemlösung auf der Grundlage des sog. Professorenentwurfs eines Umweltgesetzbuchs Besonderer Teil (im folgenden abgekürzt: UGB-BT).

Der Grund für die Wahl dieses Schemas liegt darin, daß sich durch diese 4stufige Betrachtung zeigen läßt, ob und wie der Gesetzgeber auf tatsächliche Probleme reagiert und ob seine Problemlösung der Analyse unabhängiger Betrachter standhält. Zugleich erlaubt es, die Entwicklung des Altlastensanierungsrechts im allgemeinen vorzuführen. Mit diesem Punkt möchte ich beginnen – also die Entstehungsgeschichte meines Behandlungsschemas darstellen.

2 Die Entwicklung des Altlastenrechts

Die heute mit dem Schlagwort "Altlast" bezeichnete Problematik stellte sich erstmals Anfang der 80er Jahre. Man entdeckte, daß von stillgelegten Abfalldeponien und von Berghalden Gefahren für die Menschen und die Umwelt ausgingen. Durch diese Fälle aufgeschreckt begann eine intensive behördliche Suche nach vergleichbaren Bodenvergiftungen. Die Suche beschränkte sich nicht auf Deponien und ähnliche Phänomene, sondern erweiterte sich auf industrielle Standorte. Sie ist bis heute nicht abgeschlossen.

Parallel zur Suche in tatsächlicher Hinsicht entwickelte sich die rechtliche Diskussion. Die sich stellende Frage lautete: Wer ist verpflichtet, die Gefahrenbeseitigung durchzuführen und sie zu bezahlen? Da ein auf dieses Phänomen zugeschnittenes Spezialrecht fehlte, mußte sich die Diskussion zwangsläufig auf das allgemeine Gefahrenabwehrrecht konzentrieren. Das allgemeine Gefahrenabwehrrecht ist normiert in den Landespolizeigesetzen. Es hatte Antworten auf die aufgeworfenen Fragen zu liefern. Das Polizeirecht erlebte – wie treffend herausgestellt wurde – eine Renaissance. Die wichtigsten aufgeworfenen Fragen waren und sind:

- Was ist eine Altlast? Erfaßt das polizeirechtliche Schutzgut "öffentliche Sicherheit" den Schutz des Bodens vor einer Verunreinigung?
- Wenn ein Verdacht auf eine Altlast vorliegt – wer muß erforschen, ob eine konkrete Gefahr gegeben ist, und wer muß die Kosten für die Gefahrerforschung tragen? Muß der Bürger dulden, daß auf seinem Grundstück z.B. Bohrungen vorgenommen und Bodenproben gezogen werden?
- Wenn eine Altlast festgestellt wird – wer ist zur Sanierung verpflichtet? Was ist, wenn der Verursacher der Altlast nicht mehr existiert – sei es, daß er als natürliche Person gestorben oder als juristische Person als Folge eines Konkurses oder als Folge einer Firmenübernahme nicht mehr vorhanden ist? Gibt es insoweit eine Rechtsnachfolge?
- Was ist, wenn mehrere Haftende vorhanden sind – darf die Behörde denjenigen als Sanierungspflichtigen wählen, von dem sie vermutet, daß er finanziell am stärksten ist, auch wenn er, etwa als Zustandsstörer, an der Verursachung der Altlast unbeteiligt ist?

- Wenn ein Verursacher als Haftender greifbar ist – gibt es Haftungsbeschränkungen? Gibt es Haftungsbeschränkungen für den ahnungslosen Grundstückserwerber?
- Wenn eine Sanierungspflicht eines Privaten besteht – wie weit reicht sie? Ist insbesondere auch eine Rekultivierungspflicht durch das Polizeirecht abgedeckt?
- Was geschieht, wenn Private als Sanierer, aus welchen Gründen auch immer, ausfallen? Ist die öffentliche Hand zur Sanierung verpflichtet und, wenn ja, auf welche Weise finanziert sie ihre Arbeit?

Die gerade aufgeführten Fragen sind auf der Grundlage des öffentlichen Rechts zu beantworten. Die Altlastenproblematik hat aber auch eine zivilrechtliche Dimension. Diese zeigt sich bei folgender Situation: Ein Bürger erwirbt ein Grundstück. Mehrere Jahre nach dem Erwerb stellt sich heraus, daß der Boden kontaminiert ist; Verursacher der Kontamination war der Veräußerer. Kann der Erwerber von dem Veräußerer Schadenersatz für die Dekontaminationsmaßnahmen verlangen? – Eine weitere Situation: A betreibt eine Deponie. B und C liefern vertragswidrig kontaminierte Abfälle auf die Deponie. A saniert und fordert von B erfolgreich die gesamten Sanierungskosten. Kann B von C den Anteil des C an den Sanierungskosten verlangen?

Wie man sich unschwer vorstellen kann, verlief die Problemdiskussion im öffentlichen Recht außerordentlich kontrovers. Das Polizeirecht liefert an sich klare Anworten auf die meisten Fragen; diese gerieten freilich in den Streit der unterschiedlichen Interessen und wurden zerredet. Dem konnte der Gesetzgeber nicht tatenlos zusehen. Er mußte Antworten geben, um unter Beweis zu stellen, daß das Recht die von ihm erwartete Aufgabe erfüllt. Es handelte aber nicht der Bundesgesetzgeber; dieser bezweifelte seine Gesetzgebungskompetenz. Es handelten die Landesgesetzgeber.

Diese erfüllten die Aufgabe außerordentlich unterschiedlich. Sie normierten ein Altlastensanierungsrecht in den Landesabfallgesetzen – hier wohl mangels einer Alternative; denn eine Altlast ist kein Abfall i.S.d. § 1 Abs. 1 AbfG. Einige Landesgesetze enthalten ein vollständiges Sanierungsrecht; es antwortet auf alle eben aufgeworfenen Fragen. Es geht als lex specialis dem allgemeinen Polizeirecht vor; ein Rückgriff auf dieses ist rechtlich weder nötig noch möglich. Dieses Spezialrecht enthält folgende Aussagen: Eine Altlastdefinition, ein Gefahrerforschungsrecht, das Recht der katastermäßigen Erfassung von Altlasten, eine Ermächtigungsgrundlage für das Aussprechen von Sanierungspflichten als solchen und den Umfang der vorzunehmenden Sanierung, eine Regelung des zur Sanierung Verpflichteten, also die sog. Störerauswahl, die Kostentragung und Grenzen der Haftung sowie eine Regelung des zur Sanierung Verpflichteten und seine Finanzierung, wenn Private als Sanierungspflichtige ausfallen, weil sie nicht mehr existieren oder die Sanierungskosten nicht aufbringen können.

Einige Bundesländer haben Teile des gerade dargelegten Regelungsprogramms erlassen. Beim Fehlen einer Problemlösung ist auf das Polizeirecht des Bundeslandes zurückzugreifen. Dessen Lösungsschwäche wird also tradiert.

Die unterschiedliche Regelungsintensität der Landesgesetze führt zu einem unterschiedlichen Altlastenrecht in den einzelnen Bundesländern. Diese Situation ist unbefriedigend und eine bundeseinheitliche Lösung ist gefragt. Der Bund ist für die Lieferung dieser Antwort kompetent und hat einen Entwurf vorgelegt. Das bundeseinheitliche Altlastensanierungsrecht bildet einen Teil des Bodenschutzrechts des Bundes.

Unabhängig von politischen Eigengesetzlichkeiten haben im Auftrage des Bundesministers für Umwelt 8 Professoren den Entwurf eines UGB-BT erarbeitet. Er enthält im 3. Kapitel Normen zum Thema Bodenschutz und behandelt auch die Altlastensanierung. Der Entwurf wurde Anfang 1994 nach Abschluß der technischen Umsetzung – das Manuskript umfaßt weit mehr als 1000 Seiten; einschließlich des UGB-AT (169 Paragraphen) 598 Paragraphen und ihre Begründung – dem Bundesminister für Umwelt vorgelegt. An diesen Regelungen wird das vorhandene Recht jeweils abschließend bewertet.

3 Lösung ausgewählter Probleme durch unterschiedliche Gesetze bzw. Gesetzentwürfe

Nach der Vorstellung der legislatorischen Entwicklung des Altlastensanierungsrechts und zugleich der Vorstellung der eingangs erwähnten 4 Stufen folgen die behandelten Probleme:

- Altlastdefinition,
- Gefahrerforschungsrecht,
- Ermächtigungsgrundlage,
- Umfang der Sanierung,
- Störerauswahl und Haftungsbeschränkung,
- Altlastensanierung durch die öffentliche Hand.

3.1 Altlastdefinition

In Gesetzgebung, Literatur und Rechtsprechung war früher ein unterschiedlicher Gebrauch des Begriffs "Altlast" zu beobachten; zitiert wird je ein Beispiel für einen "weiten" und einen "engen" Begriffsgebrauch. Altlast i.w.S. meint jede in der Vergangenheit begründete Umweltbelastung; dieses Verständnis verwendete ein nordrhein-westfälischer Ministerialerlaß. Natürlich ist dieses Begriffsverständnis als Anknüpfungspunkt für Rechtsfolgen ungeeignet. Die z.Z. stattfindende Diskussion versteht den

Begriff deshalb enger; Altlast sei eine Boden- und Gewässerschädigung oder Boden- und Gewässergefährdung aufgrund früherer menschlicher Aktivitäten. Soweit in Landesgesetzen eine Definition des Begriffs "Altlast" vorhanden ist, wird dieses enge Begriffsverständnis zugrunde gelegt. § 16 HessAbfG geht davon aus, daß zum Begriff Altlast stillgelegte Deponien (Altablagerungen) und Altstandorte zählen; die Begriffe Altablagerung und Altstandort werden definiert. Altlasten sind Flächen von Altablagerungen und Altstandorten, wenn festgestellt ist, daß von ihnen wesentliche Beeinträchtigungen des Wohls der Allgemeinheit ausgehen. Ähnliche, z.T. noch detailliertere Regelungen finden sich z.B. in Nordrhein-Westfalen. Kaum anders definiert § 3 Abs. 3 EBodSchG den Begriff. § 284 Abs. 4 UGB-BT hat die Definition des Landes Nordrhein-Westfalen übernommen. Die jüngere Literatur bedient sich dieses Begriffsverständnisses ebenfalls. Mit Blick auf die Altlastdefinition gibt es keine Probleme. Heute haben alle mit dem Phänomen Altlast Befaßten das gleiche Ausgangsverständnis.

3.2 Gefahrerforschungsrecht

3.2.1 Polizeirecht

Erster Schritt im Rahmen der vielen Schritte, die eine Altlastensanierung auslöst, ist die Gefahrerforschung aufgrund eines Gefahrenverdachts. Es ist zu ermitteln, ob eine konkrete Gefahr vorliegt. Die Maßnahmen Untersuchung und Beobachtung einer potentiellen Altlast werden, soweit Rechte Dritter berührt werden können, dem Begriff Gefahrerforschung subsumiert. Die zur Gefahrerforschung notwendigen drittbelastenden Maßnahmen (Betreten eines Grundstücks, Probeentnahme) erlaubt das Polizeirecht. Es enthält die ungeschriebene Ermächtigungsgrundlage Gefahrerforschungseingriff. Die Aufklärung des Sachverhalts ist Pflicht der Behörde.

Soweit es sich ... um die Ermittlung eines Sachverhalts handelt, etwa um die Prüfung, ob eine zu beseitigende Störung überhaupt gegeben ist, sieht das Gesetz ... vor: Im Vordergrund steht ... die behördliche Amtsermittlung ..., die nur in bestimmtem Umfang durch die Mitwirkungspflicht der Beteiligten ergänzt wird.

Der Bürger hat lediglich die von der Behörde vorzunehmenden Maßnahmen zu dulden. Daraus folgt, daß der Bürger bei Fehlen konkreter Anhaltspunkte für das Vorhandensein einer Altlast von sich aus keine Erforschungen veranlassen muß. Nach der Rechtsprechung einiger Oberverwaltungsgerichte soll der Inhaber der tatsächlichen Gewalt über ein Grundstück aber verpflichtet sein, z.B. vorläufige Sicherungsmaßnahmen vorzunehmen.

Wenn Gefahrerforschungsmaßnahmen vorgenommen werden, stellt sich die Frage der Kostentragung. Die Antwort ist von großer Tragweite, da die Kosten für eine Untersuchung, Beobachtung und Beurteilung sehr hoch sein können. Nach einer in der Literatur vertretenen Auffassung ist nicht der Bürger, sondern die Behörde kostentragungspflichtig. Begründet wird die These damit, daß sie Folge der Trennung zwischen der Ermittlung einer Gefahrenlage und Maßnahmen zu ihrer Beseitigung sei. Dieses Ergebnis nimmt die Rechtsprechung nicht hin. Wird eine Gefahr erkannt, so hat nach der Judikatur der Störer die Kosten zu tragen. Die Kostentragungspflicht entfällt nur dann, wenn der Nachweis einer Gefahr nicht geführt wird.

3.2.2 Landesrecht

Landesrechtliche Regeln normieren die Gefahrerforschung detailliert. So bestimmt z.B. nach § 17 Abs. 2 HessAbfG die zuständige Behörde im erforderlichen Umfang Maßnahmen zur Untersuchung von Art, Umfang und Ausmaß der Verunreinigungen, die von altlastenverdächtigen Flächen ausgehen (Erstuntersuchung); als Untersuchungsmaßnahmen können insbesondere die Entnahme und Untersuchung von Luft-, Wasser- und Bodenproben sowie die Errichtung und der Betrieb von Kontrollstellen angeordnet werden. Das Gesetz geht davon aus, daß die Erstuntersuchung der Bürger selbst vornimmt. Eine behördliche Untersuchung kommt erst in zweiter Linie in Betracht. Darin liegt eine wichtige Differenz zur polizeirechtlichen Lösung. Wenn eine behördliche Untersuchung vorgenommen wird, sind nach § 19 Bedienstete und andere von der zuständigen Behörde beauftragte Personen berechtigt, Altlasten und altlastenverdächtige Flächen, Betriebsgrundstücke, Grundstücke in der Umgebung und im Einwirkungsbereich von Altlasten und altlastenverdächtigen Flächen zu betreten und erforderliche Prüfungen und Messungen vorzunehmen. Grundstückseigentümer und Nutzungsberechtigte sind verpflichtet, Überwachungsmaßnahmen zu dulden und den Zugang zu den Grundstücken, Betriebsgebäuden und Anlagen zu ermöglichen.

Das hessische Recht regelt auch die Kostenpflicht. Nach § 17 Abs. 2 Satz 1 HessAbfG trägt der Verantwortliche – das ist der für die Sanierung der Altlast Verantwortliche – die Kosten der Erstuntersuchung. Mit Blick auf die Kostentragung geht dieses Gesetz also weiter als das allgemeine Polizeirecht; die Kosten der Erstuntersuchung muß der Verantwortliche auch dann tragen, wenn sich der Gefahrverdacht als unbegründet erweist.

Ein Beispiel für eine unvollständige Regelung des Gefahrerforschungsrechts bildet das Recht von Mecklenburg-Vorpommern. § 23 AbfAlG M-V regelt die Einrichtung eines Altlastenkatasters; die Norm regelt ferner, wer diesem Kataster gegenüber mitteilungspflichtig ist; schließlich regelt § 24 die Überwachung der Altlasten durch die zuständige Behörde. Alles andere fehlt. Deshalb erfolgen konkrete Gefahrerforschungsmaßnahmen auf der Basis des Polizeirechts. Da dieses detaillierte Aussagen nicht enthält, kann Unsicherheit entstehen, die vermieden worden wäre, wenn das Gesetz die Einzelheiten normiert hätte. Warum Einzelheiten fehlen, vermag ich nicht zu sagen. Die Gesetzgebungsmaterialien schweigen.

3.2.3 EBodSchG

Der EBodSchG enthält in § 17 i.V.m. § 12 eine sehr detaillierte Regelung des Problems. Danach kann bei einer altlastverdächtigen Fläche die zuständige Behörde die erforderlichen Maßnahmen treffen, um altlastverdächtige Flächen zu erfassen, zu untersuchen und zu bewerten. Im Rahmen der Bewertung sind insbesondere Art und Konzentration der Schadstoffe, ihre räumliche Verteilung im Boden, die Möglichkeit einer Ausbreitung in die Umwelt und deren Aufnahme durch Menschen, Tiere und Pflanzen sowie die frühere und derzeitige Bodennutzung zu berücksichtigen. – Während nach hessischem Recht die Untersuchungen die zuständige Behörde vornehmen kann, muß nach § 12 des EBodSchG entweder der Verursacher sowie dessen Gesamtrechtsnachfolger, der Grundstückseigentümer oder der Inhaber der tatsächlichen Gewalt über ein Grundstück die Untersuchungen zur Ermittlung von Art, Umfang und Ausmaß der Veränderungen durchführen; er kann verpflichtet werden, Sachverständige mit dieser Untersuchung zu beauftragen. Die zuständige Behörde untersucht niemals selbst. Ausgeschlossen ist natürlich nicht, daß eine Behörde auf der Grundlage von § 24 VwVfG von Amts wegen ermittelt (sie trägt dann aber die Kosten selbst). – Insoweit liegt gegenüber dem einschlägigen Landesrecht eine signifikante Veränderung vor. Kostentragungspflichtig ist der zur Untersuchung Verpflichtete nach § 25 Abs. 1. Wenn ich den Entwurf richtig verstehe, tritt die Kostentragungspflicht auch dann ein, wenn der Verdacht sich als unbegründet erweist. Insoweit besteht Parallelität zum hessischen Recht. Genauso wie dieses geht der Entwurf über das geltende Polizeirecht hinaus.

3.2.4 Umweltgesetzbuch – Besonderer Teil (UGB-BT)

Nach dem UGB-BT ist die zuständige Behörde überwachungspflichtig. Neben ihrer Überwachungspflicht besteht eine besondere Eigenüberwachung, § 294. Nach ihr kann die zuständige Behörde von dem Überwachungspflichtigen die Entnahme und Analyse von Stichproben im angemessenen Umfang verlangen. Ferner können unter bestimmten Voraussetzungen flächendeckende Bodenuntersuchungen gefordert werden. Behörde und Bürger sind nebeneinander zur Durchführung der notwendigen Maßnahmen zuständig. § 294 Abs. 3 enthält eine vom Polizeirecht sowie vom einschlägigen hessischen Recht und dem EBodSchG abweichende Kostenregelung. Die Norm geht davon aus, daß bei einer negativen Analyse die zuständige Behörde die Kosten der Probeentnahme und der Analyse trägt; dieses entspricht Polizeirecht. Sodann *kann* bei Vorliegen einer *Bodenbeeinträchtigung* die zuständige Behörde dem Verursacher die Kosten der Probeentnahme und der Analyse auferlegen; sie muß es aber nicht: insoweit besteht Ermessen. Im Falle einer *Bodenbelastung* sind dem Verursacher die Kosten aufzuerlegen; diese Pflicht ist unbedingt. Bei einer Gefahr trägt der Zustandsverantwortliche die Kosten für die Probeentnahme und die Analyse nur dann, wenn ein Verhaltensverantwortlicher nicht vorhanden oder zahlungsunfähig ist und wenn ferner dem Zustandsverantwortlichen die Kostentragung zumutbar ist. Die Verhaltenshaftung ist gegenüber der Zustandshaftung vorrangig. An der Zumutbarkeit der Kostentragung fehlt es bei einem "unschuldigen Käufer". Diese Regel erscheint sachgerecht, um ahnungslose Käufer von Grundstücken nicht über die Kosten für Gefahrerforschungsmaßnahmen zu ruinieren. Dieses Argument ist insbesondere dann schlagkräftig, wenn der Käufer Kosten für Gefahrerforschungsmaßnahmen nicht (mehr) nach Zivilrecht zurückfordern kann, etwa wegen der kurzen Verjährungsfrist von 6 Monaten (§ 477 Abs. 1 BGB).

3.2.5 Bewertung

Es ist m.E. akzeptabel, von dem Prinzip des Polizeirechts abzurücken, daß allein die Behörde den Gefahrerforschungseingriff vornimmt. Angesichts der unüberschaubar großen Zahl von Altlastverdachtsflächen müßte ein großer Mitarbeiterstab aufgebaut werden, um die Probleme zu bewältigen. Dieses ist nicht nötig, da mittlerweile für die Aufgabe Altlasterforschung spezialisierte Ingenieurbüros existieren, die diese Arbeit durchführen können. Ob diese Büros die Behörde selbst oder der Bürger beauftragt, hat Folgen für die Bezahlung der Arbeit: Eine Behörde ist immer zahlungsfähig; von ihr beauftragt zu werden, ist deshalb risikolos. Der Entwurf des Bundes überträgt das Risiko der Illiquidität des sanierungspflichtigen Bürgers den untersuchenden Firmen. Dieses entspricht der Risikoverteilung der bürgerlichen Gesellschaft. Diese Risikoverteilung kann m.E. im Interesse des Umweltschutzes aufgelockert werden, damit die notwendigen Untersuchungen überhaupt durchgeführt werden und nicht infolge der Ablehnung eines Auftrags wegen befürchteter Zahlungsunfähigkeit unterbleiben.

Das UGB-BT ist mit Blick auf die Kostenverteilung gegenüber dem hessischen Recht und dem Entwurf eines Bundesgesetzes zurückhaltender. Diese Zurückhaltung ist angemessen. Der Unschuldige muß davor geschützt werden, mit Kosten belastet zu werden, zu deren Entstehung er keinen Anlaß gegeben hat. Die Zurückhaltung entspricht partiell dem Polizeirecht. Es besteht m.E. kein Anlaß dazu, über das Polizeirecht, das mit Blick auf den Zustandsstörer m.E. zu weit geht, hinauszuschießen. Daß dem so sein sollte, dafür ein Beispiel: Man stelle sich vor, ein Grundstückseigentümer wird von einem mißliebigen Nachbarn denunziert. Wenn die zuständige Behörde daraufhin Untersuchungen anordnet, muß nach hessischem Recht der denunzierte Bürger die Kosten tragen; das gleiche gilt nach dem EBodSchG. Dieses Ergebnis kann nicht vernünftig sein. Das Recht muß den Bürger davor schützen, durch denunzierende Nachbarn ruiniert zu werden.

3.3 Ermächtigungsgrundlage

3.3.1 Polizeirecht

Die polizeirechtliche Generalklausel bildet die Ermächtigungsgrundlage für die Verfügung der zuständigen Behörde, die Gefahr zu beseitigen. Der Schutz des Bodens bildet heute ein Schutzgut der polizeilichen Generalklausel. Ob eine Sanierungsverfügung ausgesprochen wird, liegt im Ermessen der Behörde. Mit diesem Ermessen ist nicht die Möglichkeit verbunden, daß eine notwendige Sanierung unterbleibt. Der Grund dafür liegt in folgendem: Die Pflicht zur Beseitigung einer Altlast besteht bereits kraft der sog. materiellen Polizeipflicht. Die materielle Polizeipflicht beinhaltet die Pflicht eines jeden, diejenigen Dinge, die seiner tatsächlichen Gewalt unterliegen, gefahrenfrei zu halten. Deshalb ist zumindest der sog. Zustandsstörer zur Beseitigung der Altlast verpflichtet, ohne daß es darauf ankommt, von der zuständigen Behörde zur Gefahrenbeseitigung verpflichtet zu werden. Die Anordnung zur Beseitigung der Altlast als solche wiederholt deshalb nur, was schon Rechtspflicht ist. Sie hat insoweit deklaratorische Wirkung. Das der zuständigen Behörde eingeräumte Ermessen bezieht sich auf die Anordnung des zu wählenden Mittels zur Zweckerreichung.

3.3.2 Landesrecht

Das hessische Recht enthält eine Ermächtigung für das Aussprechen von Sanierungsverfügungen. Es besteht eine unbedingte Rechtspflicht, eine Sanierungsverfügung zu erlassen. Nach dem gerade zur materiellen Polizeipflicht Festgestellten muß die zuständige Behörde den Pflichtigen unbedingt an seine Sanierungspflicht erinnern. Im Interesse der Rechtsklarheit könnte man in dieser Rechtspflicht einen Fortschritt sehen, muß es aber nicht.

Das Recht von Mecklenburg-Vorpommern enthält keine Ermächtigungsgrundlage. In diesem Bundesland sowie in allen weiteren Bundesländern, in denen eine Ermächtigungsgrundlage fehlt, ist auf die polizeiliche Generalklausel zurückzugreifen. Es gilt das zuvor zum Polizeirecht Gesagte.

3.3.3 EBodSchG

Nach § 18 Abs. 1 besteht eine unbedingte Rechtspflicht der Polizeipflichtigen, Altlasten zu beseitigen. Diese Norm stellt dasjenige ausdrücklich fest, was kraft der materiellen Polizeipflicht ohnehin gilt; sie hat folglich keinen konstitutiven, sondern deklaratorischen Charakter. Eine Ermächtigungsgrundlage zum Aussprechen von Sanierungsverfügungen findet sich in § 24 Satz 1. Diese Norm räumt der zuständigen Behörde Ermessen ein. Dieses Ermessen kann sich nach dem zuvor Gesagten nur auf die Mittel zur Zweckerreichung beziehen.

3.3.4 UGB-BT

§ 302 UGB-BT enthält eine Ermächtigungsgrundlage. Sie räumt der zuständigen Behörde Ermessen ein. Aufgrund der Lehre von der materiellen Polizeipflicht bezieht sich dieses Ermessen nur auf die Wahl der Mittel für die Zweckerreichung. § 302 UGB-BT enthält eine Aufzählung denkbarer Mittel zur Durchführung einer Altlastsanierung.

3.3.5 Bewertung

Für die materielle Pflicht zur Sanierung besteht kein Unterschied in den verschiedenen Normen. Die unterschiedliche Ausführlichkeit der Normen hat lediglich deklaratorischen Charakter.

3.4 Umfang der Sanierung

3.4.1 Polizeirecht

Von den Maßnahmen, die eine Totalsanierung erfaßt, können aufgrund des Polizeirechts nur diejenigen Handlungen verlangt werden, die zur Gefahrenabwehr unbedingt erforderlich sind. Damit entfallen die Rekultivierung des gereinigten Bodens sowie Maßnahmen umweltrechtlicher Vorsorge als durch das Polizeirecht abgedeckt. Das Polizeirecht kann also keinen optimalen Beitrag zur Altlastensanierung leisten. Für eine optimale Altlastensanierung ist der Erlaß spezieller Normen notwendig.

3.4.2 Landesrecht

Das hessische Recht enthält in § 20 eine sehr detaillierte Regelung über die behördlichen Anordnungen zur Sanierung einer Altlast. Die zuständige

Behörde legt den Sanierungsumfang der festgestellten Altlast fest. Sie kann die Aufstellung eines Sanierungsplans verlangen, der enthält:

- Maßnahmen zur Verhütung, Verminderung oder Beseitigung von Beeinträchtigungen des Wohls der Allgemeinheit durch die Altlast sowie
- Maßnahmen zur Wiedereingliederung von Altlasten in Natur und Landschaft, also: Sicherungs- und Dekontaminationsmaßnahmen sowie Rekultivierungsmaßnahmen.

Die zuständige Behörde muß den Sanierungsplan genehmigen.

Das Recht von Mecklenburg-Vorpommern schweigt zu diesem Komplex. Es kann in diesem Bundesland also nur das gefordert werden, was das Polizeirecht erlaubt. Freilich gibt es für Abfalldeponien, die vor dem 1. Juli 1990 stillgelegt worden sind, in § 21 die Verpflichtung zur Rekultivierung. Hier stellt sich angesichts des Umstands, daß das Gesetz am 5. August 1992 in Kraft getreten ist, die Frage, ob diese Rekultivierungspflicht rückwirkend angeordnet werden kann. Dieses Problem stellt sich auch für andere landesrechtliche Normen, die die Altlastensanierung betreffen. Das Problem kann hier nicht ausführlich erörtert werden. Es sei hingewiesen auf die Ergebnisse eines vom Autor verfaßten Aufsatzes (Peine 1993): Die Inanspruchnahme zur Rekultivierung eines privaten Rechtsnachfolgers eines ehemaligen Betreibers einer Deponie ist nicht möglich, weil das Recht der DDR eine Rekultivierungspflicht nicht für den Betreiber anordnete, sondern nur für den Folgenutzer. Damit ist natürlich nicht ausgeschlossen, daß Länder oder Kommunen als Rechtsnachfolger ehemaliger staatlich betriebener Deponien zur Rekultivierung verpflichtet sind.

3.4.3 EBodSchG

§ 18 Abs. 1 Satz 2 stellt fest, daß bei stofflichen Belastungen neben Dekontaminations- auch gleichwertige Sicherungsmaßnahmen in Betracht kommen können. Soweit solche Maßnahmen nicht möglich oder unzumutbar sind, sind sonstige Sicherungs- und Beschränkungsmaßnahmen zu ergreifen. Ferner haben die Verpflichteten nach § 18 Abs. 3 Folgenbeseitigungsmaßnahmen durchzuführen. Sie betreffen zum einen Schäden, die durch die Sanierungsmaßnahmen selbst entstehen, zum anderen ist der Zustand wiederherzustellen, wie er vor der Einwirkung auf den Boden bestand.

Die am Standort zu diesem Zeitpunkt bestehende Nutzung und vorhandene Vegetation bestimmt die Reichweite der durchzuführenden Folgenbeseitigungsmaßnahmen. Folgenbeseitigung bedeutet ... nicht das Herstellen eines möglichst naturnahen Zustandes; sie ist kein Mittel der Umweltgestaltung, sondern Bestandteil der Schadensbeseitigung.

Nach § 19 kann die Behörde das Aufstellen eines Sanierungsplans fordern. Der Sanierungsplan muß Angaben enthalten über die Zusammenfassung der Gefährdungsabschätzung, die derzeitige und künftige Nutzung des Grundstücks, Anforderungen an Dekontaminations-, Sicherungs- und

Beschränkungsmaßnahmen, Folgenbeseitigungsmaßnahmen, Angaben zur zeitlichen Durchführung der Maßnahmen. Die Behörde kann verlangen, daß der Sanierungsplan von einem Sachverständigen erstellt wird. Der EBodSchG sieht eine Rekultivierungspflicht nicht vor. Die Durchführung von Folgenbeseitigungsmaßnahmen kommt einer Rekultivierung nicht gleich. Insoweit bleibt er hinter dem hessischen Landesrecht zurück.

3.4.4 UGB-BT

Das Recht des Sanierungsumfangs enthält § 302. Diese Regelung ist sehr detailliert und abgestuft. Ausgangslage ist, daß die Behörde die Erstellung eines Sanierungsplans verlangen kann, wenn ein solcher Plan aufgrund der mit der Sanierung verbundenen Schwierigkeiten erforderlich ist; der Sanierungsplan enthält:

- Maßnahmen zur Beseitigung von Bodenbelastungen,
- Maßnahmen zur Wiedereingliederung gereinigter Böden in Natur und Landschaft, also: Dekontaminations- und Rekultivierungsmaßnahmen.

Ferner kann die Behörde die Verminderung der Bodenbelastung verlangen, wenn die vollständige Beseitigung technisch nicht möglich, unzumutbar oder untunlich ist, sowie die in diesem Falle erforderlichen Überwachungs- und Sicherungsmaßnahmen. Schließlich darf die Behörde Maßnahmen zur Überwachung und Sicherung der Bodenbelastung fordern, wenn eine Sanierung oder Minderung der Bodenbelastung technisch nicht möglich, unzumutbar oder untunlich ist. Der Grund für diese Regelung ist folgender: Es versteht sich von selbst, daß eine vollständige Sanierung nicht gefordert werden kann, wenn sie technisch nicht möglich ist. Von einer unzumutbaren vollständigen Sanierung ist auszugehen, wenn sie in Relation zu Sicherungsmaßnahmen unverhältnismäßig teuer ist; eine Sicherungsmaßnahme ist z.B. die Einkapselung einer Altlast. Untunlich ist eine vollständige Sanierung, wenn zu erwarten ist, daß aufgrund des wissenschaftlichen Fortschritts in absehbarer Zeit die Durchführung der Sanierung mit Hilfe einer neuen Technik billiger sein wird als zum Zeitpunkt des ersten Aussprechens einer Sanierungsverfügung. Mit Blick auf die Rekultivierungspflicht entspricht das UGB-BT hessischem Recht.

3.4.5 Bewertung

Für das Recht der Gefahrenbeseitigung sehe ich keine Differenzen zwischen dem EBodSchG und dem UGB-BT. Es ist besser als das hessische Recht, weil es eine abgestufte Regelung enthält.

Das hessische Recht und das UGB-BT lösen die Rekultivierungsproblematik optimal. Der Entwurf des Bundesgesetzes hat m.E. durch den

Verzicht auf die Anordnung von Rekultivierungsmaßnahmen eine Chance verspielt. Wenn der Entwurf in dieser Form Gesetz werden sollte, haben freilich die Länder noch die Möglichkeit, die Rekultivierungspflicht anzuordnen. Insoweit können sich die Länder am hessischen Recht orientieren.

3.5 Störerauswahl und Haftungsbeschränkungen

3.5.1 Polizeirecht

Den schwierigsten Problembereich bildet die Frage, wer zur Gefahrenbeseitigung verpflichtet ist. Das Polizeirecht kennt den Handlungs(Verhaltens)- und den Zustandsstörer. Die Verhaltensverantwortlichkeit einer Person greift ein, wenn die Gefahr durch ihr Tun oder Unterlassen unmittelbar begründet wird; die Zustandsverantwortlichkeit trifft den Inhaber der tatsächlichen Gewalt über die Sache, von der die Gefahr ausgeht. Bei Altlasten sind sowohl Verhaltensverantwortliche als auch Zustandsverantwortliche vorstellbar; in der Praxis dürfte aber wohl der Fall des Zustandsverantwortlichen die weitaus größte Rolle spielen. Liegt ein Fall der polizeilichen Verantwortung vor, dann ist die Schadensbeseitigungs- bzw. -verhinderungspflicht eine kraft Gesetzes bestehende Pflicht; dieses folgt aus der schon erwähnten materiellen Polizeipflicht.

Mit Blick auf die Auswahl eines Störers, wenn mehrere zur Beseitigung Verpflichtete existieren, besteht nach herrschender Meinung (h.M.) Ermessen der zuständigen Behörde. Es gibt insbesondere keine Rangfolge bei der Heranziehung von verpflichteten Personen – von wenigen gesetzlichen Aussagen abgesehen, die Heranziehungsgebote und -verbote betreffen – einschließlich der Aussage, daß der Leistungsfähige vor dem weniger Leistungsfähigen in Anspruch zu nehmen ist. Die Aussage, der Verhaltensstörer hafte vor dem Zustandsstörer, ist dem Recht nicht zu entnehmen.

Im folgenden werden einige in der Fachliteratur genannten Haftungsgrenzen vorgestellt:

• Der Handlungs- oder Verhaltensstörer haftet für die von ihm "verursachte" Gefahr. In den Begriff "Verursachung" fließen Wertungselemente ein. Im Sinne der h.M. verursacht der Handelnde eine Gefahr, wenn er sie "unmittelbar" auslöst. Diese "Unmittelbarkeit" soll entfallen, weil für polizeirechtlich relevante Schäden, die aufgrund der Inanspruchnahme der Genehmigung erfolgen, die Haftung ausscheide als Konsequenz einer sog. Legalisierungswirkung, die mit der Genehmigung verbunden sei: Die Wahrnehmung eines rechtlich durch die Genehmigung Erlaubten könne nicht später eine polizeirechtliche Haftung auslösen. – Die Legalisierungswirkung ist als etwas rechtlich Selbständiges mit der Genehmigung nicht verbunden. Der Nachweis, daß diese Rechtsfigur neben anderen Wirkungen einer Genehmigung existiere und das Gewollte bewirke, konnte nicht geführt werden. Die Rechtsfigur ist überflüssig; das Gewollte wird bereits durch die schon immer anerkannte "Tatbestandswirkung" eines Verwaltungsakts erreicht. Die Tatbestandswirkung einer Genehmigung besagt, daß es Drittbehörden verboten ist, ein Verhalten zu untersagen, welches die Genehmigungsbehörde erlaubt hat. Ob ein Haftungsfall vorliegt, ist deshalb ein Problem des Umfangs der Genehmigung. Wurde das in der Genehmigungsurkunde Erlaubte überschritten, liegt ein Haftungsfall vor. Im übrigen ist die sog. Legalisierungswirkung für Haftungsfragen bedeutungslos.

• Die polizeirechtliche Haftung Privater für von Altlasten ausgehende Gefahren ist heute oftmals problematisch, weil die Altlasten erst nach heutiger naturwissenschaftlicher Erkenntnis eine Gefahr darstellen. Nach früherem Wissen verhielt sich der eine heutige Altlast verursachende Genehmigungsempfänger im Rahmen des polizeirechtlich Erlaubten. Ob er heute aufgrund des fortgeschrittenen Erkenntnisstandes haften soll, ist eine Frage, deren Antwort heftig umstritten ist. Die h.M. nimmt an, ein Verhalten, welches zu einem bestimmten Zeitpunkt aufgrund des zur Verfügung stehenden Wissens keine als eine Gefahr auslösende Handlung zu erkennen gewesen sei, bleibe polizeirechtlich neutral; die h.M. begründet dieses Ergebnis mit dem Hinweis, eine nach Beendigung eines ursächlichen Verhaltens eingetretene Änderung des Erkenntnisstandes könne wegen des rechtsstaatlich begründeten Verbots der Rückwirkung belastender Gesetze nicht dazu führen, daß das während seiner Vornahme polizeirechtlich neutrale Geschehen nachträglich zu polizeiwidrigem Verhalten werde. Die Begründung für dieses Ergebnis erscheint mir zweifelhaft. Es handelt sich nicht um einen Fall der Rückwirkung eines Gesetzes. Das Gesetz wird lediglich auf der Basis eines anderen und besseren Erkenntnisstandes interpretiert. Freilich erscheint mir das Ergebnis, daß derjenige haften soll, der in der Vergangenheit nichts anderes getan hat, als von der Genehmigung Gebrauch zu machen, ungerecht: Es entspricht nicht meiner Vorstellung einer gerechten Verteilung von Folgen für ein gemeinsam zu verantwortendes Tun, wenn einzelne die insoweit negativen Konsequenzen des Erkenntnisfortschritts allein zu tragen haben. Das aber wäre bei einer anderen als der oben dargestellten Auffassung der Fall.

• Die Grenzen der Zustandshaftung sind seit langem Gegenstand eines heftig geführten Streits. Folgt man der Rechtsprechung, dann ist festzustellen, daß den Inhaber der tatsächlichen Gewalt über ein Grundstück eine unbegrenzte Verantwortung trifft, wenn von dem Grundstück eine Gefahr ausgeht, unabhängig davon, ob die Gefahr von einer Altlast oder einer anderen Gefahrenquelle verursacht wird. Viele Versuche, diese unbegrenzte Haftung in bestimmten Fällen zu reduzieren, sind erfolglos geblieben. Nach der Rechtsprechung muß an der Zustandshaftung im Prinzip festgehalten werden, weil sie als Ausdruck der Sozialbindung des Eigentums

keinen verfassungsrechtlichen Bedenken begegnet. Wenn man ausnahmsweise eine Begrenzung in Betracht zieht, dann nur im Rahmen der Ermessensentscheidung, die die Behörde bei der Auswahl unter mehreren Störern zu treffen hat. Insbesondere Erwägungen zur finanziellen Zumutbarkeit sind nach der Rechtsprechung bedeutungslos. Deshalb bieten weder das Verfassungsrecht noch die Normen des Polizeirechts derzeit einen Ansatz für eine Begrenung der Zustandshaftung.
• Auch die Rechtsnachfolge in öffentlich-rechtliche Pflichten führt, folgt man der h.M., nicht zu einer Haftungsbegrenzung. Die Gefahrenbeseitigungspflicht des Handlungsstörers ist eine konkrete Pflicht; sie gilt, wie dargelegt, unabhängig von einer Polizeiverfügung. Mit der h.M. sind konkrete Pflichten rechtsnachfolgefähig. Es haftet deshalb der Rechtsnachfolger der ursprünglich pflichtigen Person, z.B. ein aus Fusion oder Verschmelzung hervorgegangener Konzern. Nach Polizeirecht gibt es deshalb weder Beschränkungen mit Blick auf die Störerauswahl noch sonstige Haftungsgrenzen.

3.5.2 Landesrecht

§ 21 des hessischen Gesetzes nennt insgesamt 6 denkbare Personenkreise, die zur Durchführung der Sanierung verpflichtet sind:

- Inhaber sowie ehemalige Inhaber oder deren Rechtsnachfolger von Anlagen auf Altlasten, soweit die Verunreinigungen durch diese Anlagen verursacht worden sind;
- Ablagerer von Abfall, Abfallerzeuger oder deren Rechtsnachfolger bei Deponien;
- sonstige Verursacher der Verunreinigungen, wenn von ihnen wesentliche Beeinträchtigungen des Wohls der Allgemeinheit ausgehen;
- sonstige Personen, die aufgrund anderer Rechtsvorschriften eine Verantwortung für die Verunreinigungen oder hiervon ausgehende Beeinträchtigungen des Wohls der Allgemeinheit trifft;
- der Grundeigentümer, es sei denn, daß er eine bestehende Verunreinigung beim Erwerb weder kannte noch kennen mußte;
- der ehemalige Grundeigentümer, es sei denn, daß ihm eine bestehende Verunreinigung während der Zeit des Eigentums oder des Besitzes nicht bekannt wurde.

Nach § 21 Abs. 1 Satz 2 des hessischen Gesetzes trifft die zuständige Behörde die Auswahl bei der Heranziehung von Sanierungsverantwortlichen nach pflichtgemäßem Ermessen. Im hessischen Recht fehlen deshalb Kriterien, die eine Rangfolge der Sanierungsverantwortlichen begründen könnten. Insoweit wird das im allgemeinen Polizeirecht Geltende tradiert.

Das hessische Recht enthält eine Haftungsbegrenzung für den Grundeigentümer und den ehemaligen Grundeigentümer. Wenn dieser Personenkreis eine bestehende Verunreinigung weder kannte noch kennen mußte, entfällt die Haftung. Die Haftung der Zustandsstörer ist deshalb begrenzt. Der unschuldige Käufer haftet nicht. Nach § 21 Abs. 2 entfällt die Haftung für alle in Abs. 1 genannten Personen, wenn der Verantwortliche im Zeitpunkt des Entstehens der Verunreinigung darauf vertraut hat, daß eine Beeinträchtigung der Umwelt nicht entstehen könne, und wenn dieses Vertrauen unter Berücksichtigung der Umstände des Einzelfalles schutzwürdig ist. Dieses ist nach meiner Einschätzung der Fall, wenn sich die von einer Altlast ausgehende Gefahr erst nach heutiger naturwissenschaftlicher Erkenntnis als eine Gefahr darstellt. Die angemahnte Haftungsbegrenzung ist also in Hessen Gesetz geworden.

Im übrigen fehlen Haftungsbeschränkungen. Dieser Befund entspricht der Rechtsprechung zum Polizeirecht.

Dem Recht von Mecklenburg-Vorpommern fehlen Aussagen zum Problem der Störerauswahl sowie zur Haftungsbegrenzung. Insoweit gilt das allgemeine Polizeirecht. Es gibt deshalb nach mecklenburg-vorpommerschem Recht keine Haftungsbegrenzung. Das ist insofern erstaunlich, als in diesem neuen (verhältnismäßig armen) Bundesland ein härteres Haftungsrecht existiert als in einem alten (verhältnismäßig reichen) Bundesland.

3.5.3 EBodSchG

Eine Reihenfolge mit Blick auf das Heranziehen von Sanierungsverantwortlichen kennt der EBodSchG nicht. Insoweit entspricht er allgemeinem und besonderem Landesrecht.

Nach dem EBodSchG gibt es keine Haftungsbeschränkung für Verhaltensstörer. § 25 Abs. 4 des Entwurfs enthält eine Haftungsbegrenzung für Grundstückseigentümer. Der Grundstückseigentümer, der weder Verursacher ist noch bei Begründung des Eigentums Kenntnis von der Altlast oder den sie begründenden Umständen hatte oder hätte haben können, ist nicht kostenpflichtig, soweit die angeordneten Maßnahmen den privatnützigen Gebrauch des Grundstücks ausschließen. Der privatnützige Gebrauch des Grundstücks ist ausgeschlossen, soweit die zur Durchführung der Maßnahmen erforderlichen Kosten den Wert des Grundstücks nach Durchführung der Maßnahmen übersteigen.

Da das hessische Recht auch für den Verhaltensstörer eine Haftungsbegrenzung kannte, bleibt der EBodSchG hinter dem hessischen Recht zurück. Er bleibt hinter diesem auch mit Blick auf den Grundstückseigentümer zurück. Denn nach diesem Recht haftet der Grundstückseigentümer überhaupt nicht, wenn er von der Altlast oder den sie begründenden Umständen keine Kenntnis hatte oder hätte haben können. Der EBodSchG sieht aber für den gutgläubigen Grundstückseigentümer gleichwohl eine Haftung vor, wenn die Kosten den privatnützigen Gebrauch des

Grundstücks nicht ausschließen. Der gutgläubige Käufer haftet folglich bis zur Höhe des Verkehrswerts des sanierten Grundstücks. Diese Regelung ist m.E. wenig vorteilhaft, weil sie zu einer Beschränkung des Grundstücksverkehrs führen wird. Niemand wird ein Grundstück kaufen, wenn er anschließend mit Sanierungskosten in Höhe des Verkehrswerts des gesäuberten Grundstücks überzogen werden kann; denn zum Kaufpreis kommen diese Kosten hinzu. Der Grundstückskäufer hat deshalb wenigstens mit einer Kostenverdoppelung zu rechnen. Ein solches Risiko wird niemand eingehen wollen. – Gegen diese Annahme kann nicht eingewandt werden, im Kaufvertrag könne eine Haftung des Verkäufers für Sanierungskosten vereinbart oder ein Abschlag beim Kaufpreis vorgenommen werden. Es ist fraglich, ob diese Vereinbarungen sich immer durchsetzen lassen; ferner ist mit der Illiquidität des Verkäufers zu rechnen. Ein wirksamer Schutz des gutgläubigen Käufers ist nur durch einen Haftungsausschluß zu erreichen.

3.5.4 UGB-BT

Die größte Abweichung vom bislang geltenden Recht enthält § 304 UGB-BT für die von der Behörde zu treffende Auswahl des Störers. Es wird eine Rangfolge bei der Heranziehung der verschiedenen Störer aufgestellt. § 304 Abs. 1 Satz 1 stellt zwar in Übereinstimmung mit dem bisherigen Recht fest, daß die Auswahl unter den Verantwortlichen die zuständige Behörde nach pflichtgemäßem Ermessen trifft. Die folgenden Absätze enthalten dann freilich eine Beschränkung dieses Ermessens. Nach Abs. 2 soll ein ehemaliger oder ein jetziger Grundstückseigentümer nur herangezogen werden, wenn ein Verhaltensstörer nicht ermittelt werden kann oder aus anderen Gründen, insbesondere wegen mangelnder wirtschaftlicher Leistungsfähigkeit, nicht oder nur teilweise herangezogen werden kann. Der Grundstückseigentümer ist also der letzte in der Haftungskette. Dieses erscheint gerecht, weil er nicht derjenige ist, der die Altlast verursacht hat. Der Verursacher haftet also vor dem Zustandsstörer.

Das UGB-BT regelt die Verantwortlichkeit in § 303. Es stellt zunächst fest, daß der Verursacher einer Altlast sowie derjenige, der aufgrund gesetzlicher Bestimmungen für das Verhalten anderer einzustehen hat, sowie seine Rechtsnachfolger verpflichtet sind, die Durchführung der Sanierung sowie die entstehenden Kosten zu tragen. In Abs. 2 findet sich eine Vermutung des Inhalts, daß Verantwortlicher auch derjenige ist, der im Zeitraum, in dem die Bodenbelastung mutmaßlich entstanden ist, eine Anlage betrieben hat, von der die Bodenbelastung überwiegend wahrscheinlich ausgegangen sein kann. Abs. 3 enthält eine auf 30 Jahre (das ist die Höchstdauer der Haftung nach BGB) begrenzte Haftung für den Grundstückseigentümer, indem festgestellt wird, daß verantwortlich auch derjenige ist, der Eigentümer des Grundstücks in dem Zeitraum gewesen ist, in dem die Bodenbelastung mutmaßlich entstanden ist. In Abs. 4 wird der jetzige Eigentümer des Grundstücks sowie der Inhaber der tatsächlichen Sachherrschaft für die Altlastensanierung für verantwortlich erklärt.

Abs. 5 enthält eine Haftungsbeschränkung. Die Verantwortlichkeit nach den Abs. 1 und 2 entfällt, wenn die Inanspruchnahme unzumutbar ist, weil der Verantwortliche im Hinblick auf rechtmäßiges behördliches Verhalten im Zeitpunkt des Entstehens der Bodenbelastung darauf vertraut hat, daß eine Gefahr nicht entstehen könne, und wenn dieses Vertrauen unter Berücksichtigung der Umstände des Einzelfalls in besonderem Maße schutzwürdig ist. Damit wird diejenige Haftungsbeschränkung aufgegriffen, die ich mit Blick auf die Veränderung des naturwissenschaftlichen Erkenntnisstandes für gerechtfertigt halte. Ferner entfällt eine Haftung des jetzigen Grundstückseigentümers, wenn der Verantwortliche beim Grundstückserwerb oder bei der Übernahme der tatsächlichen Sachherrschaft die Bodenbelastung weder kannte noch kennen mußte. Diese Haftungsbeschränkung entspricht hessischem Recht. Sie geht weiter als der Entwurf des Bundesgesetzes. Eine letzte Haftungsbeschränkung ist für den jetzigen Eigentümer sowie den Inhaber der tatsächlichen Sachherrschaft noch zu vermerken: Sie haften nur in dem Umfang, der für einen früheren Eigentümer bestand. Der Verkauf eines Grundstücks soll also nicht die Möglichkeit der Haftungserweiterung bieten. Diese Begrenzung der Haftung ist notwendig, um den Grundstücksverkehr nicht über Gebühr zu beschränken; ferner ist diese Haftung vertraglich auf den Verkäufer abwälzbar, womit der Käufer lediglich das Risiko der Illiquidität des Verkäufers trägt.

Eine weitere Haftungsbegrenzung enthält § 304 Abs. 3. Der Rechtsnachfolger haftet nur dann, wenn ein anderer Verantwortlicher nicht zu ermitteln ist oder aus anderen Gründen, insbesondere wegen mangelnder wirtschaftlicher Leistungfähigkeit, nicht oder nur teilweise herangezogen werden kann. Wenn beispielsweise ein Unternehmen noch existiert, sich aber von bestimmten Betriebsteilen getrennt hat und diese Betriebsteile von einem anderen Unternehmen übernommen worden sind, dann haftet das übernehmende Unternehmen nur dann, wenn eine Haftung des die Altlast verursachenden Unternehmens wegen dessen mangelnder wirtschaftlicher Leistungsfähigkeit entfällt.

3.5.5 Bewertung

Wie schon deutlich wurde, bedarf das Polizeirecht der Ergänzung: sowohl mit Blick auf die Störerauswahl als auch mit Blick auf Haftungsbegrenzungen. Für das Problem der Störerauswahl enthält ausschließlich das UGB-BT eine Aussage. Beim Haftungsproblem bleibt das EBodSchG weit hinter dem zu Fordernden zurück. Auch für dieses Problem enthält das UGB-BT eine angemessene Lösung; die hessische Lösung bleibt hinter ihr kaum zurück.

3.6 Altlastensanierung durch die öffentliche Hand

3.6.1 Polizeirecht

Auf der Grundlage des Polizeirechts gibt es eine Altlastensanierung durch die öffentliche Hand nicht.

3.6.2 Landesrecht

Nach § 22 des hessischen Rechts gibt es eine Altlastensanierungsgesellschaft. Diese Altlastensanierungsgesellschaft führt die Sanierung in den Fällen durch, in denen ein Sanierungsverantwortlicher nicht oder nicht rechtzeitig in Anspruch genommen werden kann. Die Sanierung wird durchgeführt im Rahmen eines aufzustellenden Finanzierungsplans. Träger der Altlastensanierungsgesellschaft in Hessen ist die Hessische Industriemüll GmbH.

Nach nordrhein-westfälischem Recht ist dann, wenn ein Privater als zur Durchführung der Altlast Verpflichteter entfällt, ein öffentlich-rechtlicher Verband zur Durchführung der Sanierung berechtigt. In einigen Bundesländern, so in Mecklenburg-Vorpommern, fehlen Regelungen über die "Ausfallhaftung" der öffentlichen Hand.

Es gibt demnach unterschiedliche Modelle betreffend die Durchführung der Sanierung durch die öffentliche Hand: privatrechtliche und öffentlich-rechtliche Sanierungsträger sind in der Praxis vorhanden.

3.6.3 EBodSchG

Der Entwurf des Bundesgesetzes enthält keine Regelungen darüber, wie die Altlastensanierung durchzuführen ist, wenn ein Privater als Haftender entfällt.

3.6.4 UGB-BT

§ 311 stellt fest, daß in den Fällen, in denen ein Sanierungsverantwortlicher nicht oder nicht rechtzeitig in Anspruch genommen werden kann, der Träger der Altlastensanierung (Altlastensanierungsgesellschaft) nach Maßgabe der ihm zur Verfügung stehenden Mittel und unter Berücksichtigung der Empfehlungen einer Bewertungskommission die Durchführung der Sanierung übernimmt. Die Länder können zum Träger der Altlastensanierung juristische Personen des öffentlichen und privaten Rechts sowie natürliche Pesonen bestimmen.

3.6.5 Bewertung

Das UGB-BT geht über den Entwurf des Bundes hinaus, überläßt es aber den Ländern, wie sie das Problem lösen. Es erschien den Verfassern nicht sinnvoll, eine bereits eingespielte Praxis zu verändern. Daß es aber eine Lösung dieses Problems geben muß, ist unabweisbar angesichts des Umstandes, daß viele Private die Kosten für eine Sanierung nicht werden aufbringen können. Das Schweigen des EBodSchG ist deshalb überraschend.

4 Schlußbetrachtung

Es konnte gezeigt werden, daß die Regelungen des Polizeirechts nur ansatzweise den vielfältigen Problemen gerecht werden, die sich im Zusammenhang der Altlastensanierung stellen. Deshalb ist ein auf diese Probleme zugeschnittenes Spezialrecht erforderlich. Die Länder haben m.E. mit Blick auf den Erlaß dieses Spezialrechts versagt: dadurch, daß in den meisten Ländern kaum materielles Sanierungsrecht existiert, sondern lediglich ein Recht, welches die vorhandenen Altlasten verwaltet, sowie dadurch, daß z.B. Hessen materielles Recht erlassen hat, dieses aber partiell zu weit geht, z.B. bei den Kostenregelungen. Die Problemlösung des Bundes ist weitgehend akzeptabel, enthält aber Defizite: fehlende Rekultivierungspflicht, fehlende Rangfolge bei der Heranziehung der Störer, fehlende Aussagen über die Sanierung durch die öffentliche Hand und eine falsche Regelung hinsichtlich der Haftung. Ein vollständiges Sanierungsrecht enthält nur das UGB-BT. Dessen Aussagen, z.B. über die Haftungsbeschränkungen, kommen einer ausgewogene Problemlösung sehr nahe.

Literatur

Brandt E (1993) Altlastenrecht – ein Handbuch. C.F. Müller, Heidelberg
Bückmann W (1992) Bodenschutzrecht. Rechtliche und verwaltungsmäßige Grundlagen des Bodenschutzes unter besonderer Berücksichtigung der Altlastensanierung. Heymanns-Verlag, Köln
Dombert M (1990) Altlastensanierung in der Rechtspraxis. Rechtliche und technische Aspekte der Sanierung schadstoffbelasteter Betriebsflächen. Erich-Schmidt-Verlag, Berlin
Herrmann N (1990) Flächensanierung als Rechtsproblem. Nomos, Baden-Baden
Koch H-J (1985) Bodensanierung nach dem Verursacherprinzip. C.F. Müller, Heidelberg
Mosler J (1989) Öffentlich-rechtliche Probleme bei der Sanierung von Altlasten. Peter-Lang-Verlag, Frankfurt
Nauschütt J (1990) Altlasten. Recht und Technologie der Umweltsanierung. Nomos, Baden-Baden
Papier H-J (1985) Altlasten und polizeiliche Störerhaftung. Heymanns-Verlag, Köln

Peine F-J (1993) Zur Problematik rückwirkender Gesetze im Altlastensanierungsrecht. Neue Zeitschrift für Verwaltungsrecht (NVwZ) (12)10: 958–961

Schrader C (1988) Altlastensanierung nach dem Verursacherprinzip? Rechtsfragen der Kostenübernahme vor dem Hintergrund der Legalisierungswirkung von Genehmigungen. Erich-Schmidt-Verlag, Berlin

Schwachheim J (1991) Unternehmenshaftung für Altlasten. Die polizeirechtliche Verantwortlichkeit der Industrie unter besonderer Berücksichtigung des Verfassungsrechts. Heymanns-Verlag, Köln

Ziehm (1989) Die Störerverantwortlichkeit für Boden- und Wasserverunreinigungen. Ein Beitrag zur Haftung für sog. Altlasten. Duncker & Humblot, Berlin

.

Kriterien und Steuerungsansätze ökologischer Ressourcenpolitik – Ein Beitrag zum Konzept ökologisch tragfähiger Entwicklung

Martin Jänicke

1 Einführung

Im folgenden wird ein strukturierender Überblick über Begriff, Indikatoren, Erfordernisse, Ansatzpunkte und Handlungsmöglichkeiten ökologisch tragfähiger Entwicklung gegeben. Diese werden als Gegenstand von Ressourcenpolitik beschrieben, einer umweltpolitischen Strategie, die über Ansätze des Immissionsschutzes (70er Jahre) und des Emissionsschutzes (80er Jahre) prinzipiell hinausgeht. Ressourcen sind die in den Produktions- und Konsumtionsprozeß eingehenden Stoffe und Flächen. Ressourcenpolitik wird hier also weiter gefaßt als Stoffpolitik (Held 1991). Sie wird als Summe aller Maßnahmen zur Beeinflussung von Stoffströmen und Flächennutzungen mit dem Ziel einer langfristigen Stabilisierung der Umweltsituation verstanden.

2 Zur Begriffsklärung

Die politische Sprache lebt von mehrdeutigen, assoziationsreichen Leerformeln. Die Sprache der Wissenschaft hingegen muß begriffliche Mehrdeutigkeiten prinzipiell meiden bzw. systematisch überwinden. Dies gilt auch für die politische Formel der tragfähigen Entwicklung (sustainable development). Ein diesbezüglicher semantischer Konsens scheint am ehesten im Hinblick auf den Kernbereich der zu bewältigenden ökologischen Problematik möglich. Diese wurde in Anlehnung an Herman Daly von Donella und Dennis Meadows in Form von Kriterien des materiellen Durchsatzes formuliert:

<small>Die Nutzungsrate sich erneuernder Ressourcen darf deren Regenerationsrate nicht überschreiten. Die Nutzungsrate sich erschöpfender Rohstoffe darf die Rate des Aufbaus sich regenerierender Rohstoffquellen nicht übersteigen. Die Rate der Schadstoffemissionen darf die Kapazität zur Schadstoffabsorption der Umwelt nicht übersteigen (Meadows et al. 1992, S 251).</small>

Das zweite Kriterium ist freilich umstritten: Es scheint das bestehende hohe Niveau der Rohstoffnutzung fortzuschreiben und nur dessen Substitution vorzusehen. Zugleich fehlen wichtige Minimalerfordernisse ökologisch tragfähiger Langzeitentwicklung, insbesondere das völlig ungelöste Problem der baulichen Flächennutzung, der Großrisiken und der bedrohten Artenvielfalt. Wichtig ist auch die noch zu erläuternde Differenzierung zwischen Fluß- und Bestandsgrößen. Der Begriff müßte auch der Tatsache Rechnung tragen, daß langfristige Umweltprobleme vor allem in den Industrieländern hervorgerufen werden, Gegenkonzepte also vor allem auf diese Ländergruppe anwendbar sein müßten. Tragfähigkeit im Stadium ökonomischer Unterentwicklung ist auch etwas anderes als unter den Bedingungen industrieller Überentwicklung.

Bezogen auf Industrieländer könnte ökologisch tragfähige Entwicklung (sustainable development) als eine Wirtschaftsweise verstanden werden, bei der

- der Verbrauch erneuerbarer Ressourcen deren Regenerationsfähigkeit nicht übersteigt,
- Flächen- und Wasserverbrauch sowie Transportleistung auf einem Niveau stabilisiert werden, das Langzeitschäden ausschließt,
- der Verbrauch nicht erneuerbarer Ressourcen absolut reduziert wird,
- die Absorptionsfähigkeit der Umwelt nicht überfordert, die Artenvielfalt nicht verringert und
- Großrisiken vermieden werden.

Tragfähige Entwicklung bezeichnet als normative Leitlinie wirtschaftliche Entwicklungen, die in diesem Rahmen international und intergenerativ verallgemeinerbar sind. Diese Norm schließt Umweltschutzstrategien aus, die Probleme lediglich zeitlich oder räumlich verlagern. Das Konzept gewinnt seine dramatische Qualität via negationis als Vermeidungsimperativ: Negatorisch markiert es Gefahren langfristiger Entwicklungen des Industrialismus, die meist erkannt, bisher aber nicht abgewendet wurden.

3 Indikatoren zur Messung ökologisch tragfähiger Entwicklung

Damit sind Leitlinien umrissen, die der Operationalisierung bedürfen. Die entsprechenden Problemtendenzen müssen darstellbar sein. Erfolg und Mißerfolg von Gegenmaßnahmen müssen empirisch überprüfbar sein. Hier liegen zugleich die Defizite, die es leicht zu einem Pseudokonsens unter diesem Schlagwort kommen lassen. Erst eine differenzierte Konkretisierung langfristiger ökologischer Problemtendenzen macht klar, wie massiv die notwendigen Trendwenden in den Produktionsprozeß eingreifen, wie wenig mit anderen Worten auf "Selbstheilungskräfte" des bestehenden Wirtschaftssystems allein gesetzt werden kann. Umweltpolitisch bedarf es derzeit weniger einer allgemeinen Theorie ökologisch tragfähiger Entwicklung als der Ermittlung zentraler Indikatoren, die entsprechende Langzeitprobleme und mögliche Problemlösungen darstellbar und meßbar machen. Diese sollten als Zeitreihen verfügbar, international vergleichbar und global hochrechenbar sein.

Im Lichte vielfältiger Systematisierungsversuche bieten sich zur Messung und Bewertung ökologischer Tragfähigkeit 3 mögliche Ebenen der Betrachtung an:

- die *Ressourceninputs*,
- die stofflichen *Outputs* des Produktionsprozesses und
- die räumlichen *Auswirkungen bzw. Impacts* (s. Abb. 1).

Inputs und Outputs betreffen den Verursachungsbereich. Die Impacts fallen als raumbezogene Wirkungen bei betroffenen "Akzeptoren" an. Die Umweltökonomische Gesamtrechnung (UGR) strukturiert diesen Zusammenhang ähnlich, wobei die Verursachungs- und die Belastungsebene jeweils noch einmal aufgegliedert werden (Bundesumweltministerium 1992). Auf jeder dieser 3 Ebenen ist das Problem der Nachhaltigkeit darstellbar. Präventive Umweltpolitik wird sich vor allem auf die problemverursachenden Inputs and Outputs des Produktionsprozesses konzentrieren. In dem auf der Rio-Konferenz vorgestellten "System for Integrated Environmental and Economic Accounting" (SEEA) geschieht dies ebenfalls (Hamer u. Stahmer 1992).

Im folgenden sollen diese 3 Ebenen und die zentralen Indikatoren des materiellen Durchsatzes verdeutlicht werden:

- Die Inputs des Produktionsprozesses (von der Rohstoffgewinnung bis zum Endverbrauch); zentrale Indikatoren sind hier der Verbrauch an

  - *Materialien* (nach Hauptgruppen),
  - *Energieträgern* (nach Hauptgruppen),
  - *Wasser* und
  - *Boden*.

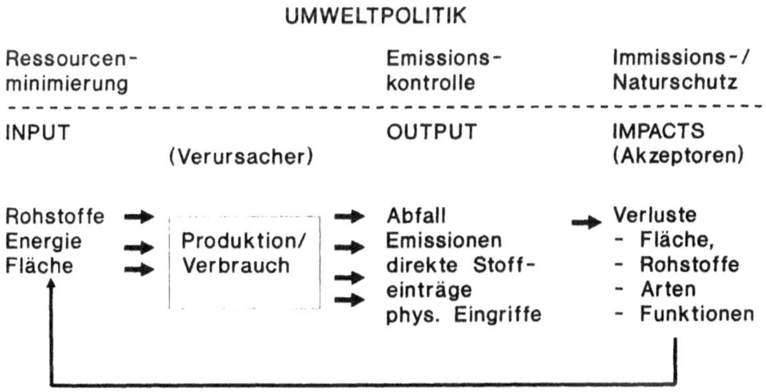

Abb. 1. Verursacher-Akzeptor-Ansatz der Umweltbilanzierung (Forschungsstelle für Umweltpolitik)

Die implizierten *Transportströme* sollten hier als eigenständiger Indikator erfaßt werden, auch wenn sie Teil des ("internen") Produktionsprozesses und in der Ressourcenbilanz mit ihrem Energie-, Material- und Flächenverbrauch bereits berücksichtigt sind. Eine Produktion mit geringer Materialintensität kann – bei starker regionaler Arbeitsteilung – gleichwohl eine hohe Transportintensität aufweisen. Zumindest für eine ökologische Bewertung der Produktionsstruktur und ihres Wandels ist dieser Indikator von unbestritten hoher Bedeutung. Zusätzlich ist im Hinblick auf die Emissionen auch die separate Erfassung des Einsatzes von *Luft* ergänzend notwendig (Steurer 1994; Schütz u. Bringezu 1993). Wenngleich dies methodisch nicht durchhaltbar ist, muß grundsätzlich die jeweilige Stoffmenge mit einem *Risikofaktor* bewertet werden; so unterschiedliche Stoffe wie Kies und Plutonium machen dies offensichtlich (wobei auch Kies bei Gewinnung, Transport oder Abfallbeseitigung alles andere als frei von Umweltproblemen ist).

- Die umweltwirksamen *Outputs* des Produktionsprozesses sind

  - *Abfälle*,
  - *Emissionen* und *dissipative Verluste* und
  - *Stoffeinträge* in die Umwelt in Form von Düngemitteln und Pestiziden.

  Hinzukommen als potentielle Abfälle die eigentlichen Produkte:

  - *Güter* für den Endverbrauch und
  - *Bauten* und *Anlagen*.

  Sie sind zwar kein Output im ökologischen Sinne; denn sie verbleiben, solange sie genutzt oder als Abfall wiederverwertet werden, "im System"; aber die noch zu behandelnden Probleme des Recycling legen es nahe, systematisch daran zu erinnern, daß auch die Produkte potentieller Abfall sind und daß die Verringerung ihrer Masse ein unerläßlicher Beitrag zur Umweltentlastung ist.

- Schließlich geht es um die *Impacts* in Form von räumlich wirksamen Umweltbelastungen, Immissionen, Bodenbelastungen, Entnahmen aller Art für produktive Zwecke, Verluste aller Art (Biodiversität, Naturflächen etc.).

Produktionsinputs und -outputs lassen sich einigermaßen aufeinander beziehen. Dagegen ist eine exakte Zuordnung von Outputs und Impacts (z.B. Emissionen und Immissionen) methodisch kaum möglich. Sie bleibt notgedrungen unvollständig, wenn sie nur im regionalen oder nationalen Maßstab erfolgt, wo immer ein erheblicher, meist nicht erfaßbarer Teil importiert oder exportiert wird.

Am ehesten lassen sich Ursachen und Wirkungen als hochaggregierte, globale Größen zuordnen: Alle stofflichen Inputs werden zu Emissionen oder Abfällen, die sich im globalen Maßstab akkumulieren. Auf der regionalen Ebene kann hingegen in Regelfall nur gelten: Irgendwo bleiben die stofflichen Inputs, und irgendwo wurden die örtlichen Umweltbelastungen hervorgerufen. Dies ist den großräumigen Schadstofftransporten, den schwer zu erfassenden stofflichen Aspekten der internationalen Güterströme, den vielfältigen chemischen Reaktionen von Schadstoffen oder den indirekten Umwelteffekten durch klimatische Veränderungen geschuldet. Eines der weiteren Probleme einer unmittelbaren Zuordnung von Ursache (Input/ Output) und Wirkung (Impact) ist die Tatsache, daß die aufnehmenden Räume unterschiedlich empfindlich, die Wirkungen also ebenfalls unterschiedlich sind (Zieschank et al. 1993). Daß dennoch im Rahmen der geplanten Umweltökonomischen Gesamtrechnung (Bundesumweltministerium 1992; Hamer u. Stahmer 1992) analog zur Bruttosozialproduktberechnung auch die Stoffströme quantitativ so gut wie möglich miterfaßt werden, ist ein sinnvoller und auch weithin aussichtsreicher Versuch; aber es werden in der regionalen und nationalen Bilanz gleichwohl Lücken bleiben.

Insgesamt spricht manches für die Schlußfolgerung von Kuik und Verbruggen: "Given this state of affairs, it is preferable to monitor sustainable development with a set of 'quick and dirty' indicators" (Kuik u. Verbruggen 1991, S 2).

4 Notwendige Differenzierungen

Ökologisch tragfähige Entwicklung ist zu unterscheiden von entkoppeltem ("qualitativem") Wachstum, im Sinne eines produzierten Wertzuwaches bei Nullzuwachs der ökologisch relevanten Inputfaktoren. Sie ist mehr als das. Der herkömmliche Begriff des "qualitativen Wachstums" berücksichtigte (noch) nicht die Unterschiede zwischen den einzelnen Inputfaktoren. Ein Nullzuwachs der Siedlungsflächen und des Wasserverbrauchs wäre, wenn keine Übernutzungen vorliegen, grundsätzlich ökologisch tragfähig. Hier geht es um die Stabilisierung auf akzeptablem Niveau. Ähnliches gilt für das Transportaufkommen und für die (hier ausgeklammerte) Lärmproblematik. Hier ist wirklich das Wachstum das Problem. Ein Nullzuwachs bei den Flußgrößen Energie- und Materialverbrauch hingegen ist prinzipiell keine Problemlösung; denn hier wächst – unter sonst gleichbleibenden Bedingungen – die Menge schon in einem Jahr auch dann um das Doppelte, wenn "Nullwachstum" besteht.

Das Problem der Industriegesellschaften liegt also nicht nur und nicht so sehr in ihrem Wachstum. Das eigentliche Problem entsteht durch den Akkumulationsprozeß der Flußgrößen Rohstoffe und Energieträger (bzw. Abfälle und Emissionen), die auch dann, wenn sie nicht wachsen, auf der Bestandsebene (ceteris paribus, also ohne Berücksichtigung natürlicher Abbauprozesse) von einem Jahr ums andere um 100% zunehmen. Auch wenn der jährliche Güterberg nicht wächst, wachsen Jahr für Jahr die Müllhalden. Beim Flächenverbrauch hingegen ist das entscheidende Problem die ungelöste Wachstumsdynamik. Diese Unterschiede der Hauptindikatoren dürfen nicht übersehen werden. Sie haben unterschiedliche umweltpolitische Konsequenzen. Das ist die erste Erkenntnis, die sich ergibt, wenn man die stofflichen Durchsatzmengen im Zeitverlauf erfaßt.

5 Zur Notwendigkeit nationaler Ressourcenbilanzen

Nationale Stoffbilanzen verdeutlichen auch die hohe Bedeutung der in der Umweltdebatte lange ausgeklammerten Güter, Bauten und Anlagen. Sie zeigen u. a. auch die Grenzen des Recycling. Auffallend ist z.B., daß selbst in Japan die Recyclingquote, bezogen auf sämtliche Rohstoffe, 1990 nur bei 8% lag, in der Bundesrepublik liegt sie noch niedriger. Fossile Energieträger lassen sich (jenseits der Abwärmenutzung) nicht wiederverwerten, ebensowenig beispielsweise die eingesetzten Pestizide oder die dissipativen Verluste. Recycling ist auf Dauer immer auch ein Problem des steigenden spezifischen Energieeinsatzes. International vollständige Stoffbilanzen, die aber bisher nur in Teilbereichen vorliegen, würden überdies deutlich machen, wie kompliziert Vorstellungen einer "Kreislaufwirtschaft" im Hinblick auf die weltweite Arbeitsteilung und Vernetzung der Produktion sind. Was geschieht mit den Stoffen, die in Form von Waren importiert werden? Was geschieht mit den Vorprodukten, die aus allen Teilen der Welt zusammengetragen werden? Als Recyclingprodukte werden sie jedenfalls im Verbrauchsland weniger benötigt als in den Produktionszentren. Wird sich bei dieser weltweiten Arbeitsteilung ein Kreislauf der Wiederverwertung bilden lassen?

Wenn wir die nationalen und die internationalen Stoffströme als solche wie auch als Warenströme kennen, lassen sich angemessene Strategien entwickeln. Die Frage der Indikatoren tragfähiger Entwicklung und die dazu gehörigen Datenmengen können in ihrer umweltpolitischen Bedeutung gar nicht überschätzt werden. Die Datenlage aber ist überaus beklagenswert. Die Gesamtmenge eingesetzter Rohstoffe ist nur für einige wenige Länder bekannt. Von einer standardisierten, international vergleichbaren Statistik kann keine Rede sein. Dabei ist zumindest die einheitliche Erfassung der wichtigsten Rohstoffgruppen (Steine/Erden, Energieträger, Erze, Salze, biotische Rohstoffe, wiederverwertete Stoffe) unumgänglich; denn auch diese Gruppen legen sehr unterschiedliche umweltpolitische Konsequenzen nahe.

6 Reduktionsimperative

Am Beispiel Japans kann gezeigt werden, daß ein entkoppeltes Wachstum grundsätzlich möglich ist (s. Abb. 2). Zwischen 1973 und 1985 waren die

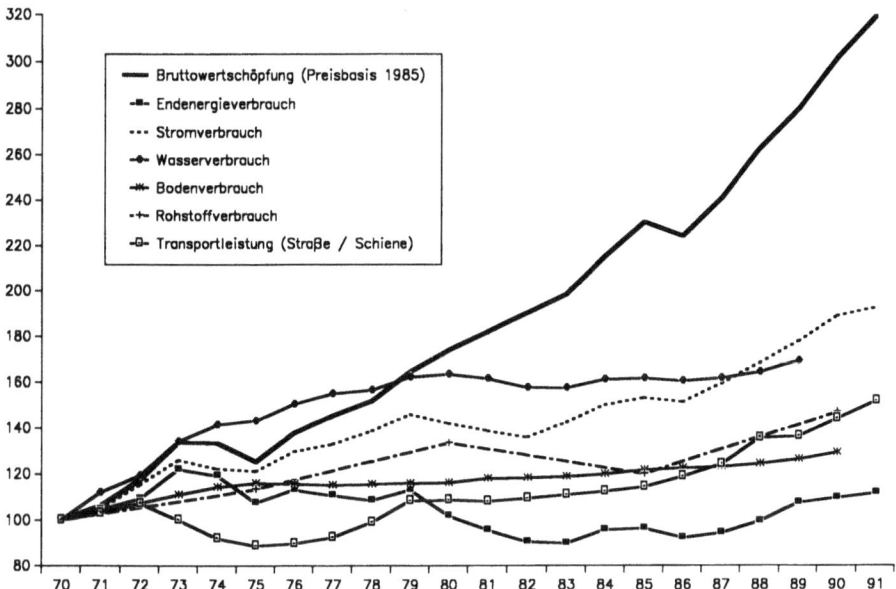

Abb. 2. Industrieller Ressourcenverbrauch in Japan (1970 = 100). (Forschungsstelle für Umweltpolitik; OECD, International Road Federation, Japan Statistics Bureau, Environment of Agency, Japan)

wichtigsten oben genannten Indikatoren ökologisch tragfähiger Entwicklung vom Anstieg der Industrieproduktion abgekoppelt (Jänicke et al. 1992). Es läßt sich auch zeigen, daß dies vor allem einer Effizienzrevolution innerhalb der Unternehmen zu verdanken ist. Wichtige Indikatoren wie der industrielle Energieverbrauch blieben über lange Zeit konstant. Ab 1986 kommt es aber zu einem erneuten Anstieg. Im Zeitverlauf ist eine solche Entkopplung offenbar nur durch immer erneute, massive Anstrengungen durchzuhalten. Das ist das erste Problem ökologisch tragfähiger Industrieentwicklung.

Das zweite, wesentlich größere Umweltproblem beginnt aber bereits vor der Wachstumsfrage. Selbst wenn Japan seine Entkopplung wichtiger Inputgrößen durchhalten würde, würde dies nichts an der Tatsache ändern, daß dort jährlich (Stand 1990) über 2 Mrd. t Rohstoffe in Emissionen, Abfälle, Exporte, heimische Bauten und Produkte umgewandelt werden, wobei Bauten und Produkte nur zeitlich verzögert zu Abfällen werden. In der Bundesrepublik ist dies (1989) ungefähr 1 Mrd. t Rohstoffe (Wasser, Luft, Bodenaushub und Abraum sind in dieser Summe nicht enthalten).

Auch ohne Wachstum würden Japans Einwohner pro Kopf und Jahr ca. 18 t Rohstoffe verbrauchen. In der Bundesrepublik und Österreich liegt die Menge nach einer vorläufigen Berechnung bei etwa 20 t (s. Tabelle 1). Unter Einbeziehung von Bodenaushub, Abraum etc. steigt die Tonnenlast. Nach Berechnungen des Wuppertal Instituts Klima, Umwelt und Energie ergibt sich – bei Einbeziehung dieses "ökologischen Rucksacks" (auch der

Tabelle 1. Materialverbrauch ausgewählter Industrieländer[a] (in t je Einwohner). (Environment Agency 1992; Schütz u. Bringezu 1993; Steurer 1994)

	Bundesrepublik Deutschland (1989)	Österreich (1988)	Japan[b] (1990)
Steine/Erden	8,1	8,0	7,0
Energieträger	4,9	2,6	3,0
Pflanzen, Holz[c]	3,4	6,2	
Erze	0,9	0,6	
Salze	0,3	0,1	
Summe[d]	20	20	18

[a] Inländische Entnahme plus Importe, ohne Abraum, Bodenaushub, Wasser und Luft.
[b] Teilsummen nicht voll vergleichbar.
[c] Bundesrepublik Deutschland und Österreich: ohne Tierfutter und Fleischproduktion.
[d] Inklusive Güterimport.

Importe) – ein Rohstoffverbrauch von 72 t pro Einwohner. Ein solcher Ressourcenverbrauch ist im Weltmaßstab nicht möglich. Er ist auch für die Industrieländer selbst langfristig ruinös.

Langfristig orientierte Umweltpolitik muß diese Mengen also radikal reduzieren. Ökologisches Gleichgewicht und tragfähige Entwicklung werden erst zur Chance, wenn zumindest der Verbrauch nicht erneuerbarer Ressourcen signifikant zurückgeht, wenn wirklich eine tendenzielle Entmaterialisierung der Produktion (als Verringerung des spezifischen Ressourcenverbrauchs) erreicht wird. Beim Energieverbrauch sind bereits sehr weitgehende Reduktionspotentiale ermittelt worden; z.B. gilt eine Halbierung des Pro-Kopf-Verbrauchs in den Industrieländern als möglich. Aber auch eine radikale Steigerung der Materialproduktivität ist möglich durch eine

- Steigerung der Lebensdauer der Produkte,
- intensivere Nutzung, Wieder- und Weiterverwendung der Produkte,
- Verkleinerung der Produkte,
- effizientere Materialnutzung auf allen Produktionsstufen sowie
- durch Recycling.

Kommt es auf jeder dieser 5 Stufen zu einer Verbesserung um ein Drittel, sinkt der Verbrauch nicht erneuerbarer Rohstoffe rechnerisch fast auf ein Zehntel. Denkbar ist auch eine höhere Steigerung (insbesondere bei der Wiederverwendung) mit entsprechend weiter verringertem Materialverbrauch. Der Verzicht auf materialintensive Produkte und die Änderung des Lebensstils bieten zusätzlich erhebliche Reduktionsmöglichkeiten. Neben der "Effizienzrevolution" wird in den reichen Industrieländern die Frage von Suffizienzgrenzen (wieviel ist genug?) zunehmend bedeutsam.

Nach Schmidt-Bleek (1994) muß die Materialproduktivität in Industrieländern um den Faktor 10 steigen, der Materialeinsatz je Wertschöpfungseinheit also auf ein Zehntel sinken. Andere Autoren kommen hinsichtlich der Umweltintensität der weltweiten Produktion zu einer ähnlichen Größenordnung (vgl. Meadows et al. 1992; Ayres u. Simonis 1994). Weterings und Opschoor (1992) differenzieren die Reduktionsnormen von null (Aluminiumverbrauch) bis 85% (Öl), was auch eine Biomasseverringerung (minus 60%) einschließt. Dabei wird bei den nicht erneuerbaren Rohstoffen eine Reserve von 50 Jahren als Tragfähigkeitsgrenze angesehen (s. Tabelle 2).

Vermutlich ist es nicht nur eine komplizierte, sondern auch unnötige Frage, welche Steigerung der Ressourcenproduktivität exakt nötig ist, um weltweit ein ökologisches Gleichgewicht zu erreichen. Umweltpolitisch geht es vor allem um die von den Industrieländern vorzuexerzierende Trendwende beim Ressourcenverbrauch. Als nächste Etappe wären dann die Reduktionsraten zu steigern, in immer besserer Kenntnis des nötigen Ausmaßes.

Eine weitgehende Entmaterialisierung schließt nicht aus, daß das Risikoniveau dennoch steigt. Der Übergang von Kohle zu Kernkraft wäre stofflich ein Beispiel hierfür. Es gilt also grundsätzlich das kombinierte, wenn auch kaum durchgängig zu erfüllende Kriterium: Stoffmenge mal Risikoniveau. Deshalb muß ein moderner, an den Stoffströmen orientierter Umweltschutz immer zweierlei anstreben:

- die Substitution besonders problemträchtiger Stoffe (in Schweden gibt es hier ein spezielles Substitutionsprinzip) und
- die Mengenreduzierung zumindest der nicht erneuerbaren Stoffe.

7 Ausgewählte Maßnahmen

Wenn das Umweltproblem insbesondere auf der Seite der Stoffströme genauer operationalisiert und in seiner Zeitdimension empirisch darstellbar wird, läßt sich der Handlungsbedarf ökologischer Langzeitpolitik genauer fixieren. Ferner kommt es darauf an, daß Analyse und Strategie wirklich verursacherbezogen sind: Ursachen sind physisch vor allem Stoffströme, aber deren Verursacher sind gesellschaftliche Akteure. Es geht vor allem um gesellschaftliche Makroakteure, ihre Erfindungen, Planungen, Produktionen und Vermarktungen, die dem individuellen Kaufakt vorausgehen, diesem gegenüber also entscheidende Bedeutung haben. Die vorrangige Thematisierung "des Menschen", seiner unangemessenen Werthaltungen etc. läuft demgegenüber leicht auf eine Verdunkelung gesellschaftlicher Verursachungsprozesse hinaus.

Tabelle 2. Schlüsselindikatoren – Ansatz des niederländischen Rates für Umweltforschung. (Weterings u. Opschoor 1992, übersetzt vom Rat von Sachverständigen für Umweltfragen 1994)

Bereich des Indikators	Standard Ecocapacity	Trend bis 2040	notwendige Reduktion	betrachteter Raum
Verbrauch von fossilen Brennstoffen				
Öl	Bestand	Bestand erschöpft	85%	global
Erdgas	für		70%	global
Kohle	50 Jahre		20%	global
Verbrauch von Metallen				
Aluminium	Bestand	Bestand >50 a	keine	global
Kupfer	für	erschöpft	80%	global
Uran	50 Jahre	abhängig von Nutzung Kernenergie	nicht quantifizierbar	global
Verbrauch erneuerbarer Ressourcen				
Biomasse	20% der natürlichen Produktion	50% der natürlichen Produktion	60%	global
Biodiversität	Aussterben 5 Arten/a	365 bis 65 000 Arten/a	99%	global
Verschmutzung				
CO_2-Emission	2,6 Gigatonnen Kohlenstoff/a	13 Gigatonnen Kohlenstoff/a	80%	global
Säureeintrag	400 Säureäquivalente ha · a	2400 bis 3600 Säureäquivalente ha · a	85%	kontinental
Nährstoffdeposition				
– Phosphat	30 kg/ha · a	keine Daten	nicht quantifizierbar	national
– Stickstoff	267 kg/ha · a	keine Daten		national
Deposition von Metallen				
– Cadmium	2 t/a	50 t/a	95%	national
– Kupfer	70 t/a	830 t/a	90%	national
– Blei	58 t/a	700 t/a	90%	national
– Zink	215 t/a	5190 t/a	95%	national
Beeinträchtigung von Ökosystemen				
Entwässerung	Referenzjahr 1950	keine Daten	nicht quantifizierbar	national
Erosion	9,3 Mrd. t/a	45 bis 60 Mrd. t/a	85%	global

Strategien ökologisch tragfähiger Entwicklung sind – mit der wichtigen Ausnahme des Flächenverbrauchs – vor allem stoffbezogen. Eine systematische *ökologische Stoffpolitik* wurde bisher nicht betrieben; aber wir verfügen gleichwohl über einige Erfahrungen auf diesem Gebiet. Die Politik des "weg vom Öl" war eine gigantische, weltweite Anstrengung in diesem Sinne. Von der (nationalen wie internationalen) Stoffstrombilanz bis hin zu den eingesetzten Instrumenten liegen hier wichtige stoffpolitische Erkenntnisse vor. Ähnliches gilt für Verwendungsverbote oder -einschränkungen für Stoffe wie DDT, PCB, FCKW, Asbest oder Cadmium. Generell wird es um ein breites Spektrum von Maßnahmen gehen müssen. Neben den Steuerungsinstrumenten Geld und Recht kommt der informationellen Steuerung und der Dialogsteuerung (als Organisation von Kommunikationsprozessen) zunehmende Bedeutung zu.

Eine detaillierte Untersuchung umweltpolitischer Erfolgsfälle zeigt, daß das mechanistische Bild von Umweltpolitik (mit der Stufenfolge: Problemlage – Zielformulierung – Instrumente – Vollzug – Wirkung) aufgegeben werden muß (Jänicke u. Weidner 1995). Neben einer Vielzahl möglicher Akteure und Rahmenbedingungen sind auch situative Variablen zu berücksichtigen: Ob Rezession herrscht oder Hochkonjunktur, ob aktuelle Schlagzeilen oder Maßnahmen in anderen Ländern Interventionen erleichtern, ob Bündnismöglichkeiten bestehen, ob umweltintensive Branchen ohnehin unter Veränderungsdruck stehen usw. ist für den Handlungserfolg von hoher Bedeutung. In der Regel ist umweltpolitischer Erfolg das Resultat einer Interaktionsdynamik, bei der alle Beteiligten ihre Positionen im Lichte von Lernprozessen verändern. Gerade die situative Dimension der Umweltpolitik macht taktisches Geschick zu einer relevanten Größe. Erwähnt sei auch der gekonnte Umgang mit der Zeitdimension oder mit der Verwundbarkeit von Verursachern.

Angesichts des Staatsversagens (Jänicke 1990) gerade in ökologischen Fragen kommt es auf zusätzliche gesellschaftliche Interventionsfaktoren und den Wettbewerb unter ihnen an. Umweltorganisationen wie Greenpeace, der Handel, die Medien, innovative Institute, das Versicherungswesen oder Consultingbüros spielen eine zunehmend wichtige umweltpolitische Rolle. Um die Handlungsressourcen dieser Akteure zu verbessern, bedarf es einer entsprechenden "Meta-Politik".

Eine Reihe von Maßnahmen der ökologischen Umorientierung wird seit langem empfohlen, andere Empfehlungen sind dem im Lichte neuerer Erkenntnisse hinzuzufügen. Zur Verdeutlichung des Handlungsfeldes langfristiger Umweltpolitik seien hier einige mögliche Maßnahmen auf unterschiedlichen Ebenen (Nationalstaat, Branchen, Unternehmen, Industriestädte) angeführt:

• Eine notwendige Voraussetzung für einen Übergang zu Gleichgewichtszuständen ist der *Verzicht auf staatliche Wachstumspolitik*. Die massive, mit öffentlicher Verschuldung verbundene Wachstumsförderung seit Beginn der 70er Jahre hat den ständigen Anstieg der Massenarbeitslosigkeit nicht verhindert und die Situation der öffentlichen Finanzen eher verschlechtert. Offensichtlich bedarf es anderer Lösungsansätze. Ökologisch aber ist die Differenz von Wachstumsraten ein Umweltpolitikum für sich: niedrige Wachstumsraten sind ökologisch eher kompensierbar als hohe. Japan hat trotz eindrucksvoller Strukturveränderungen keine absoluten Umweltentlastungen erzielt, weil das hohe Wachstumstempo diese wieder aufhob, weil der negative Mengeneffekt den positiven Technikeffekt konterkarierte. Schweden hat mit einem geringeren Strukturwandel bei geringem Wachstum z.T. vergleichsweise größere absolute Entlastungen erzielt (Jänicke et al. 1992).

• Beim staatlichen Instrumentarium wird es heute um ein breites Spektrum gehen. Dabei dürfen die immer wichtiger werdenden "weichen" Instrumente Information und Verhandlung nicht darüber hinweg täuschen, daß bisher die *staatliche Auflagenpolitik* immer noch den größten Anteil an den erzielten Umweltverbesserungen hatte. Ihr Problem sind die notorische Interventionsschwäche des Staates, die langen Zeitverzögerungen, die Tendenz zur Symptombearbeitung, die unzureichende Berücksichtigung von Innovationspotentialen und das Übermaß an Detailregelungen, das eine strategische Orientierung auf Grundprobleme erschwert.

Staatliche Handlungsschwäche gegenüber mächtigen Industrien kann durch eine bessere Nutzung des Zeitfaktors verringert werden. Zu empfehlen ist eine *Strategie der prospektiven Intervention*, sozusagen ein Ansatz des "threat and control". Eingriffe in umweltbelastende Prozesse, die kurzfristig an Widerständen der Verursacher scheitern, können mittelfristig durch einen eigendynamischen Prozeß erleichtert werden: Wird Intervention mittelfristig (nur) angekündigt, so entsteht für die Zielgruppe ein Planungsrisiko, und zwar auch dann, wenn ihre Lobbymacht zur Verhinderung der Maßnahme an sich ausreicht. Die Folge sind in aller Regel Innovationsbemühungen einzelner Verursacher zur Erhöhung von Planungssicherheit. Liegt eine Innovation vor, die der angekündigten, strengeren Norm gerecht wird, erleichtert dies deren Festsetzung. Dieses Wechselspiel von staatlicher Eingriffsankündigung, innovativer Anpassungsreaktion und hierdurch erleichterter tatsächlicher Intervention ist in vielen Erfolgsfällen von Umweltpolitik zu beobachten, ob bei der FCKW-Reduzierung oder den Abgasregulierungen für Autos (vgl. Jänicke u. Weidner 1995). Auch Greenpeace hat sich dieses Wechselspiels auf seine Weise bedient (chlorfreies Papier, FCKW-freie Kühlschränke, demnächst möglicherweise das Energiesparauto).

Häufig erhöht der staatliche Sektor seine Einflußmöglichkeiten, wenn er klare Notwendigkeiten formuliert, zunächst aber auf eigenverantwortliche Lösungen "im Schatten der Hierarchie" (Scharpf 1991) setzt und sich klar definierte Interventionen vorbehält. Innovationspotentiale werden hierdurch oft besser erschlossen.

- In der umweltwissenschaftlichen Debatte besteht nahezu Konsens über die Notwendigkeit einer strategischen Verteuerung der nicht vermehrbaren physischen und energetischen Ressourcen. Wichtigstes Mittel hierzu ist eine *ökologische Finanzreform*, die den Verbrauch von Boden, nicht erneuerbaren Energieträgern und Materialien verteuert und zugleich den Faktor Arbeit entlastet. Ansätze einer Steuerreform, die den Umweltverbrauch verteuert und zugleich den Faktor Arbeit entlastet, werden in Dänemark bereits verwirklicht. Auch von der EG wird neuerdings kritisch hervorgehoben, daß 50% des Finanzaufkommens vom Faktor Arbeit und nur 10% vom Faktor Naturverbrauch erhoben werden. Eine ökologische Finanzreform würde auch einen ökologischen Subventionsabbau einschließen, der die staatliche Förderung umweltbelastender Produktionen beendet.
- *Produktivitätssteigerung zu Lasten des Umweltverbrauchs bei Schonung des Faktors Arbeit* ist – von den fiskalischen Rahmenbedingungen abgesehen – Sache der Unternehmen, der Gewerkschaften, Tarifparteien usw. Im Kern geht es darum, die technologische Steigerung der Produktivität, die über 200 Jahre zu Lasten des Faktors Arbeit ging, künftig radikal und ähnlich langfristig auf den Ressourcenverbrauch zu konzentrieren. Die Umweltfrage muß in Zukunft immer mehr mit anderen Problemen, insbesondere denen der Massenarbeitslosigkeit und Staatsverschuldung, konkurrieren. Deshalb hat sie langfristig nur eine Chance, wenn sie integrierte Problemlösungen mit mehr als einem Gewinner anstrebt.
- In diesem Zusammenhang erhält das *betriebliche Umweltmanagement* seine hohe Bedeutung. Hier geht es nicht zuletzt um die Tatsache, daß die ökologisch relevanten Kosten eines Industriebetriebes in aller Regel höher sind als die Personalkosten. Überwiegend haben sie sogar eine stark ansteigende Tendenz. Gemeint sind die Ausgaben für Materialien, Energie, Wasser, Boden, Transport, Abfall, Versicherungen (für Haftung, Unfallrisiken etc.) und nachgeschaltete Umwelttechnik. Hier ist informationelle Steuerung insbesondere in Form des Beratungswesens eines der wichtigsten Instrumente.
- Zunehmende Bedeutung haben *ökologische Nachfragestrategien* erhalten. Bisher waren entsprechende Vorschläge und tatsächliche Verhaltensänderungen weitgehend auf den Endverbraucher und den Handel konzentriert. Umweltprobleme in Form von Ressourcenverbrauch, Emissionen, Abfällen, Transport und Lagerung entstehen aber auf allen Produktionsstufen, bis hin zu den Grundstoffindustrien (s. Abb. 3). Auch sie haben in der Regel die Option, von nicht erneuerbaren zu biotischen oder wiederverwerteten, von risikoreichen zu risikoarmen Rohstoffen überzugehen. Die ökologische Lenkungswirkung der Einkaufsabteilungen von Unternehmen könnte erheblich gesteigert werden. Hier liegen Interventionspotentiale verborgen, die das umweltpolitische Eingriffsvermögen des Staates nach Wirkungsbreite, Wirkungstiefe und Wirkungsgeschwindigkeit weit überbieten könnten. Die Attraktivität dieses Vorgehens für Unter-

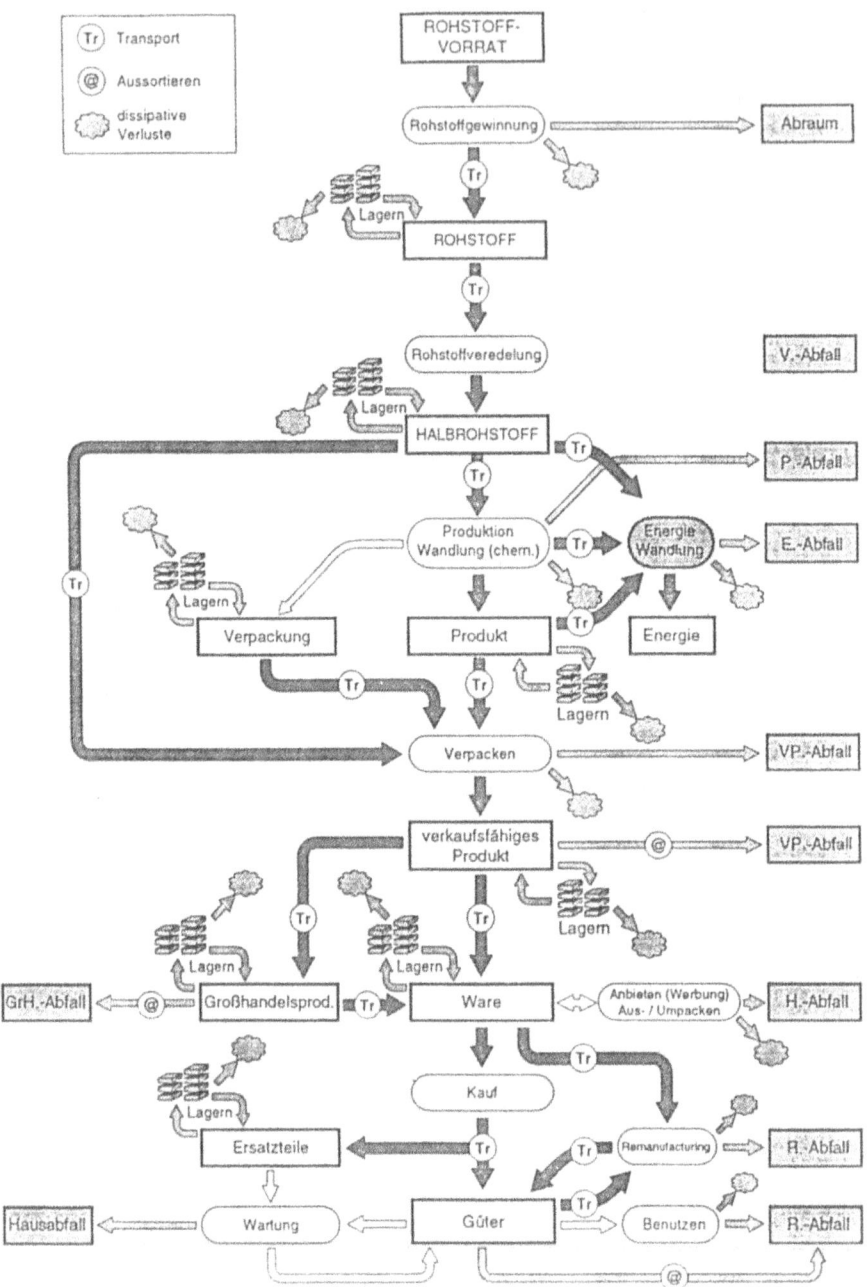

Abb. 3. Modell einer Vertikalanalyse. (Umweltbundesamt 1992)

nehmen besteht darin, daß es den ökologisch orientierten Nachfrager wenig belastet. Die Anpassungskosten und die Anpassungsrisiken trägt der Vorproduzent. Natürlich ist auch die öffentliche Nachfrage weiterhin ein wichtiges Instrument der Umsteuerung.

Instrumentelle Voraussetzung einer solchen Strategie sind Öko-Bilanzen, die die Gesamtbelastung eines Produkts von seiner Entstehung an darstellen. Input-Output-Analysen des Umweltverbrauchs von Branchen und (auf der nächsthöheren Ebene) Umweltökonomische Gesamtrechnungen wären hierbei eine wichtige Hintergrundinformation. Eine intensive Medieneinwirkung und ein aktives Beratungswesen sind hierbei unerläßlich.

• Ökologisch tragfähige Entwicklung ist ohne einen dramatischen *Strukturwandel in den Grundstoffindustrien* nicht denkbar; und diese entscheidende Problematik wird nur bewältigt werden, wenn man ihr ins Auge sieht. Bisher kam ein Strukturwandel umweltintensiver Branchen eher durch Krisenprozesse zustande als durch gezielte Umbaumaßnahmen. Er stößt nicht zufällig auf Widerstände. Gerade eine Politik der tendenziellen Entmaterialisierung muß den hier bestehenden Interessen- und Machtlagen Rechnung tragen. Eine Verdopplung der Lebensdauer eines Produkts halbiert nun einmal (unter sonst gleichbleibenden Bedingungen) die entsprechende Produktion. Die oben genannten weiteren Möglichkeiten steigern die Probleme der zuständigen Grundstoffindustrien. Dies macht eine durchdachte Strukturpolitik nötig. Hier sind soziale Abfederungen rückläufiger Branchenentwicklungen unerläßlich und Umorientierungshilfen aller Art (nach japanischer Erfahrung) möglich. Die gewollt rückläufige Entwicklung der Mineralölindustrie in wichtigen Industrieländern könnte hier einige Erkenntnisse bieten.

Schrumpfungsprozessen im Grundstoffsektor stehen Wachstumsprozesse in den zukunftsgerechteren Zweigen, in Forschung, Entwicklung, Beratung, Reparatur, Recycling und wissensintensiven Produktionen aller Art gegenüber, die als Beschäftigungsersatz gezielt anvisiert werden müssen. Vom ökologischen Strukturwandel (durch höhere Lebensdauer, höhere Nutzungseffizienz etc.) betroffene Hersteller von Fertigprodukten können ihre Chance auch darin sehen, daß sie das Produkt-Leasing mit Reparatur, Wartung, Beratung und Recycling in ihre Angebotspalette aufnehmen. Langlebige Produkte bieten durch Modulbauweise die Möglichkeit, technischen Fortschritt im Zeitverlauf weiterhin zu berücksichtigen. Ferner wird (nicht nur) der ökologische Strukturwandel durch eine starke *Diversifizierung* der Unternehmen erleichtert. Sie läßt mehr Optionen und firmeninterne Umschichtungen zu, als dies in Unternehmen der Fall ist, die mit einem einzigen Produkt stehen oder fallen.

• Strukturwandel ist nicht nur eine Angelegenheit von – befristeten – Anpassungshilfen, Lohnzuschüssen für neue Unternehmen vor Ort (statt Erhaltungssubventionen), Produktionsquoten und dergleichen. Er hat auch organisatorische Voraussetzungen. Nach bisheriger Erfahrung wird er am ehesten durch *Mechanismen der Konzertierung* und des Dialogs bewerkstelligt. "Verhandlungssysteme" (Scharpf 1991) erhalten hier erhebliche Bedeutung. Sozialtechniken der Dialogsteuerung bedürfen der Professionalisierung und sind gerade in Deutschland ausbaufähig. Nach bisherigen Erfahrungen (vor allem aus den Niederlanden) geht es darum,

- die wichtigsten Akteure und Kontrahenten in Dialogbeziehungen zu bringen,
- sie mit qualifizierten und anerkannten Analysen über absehbare Problemtendenzen zu konfrontieren,
- einen ausdiskutierten Konsens über bestehende Problemlagen und Handlungserfordernisse zu erzielen und schließlich
- Handlungsschritte der Beteiligten, einschließlich der Selbstbindung von Problemverursachern, festzulegen.

Momente von Wettbewerb und Öffentlichkeit sind hierbei wichtig. Generell dürfte der Institutionalisierung von Zukunftsdiskursen zwischen relevanten gesellschaftlichen Akteuren wachsende Bedeutung zukommen. Die normative Bindungswirkung solcher Diskurse ist vor allem eine Frage intelligenter Organisationsleistungen und aktiver Medienbeteiligung.

• Was immer die generellen Möglichkeiten einer Gleichgewichtsökonomie sein mögen – institutionelle Arrangements und Unternehmensformen, die unter geringerem Wachstumsdruck stehen, können zur Umweltstabilisierung konkret ebenso beitragen wie die *Substitution von Gütern durch Beratungsleistungen*, die funktionale Äquivalente betreffen. So haben kommunale Stadtwerke einen schrumpfenden Wasserverbrauch vergleichsweise gut verkraftet und mit Beratungsleistungen sogar gefördert. Stromversorgungsunternehmen können durch veränderte Preisaufsicht mit dem Nichtverkauf von Strom ("Negawatt") höhere Gewinne erzielen als mit einem zusätzlichen Stromangebot. Der Stromverkauf wird hierbei ersetzt durch Beratung und andere Dienstleistungen. In der Chemieindustrie ist der zumindest teilweise Ersatz von toxischen Produkten durch den Verkauf von Know-how eine Möglichkeit.

• Zur ökologisch tragfähigen Entwicklung können auch die Städte und urbanen Ballungsräume wesentlich beitragen: Das Kriterium der Stadtgemäßheit von Güterproduktion ist zugleich ein Maßstab für ökologische Tragfähigkeit. *Stadtgerechte Industrien ("urban-type industries")* sind Industrien mit geringer Material-, Energie-, Transport- und Risikointensität. Auf sie werden Ballungsräume langfristig setzen müssen, wenn sie nicht einem Zwang zur Deindustrialisierung durch Abwanderung unterliegen wollen. Hier lassen sich Imperative der Entmaterialisierung mit urbanen Standortproblemen der Industrie sinnvoll verknüpfen. Stadtgerechte Industrien sind im Gegensatz zu traditionellen Schwer- und Grundstoffindustrien wenig flächenintensiv, lassen vertikale Verdichtung zu und benötigen keine gesonderten Industrieflächen. Häufig ist sogar ihre Ansiedlung in Wohngebieten unproblematisch. Der technische Wandel hin zu wissens- und dienstleistungsintensiven Verfahren ist eine Alternative zur Auslagerung von Industrie aus den urbanen Ballungszentren (mit ihren Beschäftigungs- und Transportproblemen). Die entwickelten urbanen Zentren bieten gleichermaßen hohen Innovationsdruck und hohe Innovationspotentiale für ökologisch angepaßtere Produktionen. Sie verfügen über die entwickelteren Institutionen, über hohe Wandlungsbereitschaften, Know-how und die materiellen Bedingungen umfassender Umsteuerungen. Auslagerungen industrieller Güterproduktion aus den Zentren verringern tendenziell den unerläßlichen Innovationsdruck. Das global verallgemeinerungsfähige Industrie- und Wohlstandsmodell kann nur in den entwickelten Ballungsräumen entstehen – sonst nirgends.

Realistisch betrachtet, könnte das fast utopische und dennoch überlebenswichtige Pensum eines Übergangs zu ökonomisch-ökologischen Gleichgewichtsmodellen den Staat sehr wohl überfordern. Nach Luhmann macht die Umweltproblematik "vollends deutlich, daß die Politik viel können müßte und wenig können kann" (Luhmann 1990, S 169). Generell läßt sich ein radikaler Umbau des herkömmlichen Industrialismus ohne eine wesentliche Erweiterung der ökologischen Steuerungsmechanismen und ohne eine Stärkung der institutionellen "Infrastruktur" staatlicher und nichtstaatlicher Umweltschutzakteure kaum denken. Ohne eine entsprechende Modernisierung der Politik wird die ökologische Modernisierung mit dem Effekt tragfähiger Lösungen kaum möglich sein.

Literatur

Ayres RU, Simonis U-E (eds) (1994) Industrial metabolism – restructuring for sustainable development. United Nations University Press, New York Tokio
Bundesumweltministerium (1992) Umweltökonomische Gesamtrechnung. Bonn
Environment Agency (1992) Quality of the Environment in Japan 1992. Tokyo
Hamer G, Stahmer C (1992) Integrierte volkswirtschaftliche und Umweltgesamtrechnung (I. und II.). Z Umweltpolitik Umweltrecht 15/1 2: 85–117, 237–256
Held M (Hrsg) (1991) Leitbilder der Chemiepolitik. Stoff-ökologische Perspektiven der Industriegesellschaft. Campus, Frankfurt
Jänicke M (1990) State failure. Polity Press, Oxford
Jänicke M, Weidner H (eds) (1995) Successful environmental protection – a critical evaluation of 24 cases. edition-sigma, Berlin
Jänicke M, Mönch H, Binder M (1992) Umweltentlastung durch industriellen Strukturwandel? Eine explorative Studie über 32 Industrieländer (1970 bis 1990). edition-sigma, Berlin
Kuik O, Verbruggen H (eds) (1991) In search of indicators of sustainable development. Kluwer Academic Publisher, Boston
Luhmann N (1990) Ökologische Kommunikation – Kann die moderne Gesellschaft sich auf ökologische Gefährdungen einstellen? Westdeutscher Verlag, Opladen
Meadows D, Meadows D, Randers J (1992) Die neuen Grenzen des Wachstums. Deutsche Verlags-Anstalt, Stuttgart
Rat von Sachverständigen für Umweltfragen (1994) Umweltgutachten 1994, Stuttgart

Scharpf FW (1991) Die Handlungsfähigkeit des Staates am Ende des zwanzigsten Jahrhunderts. Politische Vierteljahresschrift 4: 621–634
Schmidt-Bleek F (1994) Wieviel Umwelt braucht der Mensch? MIPS – Das Maß für ökologisches Wirtschaften. Birkhäuser, Berlin
Schütz H, Bringezu S (1993) Major material flows in Germany. Fresenius Env Bull 2/8: 442–448
Steurer A (1994) Stoffstrombilanz Österreich 1970–1990. Wien (Schriftenreihe Soziale Ökologie des Interuniversitären Instituts für interdiziplinäre Forschung und Fortbildung – IFF, Band 34)
Umweltbundesamt (1992) Ökobilanzen für Produkte. Bedeutung–Sachstand–Perspektiven. Texte Umweltbundesamt Nr. 38/92, Berlin
Weterings RAPM, Opschoor JB (1992) The Ecocapacity as a challenge to technological development. Advisory Council for Research on Nature and Environment (RMNO). Rijswijk (RMNO Publication No. 74a)
Zieschank R, Nouhuys J, Ranneberg T, Mulot J-J (1993) Vorstudie Umweltindikatorensysteme. Wiesbaden (Beiträge zur Umweltökonomischen Gesamtrechnung, Heft 1, Hrsg. v. Statistischen Bundesamt)

Klimaschutzpolitik als CO_2-Minderungspolitik

Lutz Mez

1 Einführung

Die Emission von Treibhausgasen in Industrie- und Entwicklungsländern, Waldvernichtung und Wüstenbildung bergen die Gefahr einer Klimaveränderung in sich und sind, sowohl was die Ursachen als auch was die möglichen Folgen betrifft, ein globales Problem. Bei einem die ganze Welt betreffenden Problem muß die Lösung auch mit einer gemeinsamen Strategie in Angriff genommen werden. Aber haben alle Staaten überhaupt ein gemeinsames Interesse an der Vermeidung des Treibhauseffekts? "Während die CO_2-Konzentration global gleichmäßig zunimmt, werden die Klimaeffekte und die daraus entstehenden Probleme gerade auf der kontinentalen, regionalen und sogar lokalen Ebene spürbar und politisch relevant" (Fischer u. Häckel 1987, S 292). Divergierende Interessen existieren nicht nur auf der internationalen Ebene, sondern auch innerhalb von Staaten mit verschiedenen Klimazonen. Zudem sind die spezifischen CO_2-Emissionen aufgrund des Anteils fossiler Energieträger am Energieverbrauch selbst in den Industrieländern höchst unterschiedlich (s. Abb. 1).

Hinter diesen Emissionen verbergen sich Interessenkonflikte, die sich jedoch nur lösen lassen, wenn ein objektives Problem gegeben ist und als solches wahrgenommen wird, wenn alle in erheblichem Ausmaß davon betroffen sind und nur wenn eine Problemlösung möglich ist, die für Konflikte über die Strategie oder Kostenverteilung keinen Raum bietet.

Noch 1987 prognostizierten Energieforscher, daß bei der Festlegung nationaler und internationaler Energiestrategien die Reduktion der CO_2-Emissionen in die Atmosphäre kein "bestimmender Faktor" (Fischer u. Häckel 1987, S 297) werde. Diese Prognose war offensichtlich verfehlt. Seit Ende der 80er Jahre bestimmt der Klimaschutz die energie- und umweltpolitische Tagesordnung zumindest in den westlichen Industrieländern. Die drohende Klimaveränderung ist zu einem Politikum geworden. Der CO_2-Ausstoß und die Konzentration von CO_2 in der Atmosphäre wurden zur Meßlatte über Erfolg in der Umweltpolitik. Die Regierungen haben Programme zur Minderung der CO_2-Emissionen aufgelegt und Initiativen zur Realisierung einer "neuen" Energiepolitik ergriffen.

Wesentliche Elemente dieser neuen Energiepolitik sind, neben der Energieeinsparung und der Umorientierung von der Energieversorgung auf

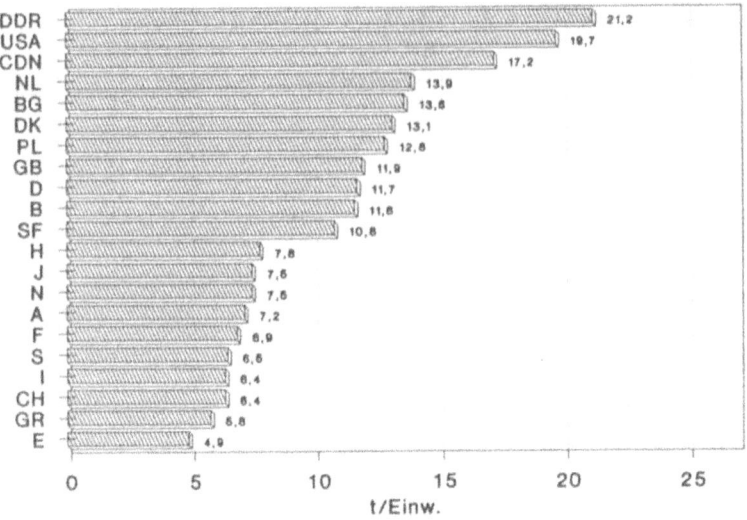

Abb. 1. CO_2-Emissionen 1986 (in Tonnen pro Einwohner)

das Erbringen von Energiedienstleistungen, die Substitution fossiler durch erneuerbare Energiequellen. Eine auf Klimastabilisierung ausgerichtete Energiepolitik muß in erster Linie nachfrageseitige Energieressourcen erschließen. Damit ist auch eine Verlagerung des Ansatzpunktes zur Steuerung von Energiepolitik verbunden. Während traditionelle Energiepolitik auf die Angebotsseite (d.h. auf verschiedene Energieträger, wie z.B. "weg vom Öl") konzentriert war, muß die neue Energiepolitik Steuerungseffekte auf der Nachfrageseite (d.h. bei der Nutzung von Energie durch Energiedienstleistung) erbringen. Dazu müssen neue Institutionen geschaffen, Strategien und Maßnahmen erfunden, kombiniert und umgesetzt werden, die sowohl aus "harten" als auch "weichen" Politikinstrumenten bestehen.

Insbesondere auf der internationalen Ebene sind "weiche" Instrumente wie Konventionen oft die einzige Möglichkeit, die angestrebten Ziele zu erreichen. Die Enttäuschung über die Ergebnisse der Weltkonferenz der Vereinten Nationen über Umwelt und Entwicklung im Juni 1992 in Rio de Janeiro war groß, weil keine politische Wende erfolgte und politische Entscheidungsträger faktisch keine wirklichen Neuorientierungen anstrebten. Dennoch ist die Rio-Konvention, bis zum Jahr 2000 die CO_2-Emissionen des Jahres 1990 zu stablisieren, ein Schritt in die richtige Richtung. Daraus könnte sich wie bei den Konventionen über das Ozonproblem eine Dynamik ergeben, die Jahr für Jahr schärfere Anforderungen und kürzere Zeiträume zur Effüllung zur Folge hat.

Gegenwärtig sind 6 technische Lösungsstrategien zur Verminderung der CO_2-Emissionen in der Diskussion (Tabelle 1).

Tabelle 1. Strategien zur Verminderung der CO_2-Emissionen (Grießhammer et al. 1989, S 97)

1 Reduktion durch Energieeinsparung (Effizienz, Verhaltensänderung, Konsumverzicht)
2 Reduktion durch erneuerbare Energien/Solartechnik
3 Reduktion durch Atomenergie
4 Reduktion durch Substitution mit weniger CO_2-emittierenden fossilen Energieträgern (z.B. Gas statt Braunkohle)
5 Reduktion durch Emissionszurückhaltung
6 Fixierung von CO_2 durch zusätzliche Biomasse (z.B. Wiederaufforstung)

Fossile Brennstoffe sind nicht regenerierbar. Da die fossilen Ressourcen begrenzt und die Reserven je nach Höhe der Verbrauchsraten in absehbaren Zeiträumen erschöpft sind, müssen Substitutionsstrategien Priorität haben.

Die Vergrößerung der CO_2-Senken durch den zusätzlichen Anbau von Biomasse ist angesichts der enormen Emissionsmengen (pro Tag emittieren die Kraftwerke, Schornsteine und Auspuffe weltweit 60 Mio. t CO_2) kaum realisierbar, zumal dieser CO_2-Absorptionseffekt mit der Vernichtung der tropischen Regenwälder und dem "Waldsterben" sowie der Zerstörung von Wald- und Forstflächen aufgerechnet werden muß. Das Herausfiltern von CO_2 aus den Rauchgasen ist zwar technisch möglich, wirtschaftlich aber nicht vertretbar. Derartige End-of-pipe-Lösungen sind zudem reaktiv und lösen nicht das Problem der Verschwendung fossiler Energieträger.

Die Nutzung von Erdgas ist zwar geeignet, kurzfristig hohe Emissionen zu senken; langfristig ist diese Strategie aber nicht tragfähig, da die Reserven durch die Ausweitung der Erdgasnutzung noch schneller erschöpft werden – sie kann nur als Übergangsstrategie gelten. Kurzfristig gilt dies auch für die Nutzung sonstiger fossiler Energieträger, sofern die Effizienz der Umwandlungstechnik entsprechend gesteigert werden kann.

Die Atomstrategie ist in den meisten Industrieländern nicht mehr sozialverträglich und im Vergleich zu anderen Energietechniken zu teuer, zumal die Atommüllfrage nicht gelöst ist. Sie wird nur noch von jenen Ländern verfolgt, die eine eigene Atomindustrie haben, über ausreichend Kapital verfügen und wo die realen Kosten wegen militärischer Interessen nicht offengelegt werden. Wegen der begrenzten Uranreserven wäre diese Strategie auch nur bei der Nutzung von Schnellen Brütern als Übergangsstrategie denkbar.

Damit bleiben als Strategien lediglich die Energieeinsparung und der Übergang zu erneuerbaren Energiequellen. Das Problem der Klimabedrohung kann langfristig nur durch eine Kombination dieser beiden Strategien gelöst werden. Die Realisierbarkeit hängt jedoch von der Entwicklung der "nachfrageseitigen Ressourcen", d.h. von Maßnahmen ab, die zur Umsetzung der technisch-wirtschaftlichen Potientiale eingesetzt werden. 4 Faktoren bestimmen die Möglichkeiten der Energieeinsparung (Krause 1991, S 166):

- Das Technologieniveau (kommerziell verfügbar, Prototypen und Demonstrationsanlagen, voraussehbare Weiterentwicklungen, Umsetzung von Grundlagenforschung),
- der Zeithorizont (technische Lebensdauer, Planungszeiträume),
- Wirtschaftlichkeitskriterien (Investitionsbewertung nach volks- und betriebswirtschaftlichen Kriterien),
- Markteingangsbarrieren (bestehende Preisverzerrungen sowie Programme zur beschleunigten Markteinführung).
- Erfahrungen aus den USA und Europa zeigen, daß zur Verwirklichung von Einsparpotentialen die Kombination von Effizienzstandards und Anreizprogrammen besonders effektiv sind.

2 Die Entwicklung des Weltenergieverbrauchs und die Rolle der Energiekonzerne

Zwischen 1860 und 1985 ist der globale Primärenergieverbrauch um das 60fache gestiegen. Der Energieverbrauch nahm, trotz Kriegen, Wirtschaftskrisen, Inflationen und technischem Wandel, unaufhaltsam zu. Die Industrieländer verbrauchen den Großteil der Energie – Europäer im Durchschnitt 10- bis 30mal, Nordamerikaner sogar 40mal mehr kommerzielle Energie als ein Bewohner der Dritten Welt (Meadows et al. 1992, S 94).

Die Welt-Energiekonferenz errechnete 1989, daß der Energieverbrauch bis zum Jahr 2020 – bei anhaltendem Wachstum von Bevölkerungszahl und Industriekapital – um weitere 75% steigen werde. Alle traditionellen Prognosen für die Entwicklung des Weltenergieverbrauchs erwarten, daß dieser weiter ansteigt. Die EU-Kommission geht für den Zeitraum 1987–2010 von einem Zuwachs von 62% bzw. 2,1% pro Jahr aus, die Internationale Energieagentur für die Periode 1989–2001 von einer Verbrauchssteigerung um 43% bzw. 2,2% pro Jahr. Als entscheidender Verursachungsfaktor für diesen Trend wird der Bedarf in den Entwicklungsländern angesehen – Bevölkerungszuwachs und industrieller Nachholbedarf; aber auch für einige Industrieländer werden geringe Wachstumsraten beim Energieverbrauch prognostiziert. In diesen Prognosen findet eine nennenswerte Substitution von fossilen Energien durch erneuerbare Energiequellen nicht statt. Strukturveränderungen sind vor allem dem steigenden Erdgasverbrauch zuzuschreiben.

Transnationale Unternehmen sind die zentralen Akteure der Weltenergiewirtschaft. Sie kontrollieren nicht nur den Weltmarkt von Energieträgern, sondern auch in den Industrie- und Entwicklungsländern Produktion, Umwandlung und Verteilung von Energie. Die Energiekonzerne investieren jährlich Milliardenbeträge in die Infrastruktur der Energieversorgung und sind der größte private Investor. Hunderttausende von Mitarbeitern und

Klimaschutzpolitik als CO_2-Minderungspolitik 141

ihre Gewerkschaften vertreten das Interesse der Energiewirtschaft und sind häufig symbiotisch mit der Politik verflochten. Kurzum, die Energiekonzerne üben auf der ökonomischen, politischen und informationellen Ebene einen entscheidenden Einfluß bis hin zur Vetomacht aus. Somit stellen die gewachsenen Machtlagen in der Energiepolitik das wesentliche strukturelle Hindernis dar. Dennoch gibt es Versuche, die Interessenlagen in der Energiewirtschaft nachhaltig zu verändern und in einer Perspektive von 30–50 Jahren ein Energiesystem zu realisieren, das vor allem auf erneuerbare Energieträger setzt.

Im internationalen Vergleich sind bisher nur in Dänemark und Deutschland die CO_2-Emissionen rückläufig. Am Beispiel der CO_2-Reduktionspolitiken dieser Länder wird im folgenden skizziert, welche Strategien eingeschlagen und welche institutionellen Veränderungen erfolgt sind bzw. angestrebt werden sowie welche Maßnahmen bzw. Politikinstrumente von den Akteuren der Klimaschutzpolitik bisher faktisch angewandt wurden.

3 Dänemark – Synergie am Werk

Dänemark gilt weltweit als Vorreiter für eine fortschrittliche Energie- und Umweltpolitik (vgl. z.B. Krawinkel 1991; Mez 1994). Neben Japan und der Schweiz ist es heute das Industrieland mit dem niedrigsten spezifischen Energieverbrauch.

Seit der Ölpreiskrise von 1973 hat die dänische Energiewirtschaft einen bemerkenswerten Wandel durchgemacht. Der Primärenergieverbrauch ging zurück, und auch die Struktur änderte sich grundlegend (s. Abb. 2). Dänemark hatte Anfang der 70er Jahre mit 93% sowohl den höchsten Ölanteil als auch die größte Importabhängigkeit der Industrieländer, denn nur 1% des Primärenergieverbrauchs wurde aus heimischen Quellen gedeckt. Seit Anfang der 80er Jahre fördert Dänemark Öl und Gas und erreichte 1991 bei diesen Energieträgern die volle Selbstversorgung. Prognosen des Energieministeriums besagen, daß gegen Ende der 90er Jahre fast der gesamte Primärenergieverbrauch durch heimische Energiequellen gedeckt werden kann.

Die Ziele der dänischen Energiepolitik waren die Verbesserung der Versorgungssicherheit durch Ausbau der heimischen Öl- und Gasförderung, die Senkung des Energieverbrauchs durch Energieeinsparung und Erhöhung der Energieeffizienz sowie die verstärkte Nutzung erneuerbarer Energiequellen. Diese Ziele wurden in den Energieplänen von 1976 und 1981 formuliert und durch neue Institutionen und Politikinstrumente umgesetzt. Eine Energieagentur wurde als Ausführungsorgan gegründet und 1979 dem neu geschaffenen Energieministerium zugeordnet. Die ehrgeizige Fernwärmepolitik – heute wird bereits die Hälfte der dänischen Haushalte

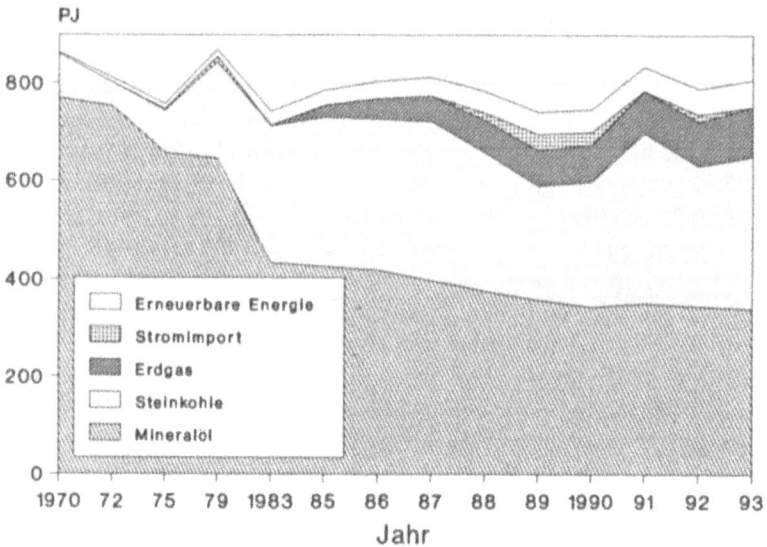

Abb. 2. Primärenergieverbrauch in Dänemark nach Energieträgern 1970–1993. (Energi Nyt 1993)

mit Fernwärme versorgt – wurde auf der Grundlage des Wärmeplan-Gesetzes von 1979 durch regionale und kommunale Wärmepläne vorangetrieben. In den Wärmeplänen werden die besten sozioökonomischen Systeme für Raumheizung und Warmwasser, zur Verminderung der Ölabhängigkeit und zur Entkopplung von Energieverbrauch und Wirtschaftswachstum geprüft. Die Verbindlichkeit der Wärmeplanung entspricht etwa der Bauplanung in Deutschland. Die Kommunen können den Anschluß an Fernwärme- bzw. Erdgasnetze erzwingen. 1990 wurde das Wärmeplan-Gesetz novelliert, um sicherzustellen, daß in Zukunft der Großteil der Wärme in Kraft-Wärme-gekoppelten Anlagen gemeinsam mit Elektrizität erzeugt wird. Alle Heizwerke, die größer als 1 MW sind, müssen auf Kraft-Wärme-Kopplung (KWK) umgestellt werden, wobei auch der eingesetzte Brennstoff vorgeschrieben werden kann.

Im April 1990 legte der dänische Energieminister den neuen Energieplan "Energie 2000. Aktionsplan für eine tragfähige Entwicklung" vor. Die Regierung will bis zum Jahr 2005 die CO_2-Emissionen gegenüber dem Basisjahr um fast 30% senken und in diesem Zusammenhang auch die SO_2- und NO_x-Emissionen um etwa 60% bzw. 50% reduzieren. Diese Ziele sollen vorwiegend mit einer Energieeinsparpolitik erreicht werden. Das dänische Aktionsprogramm soll bis zum Jahr 2005 eine 15%ige Senkung des Primärenergieverbrauchs und eine Veränderung der Struktur bewirken. Die Anteile von Erdgas und den erneuerbaren Energiequellen werden zulasten von Kohle und Öl kräftig wachsen (s. Abb. 3).

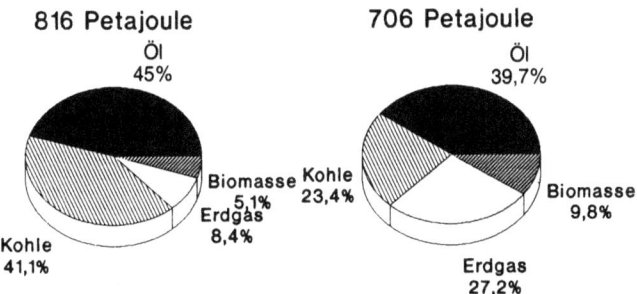

Abb. 3. Primärenergieverbrauch in Dänemark; Struktur nach Energieträgern 1988 und 2005. (Energistyrelsen 1993)

Besonderes Gewicht wird auf eine Verringerung des Stromverbrauchs gelegt. Um eine effektivere Stromnutzung auf allen Sektoren zu erreichen, wurde ein Rat für Elektrizitätseinsparungen geschaffen. In ihm sind die Energieagentur und die Elektrizitätswirtschaft ebenso vertreten wie Hersteller von Elektrogeräten und Verbraucherorganisationen.

Das dänische Aktionsprogramm entwickelt auf 4 Gebieten Initiativen:

- Energieverbrauch,
- Veränderung des Versorgungssystems,
- Anwendung umweltverträglicher Energiequellen sowie
- Forschung und Entwicklung.

Im Wohnungssektor gelten seit 1993 für Neubauten verschärfte Wärmedämmnormen, die den Wärmebedarf auf 75% der vorher gültigen Norm reduzieren. Die Wärmeanlagen in Neubauten werde für den Niedrigtemperaturbetrieb ausgelegt, damit Solarwärmeanlagen eingesetzt werden können. Spätestens im Jahr 2000 sollen die Normen noch einmal auf 50% des heutigen Wärmebedarfs verschärft werden. Auch beim Gebäudebestand werden die Energiestandards erheblich verbessert. Ferner wurde die Normung und Verbrauchskennzeichnung der elektrischen Haushaltsgeräte durch eine Verordnung geregelt, deren Ziel es ist, dem Verbraucher einen Vergleich des Stromverbrauchs der auf dem Markt verfügbaren Geräte zu ermöglichen.

In Fernwärmegebieten wird ein Anschlußgrad von 90–95% aller Gebäude für möglich gehalten. In Erdgasgebieten sollen im Laufe von 10–15 Jahren 70–80% der Gebäude mit Erdgas versorgt werden.

Die Nutzung von Biomasse in dezentralen KWK-Anlagen soll von 36 PJ auf etwa 50 PJ erhöht werden (1 Petajoule = 10^{15} Joule). Das Ressourcenpotential wurde mit rund 130 PJ ermittelt. Ein Biomasseaktionsplan soll die zügige Erschließung dieser Ressourcen sichern. Kräftig ansteigen soll die Nutzung der Solarwärme. Die jährliche Sonneneinstrahlung beträgt in Dänemark 150,000 PJ, rund 200mal mehr als der gegenwärtige Primärenergieverbrauch. Solarkollektoren können bis zu 40% der Heizwärme und des Warmwasserbedarfs der Haushalte abdecken. Stark ansteigen wird die Stromproduktion in Heizkraftwerken und Windanlagen. Im Jahr 2005 sollen Windkraftwerke mit einer Gesamtleistung von rund 1500 MW in Betrieb sein, die pro Jahr rund 3 TWh Strom produzieren. Die CO_2-Emissionen können bis zum Jahr 2005 durch die Umstellung auf Gas um 23% vermindert werden (s. Abb. 4).

Neben dem Instrument der *Verbrauchsnorm* wird vor allem auf monetäre Instrumente wie *Steuern*, *Abgaben* und *Tarife* gesetzt. Als eines der ersten Länder in der EG hat Dänemark zu den Energiesteuern auch eine CO_2-Abgabe eingeführt. Die Stromsteuer wird als Endverbrauchersteuer auf alle Arten der Stromproduktion erhoben. Dagegen betrifft die Wärmesteuer den Einsatz von Kohle und Öl. Erdgas und Biobrennstoffe sind steuerfrei. Allerdings ist der Erdgaspreis an den Ölpreis – einschließlich Steuern – gekoppelt. Das Folketing (dänisches Parlament) verabschiedete 1992 eine Reihe von Gesetzen, die als "CO$_2$-Paket" bezeichnet werden. Pro Tonne CO_2 werden 100 DKK (26 DM) als Abgabe erhoben. Verbunden damit ist eine Reihe von Subventionen und eine Anpassung der vorhandenen Energiesteuern. Die Unternehmen erhalten demnach steuerliche Vergünstigungen, die in der Praxis zu einer faktischen Abgabe von 35 DKK führen. Diese Abgabe soll in den kommenden Jahren um das 6fache auf 200 DKK steigen. Ziel der CO_2-Abgabe ist es, die Preisrelationen zwischen verschiedenen Energieträgern zu verändern. Fossile Energieträger wie Kohle sollen teurer, weniger umweltbelastende wie Erdgas billiger werden. Die Modernisierung der Fernwärmenetze wird mit 1 Mrd. DKK (260 Mio. DM) subventioniert. Strom aus erneuerbaren Energiequellen oder aus

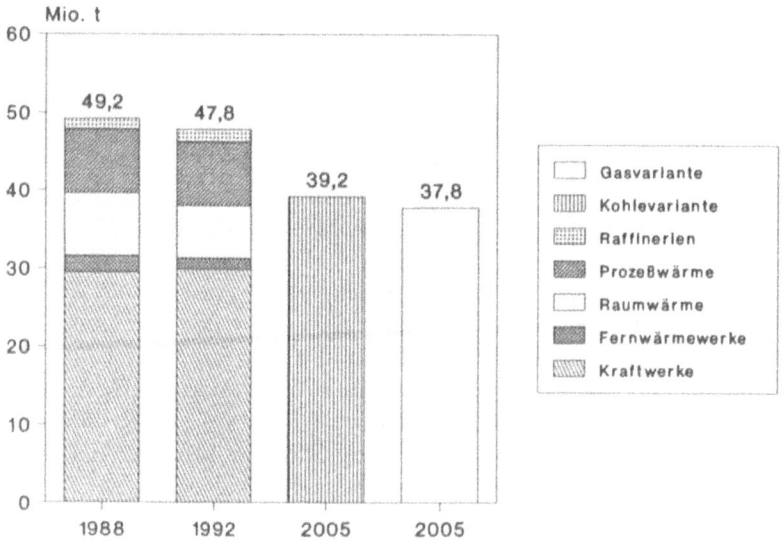

Abb. 4. CO_2-Emissionen in Dänemark; Entwicklung ohne Verkehrssektor. (Energi Nyt 1993)

erdgasgefeuerten KWK-Anlagen wirk mit 100 DKK/MWh (26 DM/MWh) bezuschußt. Betreiber von Anlagen, die Biogas, Stroh oder Holzabfälle nutzen, erhalten einen Zuschuß von 170 DKK/MWh (44,20 DM/MWh). Inzwischen ist bei kleinen KWK-Anlagen wie Blockheizkraftwerken (BHKW) ein regelrechter Boom zu verzeichnen. Durch die Zuschüsse verbessert sich die Wirtschaftlichkeit dieser Anlagen deutlich, und KWK wird auch für industrielle Anwender interessant.

Im Januar 1993 kam eine Mitte-Links-Regierung an die Macht. Sie will die wirtschaftlichen Probleme vor allem mittels einer Steuerreform lösen, die mit einer "grünen Politik" verbunden ist. Knappe Ressourcen sollen besteuert und der Faktor Arbeit entlastet werden. Im Juni 1993 verabschiedete das Folketing diese "ökologische Steuerreform". Die neuen grünen Abgaben treffen vor allem die Haushalte. Die Struktur des Steueraufkommens ändert sich: Der Anteil der Einkommensteuer wird innerhalb von 5 Jahren mehr als halbiert und der Anteil der grünen Abgaben steigt von 10 auf 15 % an. Grüne Steuern sind in Dänemark nichts Neues. 1993 nahm der Staat an Umwelt- und Energiesteuern bereits rund 33 Mrd. DKK (8,2 Mrd. DM) ein. Neu dagegen ist, daß das Umweltsteueraufkommen in den nächsten 5 Jahren in einem bisher unbekannten Tempo angehoben wird. Bei unverändertem Verhalten bei Energie- und Wasserverbrauch verfünffachen sich die Kosten für grüne Abgaben in verschiedenen Haushaltstypen. Für den Bereich der Wirtschaft wird über ein weiteres Abgabenpaket verhandelt. Dennoch steht die Vernetzung der verschiedenen Aktivitäten und Instrumente, d.h. die Umsetzung der grünen Politik, auch in Dänemark noch am Anfang.

4 Bundesrepublik Deutschland – ein umweltpolitischer Vorreiter?

In Deutschland sind seit Jahren mehrere Akteure in der Klimaschutzpolitik aktiv. Die Enquete-Kommission "Vorsorge zum Schutz der Erdatmosphäre" hat mit ihren Berichten international bedeutsame Vorarbeiten zur Eindämmung des Ozonabbaus in der Stratosphäre und des Treibhauseffekts sowie zur Erhaltung der tropischen Regenwälder geleistet. Von ihr stammt auch die Empfehlung, zur Verwirklichung des Klimaschutzes eine neue Energiepolitik einzuleiten. Die Bundesregierung hat mit ihren Beschlüssen vom 13. Juni und 7. November 1990 sowie vom 11. Dezember 1991 als nationales Ziel eine 25- bis 30%ige Reduktion der energiebedingten CO_2-Emissionen bis 2005, bezogen auf den Ausstoß im Basisjahr 1987, formuliert und die "Interministerielle Arbeitsgruppe CO_2-Reduktion" eingesetzt, die dem Bundeskabinett einen Bericht zum Gesamtkonzept vorlegen muß.

Zwischen 1987 und 1992 sind die CO_2-Emissionen in Deutschland von 1064 Mio. t um 154 Mio. t auf 910 Mio. t (−14,5%) zurückgegangen (s. Abb.

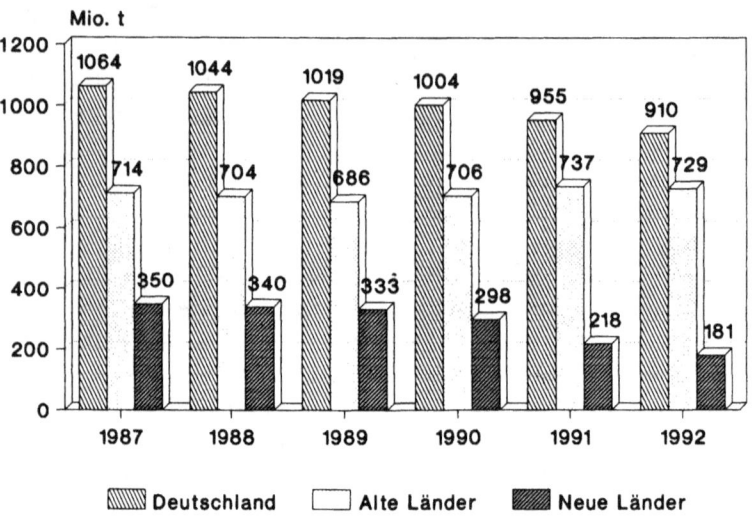

Abb. 5. CO_2-Emissionen in Deutschland seit 1987. (BMWi 1993)

5). In den neuen Bundesländern sanken die CO_2-Emissionen pro Einwohner von 20,6 t auf 11,2 t (−44,3%). Die Ursachen dafür liegen keineswegs nur in der wirtschaftlichen und demographischen Entwicklung. Nach Ansicht der Bundesregierung ging "der CO_2-Ausstoß... wegen des wirtschaftlichen Zusammenbruchs, des erheblichen Bevölkerungsrückganges (um eine Million) sowie der inzwischen greifenden Maßnahmen zur Modernisierung in Industrie, Gewerbe und Privathaushalten um 50% zurück" (Schafhausen 1994, S 26).

In den alten Bundesländern hat die Bevölkerung im Zeitraum 1987–1992 um 4,1 Mio. Einwohner zugenommen, und auch das Bruttoinlandsprodukt wuchs um 20,6%. Die energiebedingten CO_2-Emissionen stiegen jedoch nur um 2,1% an. Pro Kopf sanken sie dagegen um 4,3%. Trotz dieser Entwicklung ist der Rückgang "kaum auf ein 'Greifen' bereits eingeleiteter Reduktionsmaßnahmen von Bund und Ländern, sondern auf die milden Winter und auf den Umstrukturierungsprozeß in der Industrie der neuen Bundesländer zurückzuführen" (Bundesumweltministerium 1993b, S 68). Inzwischen sind von der Bundesregierung eine Reihe von Einzelmaßnahmen zur Umsetzung des CO_2-Minderungsprogramms verabschiedet worden bzw. in Kraft getreten (s. Tabelle 2). Diese Maßnahmen zielen zum Teil auf die direkte Verminderung der CO_2-Emissionen (z.B. Förderprogramm Windenergie, Wärmeschutzverordnung) oder auf eine Verbesserung der Rahmenbedingungen und den Abbau von Restriktionen (z.B. Stromeinspeisungsgesetz, Bundestarifordnung Elektrizität). Im Rahmen des CO_2-Minderungsprogramms der Bundesregierung befinden sich folgende weitere Maßnahmen in der Bearbeitung (s. Tabelle 3).

Tabelle 2. Von der Bundesregierung verabschiedete und in Kraft getretene Maßnahmen zur Umsetzung des CO_2-Minderungsprogramms. (Bundesumweltministerium 1993b, S 71)

Jahr	Maßnahme	Wirkung
1990	Bundestarifordnung Elektrizität	Erhöhung der Verbrauchsabhängigkeit der Stromtarife
1989–95	Förderprogramm Windenergie	Demonstrationsanlagen mit einer Gesamtleistung von 250 MW
1990–93	Förderprogramm Photovoltaik	Förderung von 1250 kleinen, dezentralen PV-Anlagen
1991	Stromeinspeisungsgesetz	Verpflichtung der EVUs zur Abnahme von eingespeistem Strom aus. erneuerbaren Energien und Festlegung einer Mindestvergütung
1990–99	Einigungsvertrag, Ökologischer Sanierungsplan in den NBL, Programm Aufschwung Ost	Sanierungsmaßnahmen im industriellen Bereich, stufenweise Anwendung der Immissionsschutzbestimmungen der ABL
1992–95	Bund-/Länderprogramm Fernwärme in den NBL	Modernisierung und Sanierung der Fernwärmenetze in den NBL, Schwerpunkt KWK
1992	Steueränderungsgesetz	Steuerpräferenz für KWK
1992	Programm Energiediagnose für Gebäude	Zuschüsse für Energiediagnosen im Gebäudebereich
	Beratungsprogramm für KMU	Unterstützung kleiner und mittlerer Unternehmen zur Optimierung der betrieblichen Energieversorgung
	ERP-Kredit-Programm für KMU	Kredite für rationelle Energienutzung und erneuerbare Energien in kleinen und mittleren Unternehmen
	Umweltzeichen	Ausweitung der Vergabe auf Produkte mit besonders rationellem Energieeinsatz und Einsatz von erneuerbaren Energien
1991	Verpackungsverordnung	Rücknahme- und Verwertungspflicht von Verpackungen
1992	TA Siedlungsabfall	Abfallvermeidung und getrennte Abfallverwertung, energetische Nutzung von Deponiegas
1993	Abfall- und Kreislaufwirtschaftsgesetz	Festlegung der Rangfolge: Vermeidung, stoffliche Verwertung, thermische Behandlung und Verwertung, Entsorgung
1993	Heizungsanlagenverordnung	Novellierung mit Anpassung an die fortschrittliche Technik
1993	Wärmeschutzverordnung	Novellierung und Festlegung verringerter Verbrauchswerte
	Aufforstung	Erstaufforstungsprämien
1991 und 1994	Mineralöl- und Erdgassteuer	Anhebung der Mineralölsteuer (ab 1.1.1994 16 Pf/l bei Benzin und 7 Pf/l bei Diesel) und Erhebung einer Erdgassteuer

Tabelle 3. Von der Bundesregierung geplante Maßnahmen zur Umsetzung des CO_2-Minderungsprogramms. (Bundesumweltministerium 1993b, S 72)

Maßnahme	Wirkung
Kleinfeuerungsanlagen-Verordnung	Verschärfung der Vorschriften für kleine Feuerungsanlagen
Wärmenutzungs-Verordnung	Genehmigungspflicht für Wärmenutzungskonzepte gewerblicher und industrieller Anlagen. Nutzungspflicht für wirtschaftlich nutzbare Abwärme
Freiwillige Selbstverpflichtung energieintensiver Industriezweige	Erste Gespräche mit sechs Industriezweigen im Winter 1992/93
CO_2-/Energiesteuer	EG-weite Regelung angestrebt
Energiewirtschaftsgesetz	Erweiterung des Zielkatalogs um Umweltschutz und Ressourcenschonung. Abbau bisheriger gesetzlicher Hemmnisse der rationellen Energienutzung
HOAI-Novelle	Ergänzung der Honorarordnung für Architekten und Ingenieure um "Besondere Leistungen" zur Motivierung der Planer zur rationellen Energieverwendung und Nutzung erneuerbarer Energien
Energieverbrauchs-Kennzeichnungsgesetz	Kennzeichnungspflicht von Haushaltsgeräten mit Angaben über den Energieverbrauch
Kraftfahrzeugsteuer	Umwandlung der KFZ-Steuer in eine schadstoffabhängige Steuer mit CO_2-Komponente
CO_2-Richtwerte bei Kraftfahrzeugen	Festlegung von CO_2-Richtwerten bei KFZ, zur Reduzierung des Verbrauchs, z.B. bei PKW auf 5 bis 6 l/100 km bis 2005
Verkehrsabgaben	Autobahn-Vignette

Neben diesen Maßnahmen auf Bundesebene haben auch die Bundesländer und Kommunen Maßnahmen zur Reduzierung der CO_2-Emissionen eingeleitet. Die Hälfte der Bundesländer hat Energiekonzepte erstellt, die sich am Ziel der CO_2-Reduktion orientieren. Erneuerbare Energiequellen und die rationelle Energienutzung wird durch entsprechende Programme gefördert: Biogas in 10, Deponie- und Klärgas in 7 sowie die Nutzung von Holz und Stroh in 9 Bundesländern (Haage u. Bansamir 1993). Ferner sind auf Länderebene Energieagenturen entstanden, die Energieeinsparprojekte initiieren und betreuen.

Auf der kommunalen Ebene sind mehr als 70 deutsche Städte und Gemeinden dem Klimabündnis europäischer Städte zum Erhalt der Erdatmosphäre beigetreten. Über 200 europäische Städte wollen bis zum Jahr 2010 ihren CO_2-Ausstoß halbieren. Zu diesem Zweck werden CO_2-Minderungskonzepte erarbeitet.

Der Bundesverband der Deutschen Industrie (BDI) plädiert für einen Verzicht auf ordnungsrechtliche Anforderungen wie die geplante Wärmenutzungsverordnung und abgabenpolitische Regelungen und bietet stattdessen branchenbezogene Selbstverpflichtungserklärungen der Wirtschaft zum

Klimaschutz an. Im Winter 1992/93 haben auf Bundesebene erste Gespräche mit 6 energieintensiven Branchen stattgefunden.

Die deutschen Energiekonzerne vollziehen langsam den Wandel in Richtung Energiedienstleistungen nach, den die Branche in den USA bereits in den 80er Jahren durchgemacht hat. Sie verstärken das Beratungsangebot und bieten "Contracting" (d.h. Betreibermodelle) und andere Finanzierungsformen für den Betrieb von modernsten Energieumwandlungsanlagen an.

Als energiepolitische Option wird inzwischen die Kompromißbildung durch Dialoge zwischen den Hauptakteuren für notwendig gehalten. In der Folge einer solchen Konzertierung kann, bei Repräsentation der Antagonisten in neuen Gremien bzw. Institutionen, eine Integration der neuen Konfliktfronten und eine Politisierung der Energiewirtschaft eintreten. Voraussetzung dafür sind jedoch radikale Veränderungen der Rahmenbedingungen auf der politischen, ökonomischen und informationellen Ebene.

5 Fazit

Zwischen den formulierten Programmen und dem bisher Erreichten klaffen noch riesige Lücken. Der Ankündigung von Stabilisierung oder Reduktion der CO_2-Emissionen sind bisher kaum entsprechende Taten gefolgt. Ferner muß in der Energiepolitik ein Richtungswechsel von der angebotsorientierten Philosophie hin zur Effizienzrevolution erfolgen. Selbst für Dänemark muß konstatiert werden, daß es noch wesentlicher Anstrengungen bedarf, wenn die 20-%-Zielsetzung bei den CO_2-Emissionen realisiert werden soll. Der für den CO_2-Ausstoß besonders bedeutsame Stromverbrauch wuchs 1990-1993 doppelt so stark wie im Reduktionsszenario vorgesehen. Da der Aktionsplan zudem nur drei Viertel des gesamten dänischen Energieverbrauchs abdeckt – das restliche Viertel betrifft den Verkehr, für den bis 2005 nur eine Stabilisierung angestrebt wird –, müssen hier deutlich mehr als 20% der CO_2-Emissionen reduziert werden.

Auch in Deutschland gibt es noch viel zu tun, um das beschlossene CO_2-Minderungsziel von 25–30% bis zum Jahr 2005 umzusetzen. Insbesondere der Verkehrsbereich, für den eine Zunahme der CO_2-Emissionen bis zu 50% prognostiziert wird, und garantierte Fördermengen von Stein- und Braunkohle, konterkarieren die CO_2-Reduktionspolitik. Die Beispiele verdeutlichen auch, daß nationale Konzepte für den Schutz der Erdatmosphäre unzureichend sind und daß sich das CO_2-Problem nicht im nationalen Alleingang lösen läßt. Die Lösung des globalen Klimaproblems erfordert in der Energie- und Umweltpolitik nicht nur ein international konzertiertes Vorgehen, sondern auch innerstaatlich einen Paradigmenwechsel der politischen und wirtschaftlichen Strategien.

Literatur

Alt F (1994) Die Sonne schickt uns keine Rechnung. Die Energiewende ist möglich. Beck, München

Bundesministerium für Wirtschaft (BMWi) (Hrsg) (1993) Energiedaten 92/93. Nationale und internationale Entwicklung. Bonn, S 46

Bundesumweltministerium (Hrsg) (1993a) Klimaschutz in Deutschland. Nationalbericht der Bundesregierung für die Bundesrepublik Deutschland im Vorgriff auf Artikel 12 des Rahmenübereinkommens der Vereinten Nationen über Klimaänderungen, Bonn, August 1993

Bundesumweltministerium (Hrsg) (1993b) Synopse von CO_2-Minderungs-Maßnahmen und -Potentialen in Deutschland, Bonn, Dezember 1993

Energi Nyt (1993) Nr 6, 5. Jg, November 1993

Energi Nyt (1994) Nr. 1, 6. Jg., Jan. 1994

Energiministeriet (1990) Energi 2000. Handlingsplan for en bæredygtig udvikling (Energie 2000. Aktionsplan für eine tragfähige Entwicklung). Kopenhagen

Energiministeriet (1993) Energi 2000 – opfølgningen. En ansvarlig og fremsynet energipolitik (Energie 2000 – Fortschreibung. Eine verantwortungsvolle und weitsichtige Energiepolitik). Kopenhagen, November 1993

Fischer W, Häckel E (1987) Internationale Energieversorgung und politische Zukunftssicherung. Das europäische Energiesystem nach der Jahrtausendwende: Außenpolitik, Wirtschaft, Ökologie. Oldenbourg, München

Gore, A (1992) Wege zum Gleichgewicht. Ein Marshallplan für die Erde. Fischer, Frankfurt/M

Grießhammer R, Hey C, Hennicke P, Kalberlah F (1989) Ozonloch und Treibhauseffekt. Ein Report des Öko-Instituts. Rowohlt, Reinbek

Haage R, Bansamir D (1993) Förderung erneuerbarer Energien in den Bundesländern. FU Berlin (unveröffentlicht)

Krause F (1991) Das Energiesystem auf eine neue Basis stellen. In: Crutzen PJ, Müller M (Hrsg) Das Ende des blauen Planeten? Der Klimakollaps: Gefahren und Auswege. Beck, München, S 166–174

Krawinkel H (1991) Für eine neue Energiepolitik. Was die Bundesrepublik Deutschland von Dänemark lernen kann. Fischer, Frankfurt/M

Meadows D, Meadows D, Randers F (1992) Die neuen Grenzen des Wachstums. Die Lage der Menschheit: Bedrohung und Zukunftschancen. Deutsche Verlags-Anstalt, Stuttgart

Mez L (1994) Klimaschutz und Energiepolitik. Ein Überblick über energie- und umweltpolitische Initiativen zur CO_2-Reduktion sowie nationale Programme zur Förderung von erneuerbaren Energiequellen. In: Knoll M, Kreibich R (Hrsg) Modelle für den Klimaschutz. Kommunale Konzepte und soziale Initiativen für erneuerbare Energien. Beltz, Weinheim Basel, S 41–54

Mez L (1994) Synergie am Werk: Energiepolitik in Dänemark. In: Altner G, Mettler-v. Meibom B, Simonis UE, v. Weizsäcker Ev (Hrsg) Jahrbuch Ökologie 1995. Beck, München (im Druck)

Schafhausen F-J (1994) CO_2-Rückgang? Energiedepesche 1: 26

Das Unternehmen als Initiator der ökologischen Umorientierung

Michael Stitzel

1 Ökologische Umorientierung – Warum gerade durch die Unternehmen?

Im Rahmen des Generalthemas "Langfristige Umweltveränderungen" geht es in diesem betriebswirtschaftlichen Beitrag um die Rolle, die die Unternehmen als Produzenten und Anbieter von Gütern bzw. Diensten auf die Entwicklung der Umweltsituation nehmen (können). Die Unternehmen, das sind in einer marktwirtschaftlich gesteuerten Volkswirtschaft eine unüberschaubar große Menge von Einzelakteuren, die alle ihren Eigennutzen optimieren wollen und deren gemeinsames Interesse zunächst einmal nur in der Erhaltung der Strukturen besteht, die ihnen die Realisierung ihres Eigennutzens ermöglichen. Ein zumindest derzeit in aller Regel nur neben- oder nachgeordnetes Element dieser Strukturen ist eine einigermaßen intakte Umwelt; als viel wichtiger wird von den Unternehmen weitgehende Freiheit von Staatseingriffen, geringe Steuerbelastung etc. gesehen.

Diese Unternehmen – möglichst jedes für sich sowie ihre Gesamtheit – sollen Initiatoren einer ökologischen Umorientierung sein? Ist das nicht eine Verkennung von Realitäten, eine vielleicht sogar gefährliche Illusion, gefährlich deshalb, weil damit einer speziellen Gruppe von Akteuren innerhalb der Gesellschaft Verantwortung zugewiesen wird, die sie weder tragen kann noch will, so daß diese Verantwortung dann auch nicht realisiert wird? Es ist ja schließlich bekannt, daß den Unternehmen in der öffentlichen Diskussion regelmäßig die Rolle maßgeblicher Umweltschädiger – fokussiert häufig in Chiffren wie "Die Industrie", "Die Chemie-Industrie" – zugewiesen wird. In vielen Fällen erfolgt diese Zuweisung zu Recht: Unternehmen verbrauchen ökologisch knappe Güter, emittieren Schadstoffe bei der Produktion und bringen Produkte auf den Markt, deren Verwendung und Entsorgung Umweltprobleme aufwirft.

Das ist allerdings nur die eine, wenn auch sehr ernst zu nehmende Seite der Medaille. Gerade weil die Unternehmen wegen ihrer schwerwiegenden Schädigungspotentiale so großen Einfluß auf die Umweltsituation haben und in vielen Fällen real in erheblichem Ausmaß die Umwelt schädigen, lohnt es sich, die andere Seite der Medaille zu betrachten, die sich in den beiden folgenden Prämissen konkretisiert:

- Unternehmungen haben gute strukturelle, interessenbezogene und motivationale Voraussetzungen für umweltverträgliches Handeln – auch wenn auf den ersten Blick Tendenzen zur Umweltschädigung stärker zu sein scheinen.
- Markt und Staat sind, wie theoretisch und empirisch belegt werden kann, ohne die Mitwirkung der Unternehmen oder gar gegen sie nicht in der Lage, eine ausreichend intakte Umwelt sicherzustellen, so daß die aktive Mitwirkung der Unternehmen notwendige Voraussetzung für die ökologische Umorientierung ist.

Die Diskussion der ersten Prämisse ist zentraler Gegenstand dieser Abhandlung; vorangestellt wird zunächst eine Begründung der zweiten Prämisse. Üblicherweise werden Markt und Staat als diejenigen gesellschaftlichen Strukturen angesehen, die für die Gewährleistung eines hohen Umweltstandards zuständig sind und, so die Meinung, durchaus auch die Potentiale aufweisen, um dieses Ziel zu realisieren. Diese Vermutung ist nur sehr bedingt richtig. Märkte, wie wir sie kennen und wie sie durch die in den entwickelten Industrienationen gegebenen politischen Strukturen konstituiert werden, bestimmen Produktion und Konsum mit Hilfe kurzfristiger und an den jeweiligen Bedürfnissen der Akteure orientierter Mechanismen. Dabei spielen a priori weder ökologisch relevante Zeiträume noch ökologische Knappheiten eine Rolle. So werden ökologische Schäden häufig erst nach langen Latenzzeiträumen manifest (z.B. die Wirkungen von FCKW). Außerdem haben sie, auch wegen hoher Prognoseunsicherheiten, keinen Einfluß auf die Steuerungselemente des Marktes, speziell die Preise. Auch gehen nur akute Knappheiten, nicht jedoch die langfristigen Verfügbarkeiten von Ressourcen in die Preise ein, wie es z.B. bei den aus ökologischer Sicht viel zu billigen fossilen Energien deutlich wird. Der Markt in seiner zeitlichen und räumlichen Begrenztheit setzt nicht in ausreichendem Maße Impulse, die sicher ein umweltverträgliches, nachhaltiges Wirtschaften bewirken könnten.

Der Staat als zweiter potentieller Garant einer intakten Umwelt verfolgt zwar explizit das Umweltschutzziel, aber eben nur als ein Ziel neben vielen anderen Zielen, die dazu in partieller Konkurrenz stehen, wie z.B. Wirtschaftswachstum oder Arbeitsplatzsicherung. Überdies ist der Staat aufgrund der Wahlen der staatlichen Repräsentanten ein Spiegelbild der Gesellschaft; es kann nicht davon ausgegangen werden, daß staatliche Umweltaktivitäten über das hinausgehen, was als durchschnittliches realisierungsfähiges Umweltinteresse der Bevölkerung vorhanden ist; und schließlich ist der Staat strukturell mit der Sicherung einer hohen Umweltqualität überfordert. Zum einen scheitern wirklich radikale Lösungen, z.B. eine konsequente Realisierung des Verursacherprinzips, an der Schwerfälligkeit staatlicher Willensbildung und -durchsetzung. Zum anderen ist eine lückenlose Überwachung der negativen Umweltwirkung der einzelwirtschaftlichen Akteure, also der Unternehmen und Konsumenten, aus technik- und kostenbedingten Gründen nicht leistbar (Ullmann 1982). Der häufig geforderte starke Umweltstaat würde zudem die Unternehmungen umweltpolitisch in eine reine Anpasserrolle hineindrängen – sie würden also gerade jeweils so viel tun, wie der Staat von ihnen verlangt – was gleichzeitig bedeutet, daß die Unternehmen die ihnen hier zugesprochene Initiatorenrolle nicht realisieren würden.

2 Gewinne, Erträge und Kosten als Steuerungselemente von Unternehmungen – Und wo bleibt die Umwelt?

Vor der Analyse einer möglichen Initiatorenrolle der Unternehmen im Umweltbereich wird als Kontrapunkt zunächst aufgezeigt, wie und warum Unternehmungen faktisch überwiegend als Schädiger der Umwelt auftreten. Unter den Bedingungen dezentraler ökonomischer Entscheidungsstrukturen, wie sie in modernen Industriewirtschaften anzutreffen sind, haben autonome Unternehmungen a priori keinen Anlaß, die ökologischen Wirkungen ihres Handelns zu dominanten Entscheidungsprämissen zu machen. Unternehmen werden gegründet und betrieben, um den Kapitalgebern Renditen auf das eingesetzte Kapital in Form von Gewinnen zu erwirtschaften. Gewinne, vereinfacht definiert als Differenz von Erträgen und Kosten, entstehen dann, wenn Erträge hoch sind und die damit korrespondierenden Kosten niedrig liegen, bzw. sie steigen, wenn die Erträge vergrößert werden und/oder die Kosten sinken. Bewußt abweichend von der üblichen betriebswirtschaftlichen Terminologie wird hier die positive Gewinnkomponente als "Ertrag", die negative als "Kosten" (exakt: Aufwand) bezeichnet. Für den nicht betriebswirtschaftlichen Leser verbindet sich damit eine besser vorstellbare Größe.

Auf allen Stufen des Betriebsprozesses – Beschaffung, Produktion, Absatz – werden sich die Unternehmen deshalb darum bemühen, die Ertrags-Kosten-Differenz möglichst groß werden zu lassen, und genau das ist zunächst einmal die Ursache für unternehmensbedingte Umweltschädigungen. Korrespondierend mit der betrieblichen Wertschöpfung, also dem durch die betriebliche Tätigkeit entstehenden Zuwachs an Werten in Form von Einkommen, ergibt sich in Verfolgung ökonomischer Ziele in sehr vielen Fällen auch eine ökologische Schadschöpfung (in Analogie zur sog. "Wertschöpfungskette" wird unterdessen auch von der parallelen "Schadschöpfungskette" gesprochen), die sich vor allem in folgenden Punkten manifestiert:

- *Materialwirtschaft*: Einsatzgüter, speziell Rohstoffe und Energien, werden möglichst kostengünstig bezogen, wobei die zu zahlenden Preise augenblickliche Knappheiten repräsentieren, keineswegs jedoch ökologisch begründete Werte, wie z.B. langfristige Verfügbarkeit und Bedeutung in funktionierenden Ökosystemen. Schonender Umgang mit ökologisch relevanten Ressourcen, in seiner Reinform als wesentliches Element von "sustainable development" verstanden, ist damit per se kein unternehmerisches Entscheidungskriterium.

• *Produktion*: Im Produktionsprozeß besteht die Tendenz, anfallende nicht benötigte Kuppelprodukte wie z.B. Abraum, Abwasser, Abluft ohne weitere Veränderung in die umgebenden Umweltmedien zu entlassen, weil jedes Zurückhalten bzw. jede Veränderung, z.b. durch den Einbau von Filtern, zusätzliche Kosten mit sich bringt, denen keine Erträge gegenüberstehen. Weil in diesem Bereich der Zusammenhang von betrieblicher Tätigkeit und massiver Umweltschädigung besonders augenscheinlich ist, versucht der Staat hier mit einer Vielzahl direkter und indirekter Eingriffe, z.B. über Verbote, Grenzwerte oder Internalisierungen (Abwasserabgabe), die Unternehmungen zu einer Reduktion der durch sie verursachten Umweltbeeinträchtigungen zu veranlassen. Die Unternehmungen verhalten sich gegenüber diesen staatlichen Vorgaben überwiegend als Anpasser. Tragischerweise ist es unter den heute gegebenen Bedingungen allerdings häufig günstiger, die Umweltverbote und -auflagen nicht zu befolgen. Die Strafen für Umweltschädigungen sind relativ niedrig, ebenso die Wahrscheinlichkeit, daß die Schädigung bekannt wird. Damit ist der Erwartungswert der Risikoalternative, also die kostenintensive umweltschützende Maßnahme *nicht* zu realisieren, günstiger als das Ergebnis der sicheren Alternative, in diesem Fall die Vornahme der umweltschonenden Investition. Aus der Sicht der betriebswirtschaftlichem Handeln üblicherweise unterstellten Nutzenmaximierung werden einzelwirtschaftliche Akteure – so sie das Kalkül durchschauen – die Umweltinvestition nicht vornehmen (Terhart 1986).

• *Absatz*: Im Absatzbereich tritt an die Stelle der Kostensenkung die Ertragsmaximierung als zweite Komponente des Gewinns (G = E./.K, wobei gilt E = $p_i \cdot x_{ij}$; p_i Preise der Güter i; x_{ij} Mengen j der Güter i). Bei in der Regel vorgegebenen Marktpreisen kann somit der Gewinn vor allem durch eine Steigerung der verkauften Mengen erhöht werden. Größere Verkaufsmengen und damit auch steigende Produktionszahlen bedeuten ceteris paribus (d.h. also, ohne daß zusätzliche umweltschützende Maßnahmen ergriffen werden) vermehrten Ressourcenverzehr, zusätzliche Umweltschädigung bei Produktge- und -verbrauch sowie mehr Abfall, also insgesamt eine quantitative Ausweitung der negativen Umweltwirkungen über die gesamte Schadschöpfungskette.

Allerdings ist die aus Umweltsicht problematische Ausweitung der Verkaufszahlen auch unter Kostengesichtspunkten betriebswirtschaftlich sinnvoll, insbesondere in Hinblick auf die Steigerung der Wettbewerbsfähigkeit. Sinkende Stückkosten erhöhen bei gleichbleibenden Preisen die Gewinnspannen, oder sie vergrößern bei variablen Preisen die Preisspielräume. Kurzfristig, d.h. periodenbezogen, wird der Kostensenkungseffekt durch die sog. Fixkostendegression erreicht, langfristig durch

Effizienzsteigerungen, die mit der Erfahrungskurve beschrieben werden. Die Fixkostendegression (Abb. 1) führt zu sinkenden Stückkosten bei Zunahme der Stückzahlen, weil sich die fixen, also von der Produktionsmenge unabhängigen Kosten – z.B. Kapitalkosten, Abschreibungen – auf eine steigende Zahl von Produkten verteilen. Dieser Effekt gewinnt vor allem deshalb an Bedeutung, weil der Anteil der Fixkosten an den Gesamtkosten tendenziell immer größer wird, je moderner die Produktionstechnologie ist.

Über mehrere Perioden hinweg führt eine Outputmaximierung zu einer Stückkostensenkung, weil aufgrund der empirisch gut bestätigten Erfahrungskurve (Abb. 2) mit jeder Verdopplung der kumulierten Ausbringungsmenge die Stückkosten um einen konstanten Prozentsatz (in der Regel um ca. 20–30%) sinken (genauer zu Mechanismus und

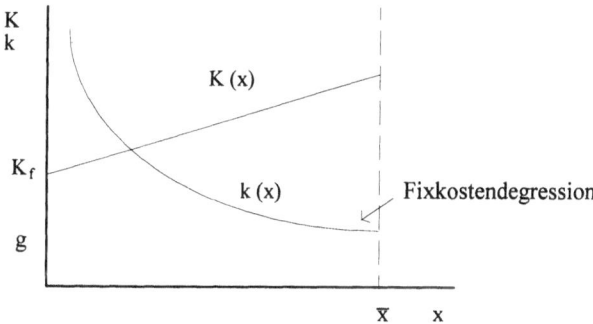

Abb. 1. Fixkostendegression (bei Annahme einer linearen Gesamtkostenfunktion); $K(x)$ Gesamtkosten in Abhängigkeit von der Ausbringungsmenge, $k(x)$ Stückkosten in Abhängigkeit von der Ausbringungsmenge, K_f Fixkosten, $\bar{x}$ Kapazitätsgrenze

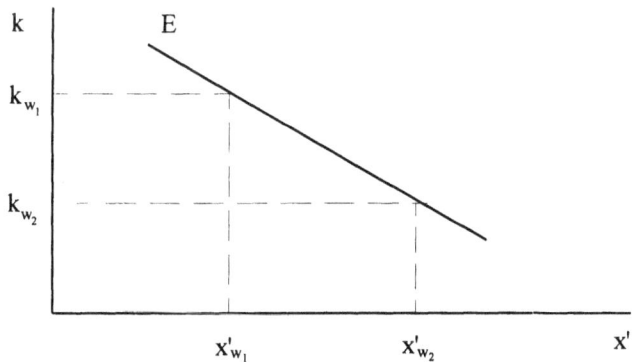

Abb. 2. Erfahrungskurve (Die Linearität der Erfahrungskurve resultiert aus dem doppeltlogarithmischen Maßstab); E Erfahrungskurve, x' kumulierte Ausbringungsmenge, k_{w1}/k_{w2} Stückkosten Wettbewerber 1 bzw. Wettbewerber 2

Begründung der Erfahrungskurve vgl. z.B. Heinen 1991; S 665ff.). Somit kann die Unternehmung durch Outputsteigerung auch mittel- und langfristig Kosten- und damit Wettbewerbsvorteile durch eine Steigerung der Verkaufszahlen erreichen.

Die vorangegangene Darstellung, derzufolge bei Anlegung einer betriebswirtschaftlichen Rationalität Umweltschäden quasi zwangsläufig aufreten, mag beim ökologisch orientierten Leser wie eine Horrorvision erscheinen; die in der Überschrift dieses Abschnits genannte Frage "Wo bleibt die Umwelt?" scheint unter Zugrundelegung ökonomisch relevanter Kriterien wie Gewinn, Erträge und Kosten nur negativ beantwortet werden zu können. Aber das ist nur die Hälfte der Wahrheit.

3 Die Spielräume für eine ökologische Umorientierung

Es können 3 zueinander interdependente Ebenen identifiziert werden, auf denen die Unternehmungen die oben aufgezeigten umweltschädigenden Tendenzen einzelwirtschaftlichen Handelns abmildern und ins Gegenteil umwandeln können, und zwar

- die Ebene der kurzfristigen Ertrags- und Kostenorientierung,
- die Ebene langfristiger Unsicherheit der Unternehmensentwicklung und
- die Ebene der Unternehmensethik.

Den 3 Ebenen liegen unterschiedliche Rationalitäten zugrunde, sie werden von verschiedenen Motiven gesteuert und sind instrumentell unterschiedlich ausgestattet. Zusammen ergeben sie ein ggf. wirkungsvolles Set zur angesprochenen Umorientierung.

3.1 Kostensenkung und Ertragssteigerung durch umweltverträgliches Verhalten

Das auf dieser Ebene angesiedelte Rationalitätsverständnis ist identisch mit dem oben der Analyse umweltschädigenden Verhaltens zugrundegelegten Rationalitätsbegriff; d.h., aus der gleichen Logik der Ertragserhöhung bzw. Kostensenkung heraus können umweltschädigende wie umweltschützende Aktivitäten entstehen. Die Berücksichtigung von Umweltzielen in Produktions- und Absatzentscheidungen kann, in Abhängigkeit von Instrumenteneinsatz und situativen Bedingungen, durchaus auch aus kurzfristiger Sicht kostensenkend und/oder ertragserhöhend, also einzelwirtschaftlich vorteilhaft sein. In den einzelnen betrieblichen Funktionsbereichen wirkt sich das folgendermaßen aus:

- *Materialwirtschaft*: Die beiden grundsätzlichen Möglichkeiten sind Einsparungen bei ökologisch wertvollen Gütern sowie die Substitution umweltschädigender Einsatzfaktoren durch umweltverträgliche. Das Einsparen von Materialien und Energien wirkt sich unmittelbar und in voller Höhe kostensenkend aus. Empirische Erhebungen weisen auf erhebliche, allerdings sehr oft weder in ihrer Art noch in ihrer Höhe in den Unternehmungen bislang erkannte Einsparpotentiale hin (viele Beispiele bei Winter 1993) – ein wichtiger Aspekt gerade in der heute sehr stark in den Vordergrund geschobenen Kostenorientierung im Rahmen des "lean management". Unternehmen, die ein System des Öko-Controlling installiert haben, die also ihre Umweltwirkungen z.B. in Form von Stoff- und Energiebilanzen quantitativ erfassen, berichten, daß die dadurch sichtbar gewordene Einsparmöglichkeiten größer sind als die (nicht unerheblichen) Kosten, die die Installation des Controlling-Systems verursacht hat. Eine weniger günstige Situation liegt im Substitutionsbereich vor. Falls qualitativ gleichwertige Substitutionsprodukte überhaupt in ausreichender Menge vorhanden sind, sind sie häufig teurer als die bisherigen Einsatzfaktoren; das beginnt beim Recyclingpapier und endet bei dem Einsatz regenerativer Energien, die, von wenigen Ausnahmen abgesehen, (deutlich) höhere Preise haben als Energien aus fossilen Quellen.

• *Produktionssektor*: Im Bereich der Produktion bieten sogenannte integrierte Technologien bzw. "clean technologies" (Kreikebaum 1992) erhebliche Möglichkeiten der Reduktion von Umweltschädigungen. Clean technologies zeichnen sich durch einen gegenüber konventionellen Technologien geringeren Ressourceneinsatz aus, speziell durch geringeren Energieverbrauch. Zudem sind sie so ausgelegt, daß die Entstehung von Schadstoffen (weitgehend) verhindert wird. Im Gegensatz dazu entstehen bei dem Einsatz von End-of-pipe-Technologien Schadstoffe, die dann z.B. durch Filter zurückgehalten werden, was aber in der Folge wieder Entsorgungsprobleme aufwirft und damit nur eine Problemverlagerung darstellt. Clean technologies machen häufig eine Umstellung des Produktionsapparates erforderlich, bedeuten also Re- oder Neuinvestitionen. Auch haben sie in der Regel einen höheren Anschaffungspreis als veraltete End-of-pipe-Technologien, damit höhere fixe Kosten; sie weisen jedoch eine Kostenfunktion auf, die ihnen z.B. wegen Energieeinsparung und rationellerer Produktionsform ab einer bestimmten Ausbringungsmenge Kostenvorteile verschafft (Abb. 3).

Zum effizienten Einsatz dieser Technologien ist also eine entsprechend hohe Produktionsmenge erforderlich, und nur im Einzelfall kann entschieden werden, ob die Umweltentlastungen der clean technologies durch die Mengensteigerung nicht wieder ausgeglichen oder sogar negativ überkompensiert werden.

• *Absatzsektor*: Es gibt eine Vielzahl ökologisch verträglicher Marketingstrategien – z.B. Verlängerung der Produktlebensdauer, Senkung des Verpackungsaufwandes, hohe Recyclingfähigkeit der Produkte – die mit umweltentlastendem Erfolg eingesetzt werden (Meffert u. Kirchgeorg

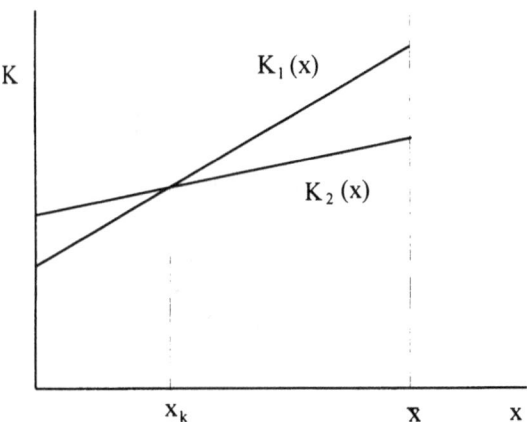

Abb. 3. Kosten in Abhängigkeit von der eingesetzten Technologie; $K_1(x)$ Kostenfunktion konventionelle End-of-pipe-Technologie, $K_2(x)$ Kostenfunktion "clean technologies", x_k kritische Ausbringungsmenge, ab der "clean technologies" kostengünstiger sind

1992). Das kann allerdings nicht darüber hinwegtäuschen, daß speziell die Mengenproblematik des Marketing, also das Streben nach möglichst hohen verkauften Stückzahlen zum Zweck von Ertragsmaximierung, Markt- und/oder Kostenführerschaft die oben beschriebenen Erfolge häufig konterkariert. Da fraglich ist, ob das gestiegene Umweltbewußtsein eines Teiles der Konsumenten ausreicht, um die umweltschützenden Komponenten des Marketing in den Vordergrund zu schieben, stellt der Absatzbereich sehr viel mehr als Materialwirtschaft und Produktion einen umweltkritischen Bereich unter dem Gesichtspunkt einer kurzfristigen ökonomischen Rationalität dar.

Zusammenfassend kann also festgestellt werden, daß auch die enge kurzfristige ökonomische Realität durchaus Spielräume für eine ökologische Umorientierung eröffnet und daß auch gangbare Wege dorthin aufgezeigt werden können. Ebenso existieren aber strukturelle Begrenzungen (z.B. Fixkostendegression), die verhindern, daß unter Ertrags- und Kostengesichtspunkten durchgängig eine umweltverträgliche Unternehmenspolitik ökonomisch angezeigt ist.

3.2 Langfristige Unternehmenssicherung durch ökologische Präferenzen

Ohne der mißverständlichen und häufig mißverstandenen Vermutung das Wort reden zu wollen, Langfristökonomie sei deckungsgleich mit Ökologie und damit systemlogisch umweltverträglich, ändert sich das im vorangegangenen Abschnitt beschriebene Bild doch deutlich, wenn die Fokussierung auf eine kurzfristige Ertrags- und Kostenorientierung durch den Blick auf die langfristige Perspektive des Überlebens der Unternehmung ersetzt wird. Das Anhäufen periodenbezogener Gewinne garantiert noch keineswegs, daß die Unternehmung auf lange Sicht erfolgreich ist. Grund dafür ist die zunehmende Dynamik der Umsysteme der Unternehmung, die dazu führen kann, daß gerade die punktuell und traditionell erfolgreichen Muster der Gewinnerzielung Anlaß zum Entzug von gesellschaftlicher, politischer und ökonomischer Akzeptanz sind. In der strategischen Variante der Lehre von der Unternehmensführung wird deshalb an die Stelle der kurzfristigen Gewinnmaximierung der Aufbau langfristiger Erfolgspotentiale gesetzt, die auch unter veränderten Rahmenbedingungen Freiräume für befriedigende Gewinnerzielung offenhalten.

Dieser Aspekt einer durch langen Atem gekennzeichneten strategischen Orientierung ist insbesondere bei Einbeziehung der Umweltwirkungen unternehmerischen Handelns von Bedeutung (Stitzel u. Wank 1990). Umweltschädigendes Verhalten birgt eine Vielzahl von Risiken, die auf lange Sicht für die Unternehmung existenzbedrohend sein können. Denkbar sind aus ökonomischer Sicht eine deutliche Verschiebung von Kundenpräferenzen hin zu umweltbewußterem Konsum, aus politischer Sicht der Zwang, sich auf erheblich schärfere Umweltgesetze einstellen zu müssen, aus gesellschaftlicher Sicht intensivere umweltbezogene Ansprüche an die Unternehmungen und schließlich aus ökologischer Sicht eine dramatische (räumlich/globale) Verschlechterung der Umweltsituation. Konsequenzen für die nicht umweltorientierte Unternehmung sind dann Verluste von Marktanteilen, hohe und sehr kurzfristig zu erbringende Anpassungskosten an schärfere Umweltstandards, im Extremfall erzwungene Betriebsschließungen (s. Boehringer, Hamburg), kräfteraubende Konfrontation mit gesellschaftlichen Anspruchsgruppen (Dyllick 1989) und vielleicht sogar das Ende der unternehmerischen Aktivitätsmöglichkeiten aufgrund einer weitgehend zerstörten Umwelt. Derartige drohende Gefahren, die in einem für die betrieblichen Planer schwer erhellbaren Unsicherheitsraum angesiedelt sind, erfordern strategische Antworten, die sich nicht mehr primär an kurzfristigen Erträgen und Kosten orientieren und auch über eine punktuelle Berücksichtigung von Umweltaspekten, z.B. in Form von Abfalltrennung etc., hinausgehen. Hier handelt es sich um ganzheitliche unternehmerische Lösungen, die sich in einem umweltverträglichen Produktionsprogramm (genauer: unter den gegebenen Bedingungen Umweltschäden minimierenden Produktionsprogramm), einem Forcieren von Forschung und Entwicklung unter Umweltschutzgesichtspunkten, einem ökologischen Abchecken der gesamten Schadschöpfungskette von Materialbezug bis zur endgültigen Entsorgung der nicht mehr benötigten Produkte konkretisieren. Das würde z.B. bedeuten, daß Automobilproduzenten sich nicht mehr primär als Hersteller konventioneller Kraftfahrzeuge verstehen, sondern als systemisch orientierte, d.h. im Verbund mit anderen Transportmittelherstellern und -betreibern denkende Anbieter von Transportleistungen (Vester 1990).

Das impliziert natürlich veränderte Unternehmensphilosophien und Unternehmenskulturen, erfordert Denken in strategischen Zeiträumen, die länger sind als die im strategischen Management üblichen. Letztendlich ist der Aufbau derartiger umweltorientierter Erfolgspotentiale eine Investition mit hohen Anfangsaufwendungen und entsprechenden Verzinsungen erst in ferner Zukunft. Da Unternehmungen in unserem Wirtschaftssystem augenblicksbezogen auf die Erhaltung eines finanziellen Gleichgewichts im Sinne von Liquidität angewiesen sind, tritt hier die Konkurrenz zwischen kurzfristiger Erfolgsorientierung und langfristiger ökonomisch-ökologischer Unternehmenssicherung besonders deutlich, vielleicht auch schmerzhaft, zutage. Wie groß unter Unsicherheitsbedingungen der kurz- und mittelfristig vorhandenene finanzielle Spielraum für eine umweltverträgliche Langfristorientierung ist, kann nur im Einzelfall entschieden werden.

3.3 Unternehmensethik als Begründung für Umweltorientierung

Der dritte Ansatzpunkt, an dem sich eine ökologische Neuorientierung der Unternehmung festmachen kann, baut auf einem Rationalitätsverständnis auf, das von den beiden zuvor diskutierten Wegen völlig abweicht. Hier geht es nicht um das aus der Sicht der Nutzungsoptimierung kurz- bzw. langfristig Empfehlungswerte, sondern um das aus Verantwortung gegenüber der Umwelt sowie gegenüber der jetzigen und den künftigen Generationen sittlich Gebotene. Unternehmensethik stellt die Frage, wieviel durch einzelwirtschaftliches Handeln der Natur zugemutet werden kann und inwieweit heutige unternehmerische Naturnutzung spätere Lebenschancen beeinträchtigt. Sie ist dabei kein fixierter Kodex operationaler Normen, die auf eindeutige Weise zulässigen Naturgebrauch von unzulässiger Naturzerstörung trennen, sondern vielmehr Aufforderung zum permanenten Hinterfragen umweltrelevanten Handelns des Unternehmens. Wenn auch vielfach die Sinnhaftigkeit von Umweltethik in Frage gestellt (s. z.B. die kontroversen Auffassungen von Steinmann u. Löhr 1990 vs. Schneider 1990) und die Rede von der unternehmerischen Verantwortung häufig als Feigenblatt benutzt wird, kann die Unternehmung eine ökologische Umorientierung ohne ethische Reflexion schwerer realisieren; die kurzfristige ökonomische Rationalität birgt zu viele einzelwirtschaftliche Disfunktionalitäten, die langfristige zu hohe Unsicherheiten, wenn konsequent umweltverträglich gehandelt wird. Dabei stehen die Chancen für Unternehmensethik gar nicht schlecht, zumindest solange die wirtschaftliche Existenz der Unternehmung nicht gefährdet ist: Die verantwortlichen Akteure in Unternehmen sind keine ausschließlich an Nutzenmaximierung orientierten Automaten, sondern Individuen mit ökologischen Wünschen, Phantasien und Ängsten. Wenn es gelingt, die ökologischen Sensibilisierung gerade von Führungskräften zu verstärken, was z.B. an den Hochschulen passieren könnte, entsteht ein ethisches Klima in der Unternehmung, das eine ökologische Umorientierung vorantreiben kann.

Als Resümee aus diesen Überlegungen ergibt sich, daß die angesprochene Umorientierung nur durch synergetisches Zusammenwirken aller 3 Ebenen gelingen kann. Isoliert kurzfristige Politik scheitert an den manifesten Zielkonkurrenzen zu unmittelbar ökonomischen Interessen, isoliert strategische Orientierung mißachtet die Tageserfordernisse, und isoliert ethische Ausrichtung ohne Einbindung in ökonomische Rationalitäten ist weltfremd und nicht durchsetzungsfähig.

4 Der Blick in die Praxis: Das zögerliche Herangehen der Unternehmen an die ökologische Umorientierung

Vieles von dem, was im vorangegangenen Abschnitt dargestellt wurde, ist eher Wunsch und Vision als unternehmerische Realität. Umweltschutz ist aus vielerlei Gründen ein Thema in den Unternehmungen, so z.B. weil die staatliche Umweltpolitik es erzwingt, weil Kostensenkungs- und Ertragssteigerungspotentiale erkannt bzw. vermutet werden und weil es, gerade an hervorgehobenen Positionen, unterdessen fast immer auch Menschen mit hoher ökologischer Sensibilität in den Unternehmen gibt. Die realen Auswirkungen dieses Diskussionsprozesses sind allerdings noch nicht ausreichend, um empirisch von einer von den Unternehmen initiierten ökologischen Umorientierung zu sprechen.

Die beobachtbaren unternehmerischen Aktivitäten zum Abbau der von ihnen verursachten Umweltschäden sind grob in 2 Gruppen zu unterteilen: Zum ersten sind punktuelle Ansätze zu beobachten, bei denen in einem oder auch mehreren betrieblichen Funktionsbereichen umweltfreundliche Lösungen generiert werden. Gegenstand dieser Bemühen sind häufig Einsparungen bei Material- und Energieeinsatz, Produktmodifikationen in Richtung geringeren Energieverbrauchs sowie Verminderung der Abfallmengen bzw. deren bessere Recycelbarkeit (viele Anregungen vgl. Bundesverband Junger Unternehmer 1989). Häufig wird dabei anhand standardisierter Checklisten vorgegangen (Beispiele bei Winter 1993). Neben einer großen Zahl wenig aufregender und fast als selbstverständlich anzusehender Maßnahmen mit zudem ökologisch oft geringem Wirkungsgrad lassen sich auch durchaus originelle und zukunftsweisende Einzellösungen finden, so beispielsweise die energetische Versorgung eines fischverarbeitenden Betriebes durch ein selbsterstelltes Windkraftwerk. Insgesamt gesehen kann man diesen punktuellen Ansätzen aber nicht den Anstoß zu einer ökologischen Umorientierung zusprechen; im Grunde greifen sie nur auf, was auch in der (Konsum-)Gesellschaft zwischenzeitlich Gemeinplatz ist: dort, wo es kaum Einschränkungen mit sich bringt, einzelwirtschaftliches Handeln eben auch ökologischen Kriterien zu unterwerfen.

Zum zweiten gibt es ganzheitliche Ansätze, bei denen versucht wird, die Summe der Umweltwirkungen über die gesamte Schadstoffkette, also über Beschaffung, Produktion, Absatz und Entsorgung, zu analysieren und in Richtung Umweltverträglichkeit zu entwickeln. Zusätzlich werden die nicht unmittelbar betroffenen Bereiche, wie z.B. der Mitarbeitersektor, duch entsprechende Motivations- und Qualifikationsmaßnahmen oder der Informationsbereich durch Einführung eines gesamtunternehmerischen Öko-Controllings in die ganzheitliche Konzeption integriert. Derartige Versuche sind selten (genannt sei hier das bekannte Winter-Modell sowie, mit Abstrichen, die Migros-Genossenschaft in der Schweiz); sie befinden sich insgesamt noch in der Entwicklungsphase. Dennoch ist in einer derartigen ökologischen Unternehmensführung ein Ansatzpunkt für eine Umorientierung zu sehen. Die konkrete Umsetzung freilich bereitet oft Schwierigkeiten, so daß mutige Schritte durch ängstliches Zurückzucken konterkariert werden. Die Bereitschaft eines Warenhauskonzerns, eine Umweltschutzorganisation als einen externen umweltorientierten Berater in das Unternehmen hereinzuholen, steht neben der Weigerung dieses Konzerns, Getränkedosen auszulisten, die aus der Sicht des Ressourcenverzehrs und der Entsorgung ökologisch sehr bedenklich sind; angeblich weil das, so die Begründung, zu ökonomisch nicht vertretbaren Nachteilen geführt hätte.

Insgesamt gesehen besitzen die Unternehmen große Potentiale, um nicht nur als Anpasser auf staatliche und gesellschaftliche Ansprüche nach umweltverträglichem Handeln zu reagieren, sondern um mit anderen relevanten Akteuren eine ökologische Umorientierung vorantreiben zu können. Im Gegensatz und in Ergänzung zu der zeitlich punktuellen Orientierung des Marktes und der Schwerfälligkeit des Staats bringen die Unternehmen eine Reihe günstiger Voraussetzungen für die Initiierung umweltverträglichen Handelns mit: Sie können dezentral und relativ unabhängig agieren, sie sind erfahren im Suchen und Auffinden innovativer Lösungen und beschäftigen sich in der Regel auch mit den Problemen ihres langfristigen Überlebens. Schumpeters dynamischer Unternehmer, der sich durch das Auffinden neuer und erfolgsträchtiger Produkt-Markt-Kombinationen auszeichnet, wird in Zunkunft wohl auch daran gemessen, was er zur Initiierung der ökologischen Umorientierung beiträgt.

Literatur

Bundesverband Junger Unternehmer (1989) BJU-Umweltschutz-Berater, 2 Bde. Verlagsgruppe Deutscher Wirtschaftsdienst (DWD), Köln
Dyllick T (1989) Management der Umweltbeziehungen Gabler, Wiesbaden
Heinen E (1991) Industriebetriebslehre, 9. Aufl Gabler, Wiesbaden
Kreikebaum H (1992) Umweltgerechte Produktion. Deutscher Fachschriften Verlag, Wiesbaden

Meffert H, Kirchgeorg M (1992) Marktorientiertes Umweltmanagement. CE Poeschel, Stuttgart
Schneider D (1990) Unternehmensethik und Gewinnprinzip in der Betriebswirtschaftslehre. Z betriebswirtsch Forsch 42/10: 869–891
Steinmann H, Löhr A (Hrsg) (1991) Unternehmensethik, 2. Aufl CE Poeschel, Stuttgart
Stitzel M, Wank L (1990) Was kann die Lehre vom strategischen Management zur Entwicklung einer ökologischen Unternehmensführung beitragen? In: Freimann J (Hrsg) Ökologische Herausforderung der Betriebswirtschaftslehre. Gabler Wiesbaden, S 105–131
Terhart K (1986) Die Befolgung von Umweltschutzauflagen als betriebswirtschaftliches Problem. Duncker & Humblot, Berlin
Ullmann AA (1982) Industrie und Umweltschutz. Campus, Frankfurt New York
Vester F (1990) Ausfahrt Zukunft – Strategien für den Verkehr von morgen. Beck, München
Winter G (1993) Das umweltbewußte Unternehmen, 5. vollst erweit Aufl Beck, München

Meffert H, Kirchgeorg M (1992) Marktorientiertes Umweltmanagement. CE Poeschel, Stuttgart
Schneider D (1990) Unternehmensethik und Gewinnprinzip in der Betriebswirtschaftslehre. Z betriebswirtsch Forsch 42/10: 869–891
Steinmann H, Löhr A (Hrsg) (1991) Unternehmensethik, 2. Aufl CE Poeschel, Stuttgart
Stitzel M, Wank L (1990) Was kann die Lehre vom strategischen Management zur Entwicklung einer ökologischen Unternehmensführung beitragen? In: Freimann J (Hrsg) Ökologische Herausforderung der Betriebswirtschaftslehre. Gabler Wiesbaden, S 105–131
Terhart K (1986) Die Befolgung von Umweltschutzauflagen als betriebswirtschaftliches Problem. Duncker & Humblot, Berlin
Ullmann AA (1982) Industrie und Umweltschutz. Campus, Frankfurt New York
Vester F (1990) Ausfahrt Zukunft – Strategien für den Verkehr von morgen. Beck, München
Winter G (1993) Das umweltbewußte Unternehmen, 5. vollst erweit Aufl Beck, München

Die Ökologie der neuen Weltordnung

Elmar Altvater

1 Einführung

Von einer "Weltordnung" kann man, wenn überhaupt, erst im 20. Jahrhundert sprechen. Die "globalen Ordnungen" der Jahrhunderte zuvor umfaßten immer nur die jeweils bekannte und erreichbare Welt, und sie balancierten, wenn sie denn Ordnungen, also dauerhaft und als politischer Entwurf angelegt waren, die Kräfte souveräner Nationalstaaten. Die jeweilige nationale Ordnung der Verhältnisse bildete den Horizont und nicht eine Weltordnung, auch wenn Kant oder Schiller über eine Weltfriedensordnung oder das "europäische Haus" philosophierten. Die bipolare Weltordnung der zweiten Hälfte des 20. Jahrhunderts jedoch war nicht mehr zu allererst durch die Attraktions- und Repulsionskräfte (Anziehungs- und Abstoßungskräfte) nationaler Staaten bestimmt. Ihr Hauptcharakteristikum war der "Systemwettbewerb" zwischen Staatenblöcken, zwischen kapitalistischem Westen und realsozialistischem Lager. Beide Systeme beanspruchten, der Welt eine (jeweils alternative) Ordnung bieten zu können, und sie warben in den nicht festgelegten Weltregionen des "Südens" um Einfluß. Nicht nur zur Austragung des Ost-West-Konflikts ist im Westen ein differenziertes, trans- und internationales Regelwerk entstanden, das einen passenden institutionellen Rahmen für beschleunigte Akkumulation in der Zeit und Expansion im Raum geboten hat. Zum Regime der Nachkriegsordnung gehörten regional integrierte Wirtschaftsräume (in erster Linie die EG) ebenso wie politische Bündnissysteme und Institutionen von beträchtlichem Gewicht wie IWF, Weltbank oder GATT.

Diese Nachkriegsordnung hat keine 50 Jahre gewährt. Der Fall der Mauer in Berlin 1989 und der Kollaps des konkurrierenden Systems des "real existierenden Sozialismus" brachte das Ende der Bipolarität. Seitdem ist von einer "neuen Weltordnung" die Rede. Die Welt des ausgehenden 20. und beginnenden 21. Jahrhunderts gehorcht nach dem "Sieg im Kalten Krieg" und "am Ende der Geschichte" scheinbar alternativlos dem Prinzip der rationalen Weltbeherrschung durch Prozesse, die ökonomisch vom Markt und politisch von formal-demokratischen Verfahren gesteuert werden. Allerdings hat die Verfolgung des Prinzips der Weltbeherrschung viele Fragen aufgeworfen, auf die in der "neuen Weltordnung" neue

Antworten gefunden werden müssen, nachdem sich die "alten" Antworten aus der Epoche der Bipolarität als unzureichend oder gar kontraproduktiv herausgestellt haben: Wie soll mit dem Scheitern der Entwicklungsanstrengungen der vergangenen Dekaden im politischen (d.h. nicht unbedingt geographischen) Süden des Globus umgegangen werden? Welche Regelwerke müssen vereinbart werden, um die außer Kontrolle geratenen internationalen Finanz- und Währungsbeziehungen zu "ordnen"? Kann Modernisierung und Industrialisierung nach dem Muster des "nördlichen Westens" auch in Zukunft ein Ziel aller Gesellschaften in allen Weltregionen, des "postsozialistischen" Ostens und des Südens sein? Wie ist darauf zu reagieren, daß gleichzeitig mit der Perfektionierung der rationalen Weltbeherrschung die Natur "zurückzuschlagen", daß die globalen Ökosysteme – Wasser, Luft, Land und Eiskappen – aus dem Gleichgewicht zu geraten drohen und dem Projekt der "rationalen Weltbeherrschung" mit der "Tücke des Objekts" spotten?

Die Koordinaten der neuen Weltordnung können zur besseren Orientierung mit Ortsnamen beschildert werden (Lipietz 1993): Berlin, das ist der Ort, wo die Mauer fiel und der Kollaps des Realsozialismus sein unübersehbares Symbol fand. In der Dämmerung des heraufziehenden Nord-Süd-Gegensatzes ist das Weichbild Bagdads erkennbar, so wie auf den echtzeitigen CNN-Bildern der Raketenangriffe. Während des Aufmarsches der US-Truppen in der saudischen Wüste fiel erstmals im September 1990 der Begriff der "neuen Weltordnung". Rio de Janeiro steht für die beginnende Erkenntnis von der ökonomisch-ökologischen Paradoxie zwischen Wachstum ohne Grenzen und Grenzen der Belastbarkeit der globalen Ökosysteme – und für die Notwendigkeit, daß neue politische Regelwerke für den Umgang der Menschen mit der Natur gefunden werden müssen. Die neuen Regeln und Prinzipien haben schon einen Namen: Er heißt "sustainability". Berlin und Bagdad symbolisieren das Ende der alten Ordnung, Rio steht für mögliche Prinzipien des Neuen in der "neuen Weltordnung".

2 Ökologische Grenzen von Industrialisierung und Modernisierung

Die Ausdehnung im und die Eroberung des globalen Raums und die Beschleunigung ökonomischer Prozesse in der Zeit sind zwar Folgen einer bestimmten "okzidentalen" Rationalität. Ihre Übertragung aus der Welt des Geistes, aus Religion und Philosophie in die materiale Welt jedoch gelingt erst in der Neuzeit mit der industriellen Revolution. Die biotischen Energien von Mensch und Tier sind der Natur nach begrenzt. Die Geschwindigkeit eines Menschen, eines Pferdes, eines Ochsen läßt sich nicht unbegrenzt steigern. Erst der Rückgriff auf fossile Energieträger, auf "exosomatische" Kräfte, ermöglicht den Quantensprung bei der Steigerung der Geschwindigkeit, der räumlichen Mobilität und Reichweite und letztlich der Arbeitsproduktivität. Nicholas Georgescu-Roegen (1971, 1986) spricht in diesem Zusammenhang von einer "prometheischen Revolution" in den Methoden der Produktivitätssteigerung, die die (zunächst europäische, später die neoeuropäische) Menschheit mit der Umstellung ihres Energiesystems, der Produktionsweise, der sozialen Organisation durchgemacht hat. Marx zeigt in seiner Analyse des "Produktionsprozesses des Kapitals", wie die neuen Energien und Energiewandlungssysteme, wie das Ensemble von Bewegungs-, Transmissions- und Werkzeugmaschine in der "großen Industrie" die nicht mehr nur "formelle", sondern die "reelle Subsumtion der Arbeit unter das Kapital" zur Produktion des relativen Mehrwerts ermöglicht. Das Grundprinzip heißt Steigerung der Produktivität der Arbeit; dessen Realisierung setzt ebenso die Verfügung über neue Energieträger voraus wie die Fähigkeit, damit zur Steigerung der Produktion je Arbeiter sinnvoll und risikobewußt umgehen zu können.

Nun erst stehen die Mittel der Weltbeherrschung zur Verfügung. Europa expandiert über seine vertrauten Grenzen hinaus, und die Aktivitäten der Menschen in Produktion und Reproduktion beschleunigen sich. Die Regel, daß die "Zeitporen die Elemente des Gewinns" darstellen und daher "time" "money" ist, kann zu einem dominanten Prinzip werden, das den sozialen Wandel selbst in nichtrevolutionären Zeiten beschleunigt. Der Wandel wird zur Normalität; Kontinuität hingegen ist Stagnation, ist Krise. Am Ende der "great transformation" (Polanyi 1978) zur Marktwirtschaft in Verbindung mit der "prometheischen Revolution" der Industriegesellschaft (Georgescu-Roegen 1971, 1986), unterstützt von den "bürgerlichen Revolutionen" in England, Frankreich und in den USA, durch die Menschenrechten und demokratischem Prinzip eine Bresche geschlagen wurde, ist die moderne kapitalistische Produktionsweise mit ihrer "propagandistischen Tendenz, den Weltmarkt herzustellen" (Marx) nicht nur hervorgebracht, sondern siegreiches, und – wie viele heute meinen – alternativloses Prinzip der gesellschaftlichen Organisation des Stoffwechsels zwischen Mensch und Natur.

Die neue historische Dynamik tritt noch konturenreicher hervor, wenn wir die Rolle des Geldes im Prozeß der kapitalistischen Industrialisierung betrachten. Der "Quantitativismus des Geldes", den Aristoteles noch kritisierte, weil er sozial zersetzend wirkte, kann sich so recht entfalten, wenn die Energie- und technischen Wandlungssysteme die räumlichen und zeitlichen Grenzen des "Oikos" und der "Polis" weit hinter sich lassen und die körpereigenen (endosomatischen) Kräfte von Mensch und Tier vervielfachen. Für die moderne Geldwirtschaft sind die fossilen Energieträger der prometheischen Revolution ein Treibsatz, der sie in den siebten Himmel heutiger globaler Finanzspekulation emporjagt. Mit den Transport- und Kommunikationsmedien des 20. Jahrhunderts wird der zeitlichen und räumlichen Dynamik des Geldes und des Kapitals Tür und Tor geöffnet.

Ohne fossile Energien gäbe es weder den kapitalistischen Produktions- und Akkumulationsprozeß noch den modernen monetären Weltmarkt. Erst weil Raum und Zeit durch den "technischen Fortschritt" nachgerade vernichtet worden sind, so daß von der Ökonomie kokett als einer "virtuellen" Veranstaltung gesprochen wird, müssen reelle "Standorte" zwischen La Plata, Rio Grande, Rhein, Po und Wolga mit höchst reellen Leistungen – Lohnkosten, Infrastruktur, Kompetenz staatlicher Verwaltungen etc. – um investierbare liquide Fonds auf dem "virtuellen" monetären Weltmarkt buhlen.

Während in vormodernen Zeiten die Menschen nur in räumlich begrenztem Maße zum Transport der Energieträger (des Holzes) in der Lage waren (Debeir et al. 1989) und daher ihre "Standorte" danach ausrichten mußten, verschaffen sich moderne kapitalistische Gesellschaften Energien und Rohstoffe aus allen Weltregionen, um sie in den Zentren der Energie- und Stoffwandlungssysteme in jenes Ensemble von Gebrauchswerten zu verwandeln, das die Schaufenster der "modernen Wohlstandsgesellschaft" füllt und den "Reichtum der Nationen" darstellt. Dies alles setzt Speicherbarkeit über längere Zeiträume, leichte Transportierbarkeit und problemlose Transformierbarkeit von Primär- in Sekundär- und Endenergien (aus Kohle in Wärme und Bewegung sowie umgekehrt aus Bewegung in Wärme und Elektrizität) voraus. Diese Bedingungen werden von den fossilen Energieträgern hervorragend erfüllt.

Doch die Globalisierung bedeutet keineswegs, daß die Entwicklung der modernen Industriesysteme gleichzeitig und gleichmäßig erfolgen oder daß integrale Extraktions-/Produktionssysteme entstehen würden. Die "Weltordnung" der zweiten Hälfte des 20. Jahrhunderts ist vielmehr durch den Gegensatz von Stoff- und Energiewandlungssystemen in den entwickelten Industriegesellschaften "Des Nordens" einerseits und "Syntropieinseln" (Dürr), also weniger entwickelten Rohstoffextraktionsländern "des Südens", andererseits charakterisiert. Es ist keineswegs gesichert, daß gerade jene Länder und Regionen besondere Chancen haben, ökonomischen Wohlstand anzuhäufen, die über reiche Rohstofflager verfügen. Während im 19. Jahrhundert Rohstoffreichtum noch eine Gunst des Standorts war, sind in der internationalen Arbeitsteilung des 20. Jahrhunderts eher jene Länder bevorzugt, die nicht auf Rohstoffexporte angewiesen sind, sondern technisch und organisatorisch innovativ mit neuen Produkten, produziert von qualifizierten Arbeitskräften, auf die Weltmärkte drängen können. Rohstoffländer bieten mit den exportierten Energieträgern den Industrieländern die Möglichkeit, ihren Wohlstand zu erhalten und zu steigern, während nach der erfolgten Extraktion wenig mehr als ein "schwarzes Loch" übrigbleibt. Die Ordnung der industriellen Welt erzeugt also die Unordnung der Extraktionsgebiete (dazu Altvater 1992), es sei denn, Rohstoffländer schaffen es, die Faktoren (Arbeit und Kapital) durch politische Gestaltung der internen Faktor-Preis-Relationen aus dem Rohstoff- in den Industriesektor zu lenken. Allerdings müßten die Industrieprodukte konkurrenzfähig produziert und auf dem Weltmarkt angeboten werden können. Das ist schwierig genug; denn die "systemische Wettbewerbsfähigkeit" bezieht sich immer auf die Konkurrenz innerhalb und zwischen den Branchen. Dieser Sachverhalt wird sehr häufig in den Analysen zur Wettbewerbsfähigkeit vernachlässigt. Da steht immer die Konkurrenz innerhalb der Branche mit vergleichbaren Produkten aus anderen Ländern und "Standorten" im Vordergrund. Die Gründe für die Schwierigkeiten, im jeweiligen Land den Faktortransfer "zwischen den Branchen" vom Rohstoffsektor in den Industriesektor zu vollbringen, sind vielfältig. Sie sind von Harold Innis in seiner Analyse der "staple products" (Kabeljau, Felle, Holz) am Beispiel Kanadas dargelegt worden. Sie sind mit thermodynamischen Kategorien von Steven Bunker (1985) debattiert worden, um die Entwicklungshemmnisse in Amazonien ("underdeveloping the Amazon") zu erklären (vgl. auch Altvater 1987, 1991).

Daß die Entwicklungsunterschiede zwischen Ressourcen extrahierenden Rohstoffländern und den Ressourcen verwendenden Industrieländern zum Problem geworden sind, liegt an der umfassenden, inzwischen durch die Kommunikationsmedien realisierten Globalisierung von Standards und Leitbildern von Produktion und Konsumtion, die alle Welt erreichen will – und muß! Maßstäbe und Standards sind allerdings nicht unveränderlich, die Latte wird, auch dies ist Ausdruck der Dynamik des Modells, von den jeweils Erfolgreichsten im Wettbewerb immer höher gehängt. Der erwähnte Quantitativismus des Geldes bestimmt auch die Regeln und die Dynamik der internationalen Konkurrenz. Nichts bleibt wie es ist, alle Konkurrenten stehen unter dem Zwang, nicht nur die Latte in gewaltigem Sprung nach vorn zu nehmen, sondern sogleich die Maßstäbe höher zu schrauben.

Hat dies etwas mit der globalen Ökologie zu tun? Konkurrenzfähigkeit und Entwicklungserfolge schlagen als vermehrte Produktion zu Buche. Das ist zunächst nur eine höhere Geldeinahme. Aber die vermehrte Produktion ist auf Dauer nur möglich, wenn auch der Verbrauch von stofflichen und energetischen Inputs steigt – selbst bei verbesserter Energieeffizienz. So schürzt sich das – neben den begrenzten Ressourcen – andere Problem der globalen Ordnung: Durch die Nebenprodukte der Stoff- und Energiewandlung in der Produktions- und Konsumtionssphäre werden die natürlichen Senken für flüssige, gasförmige und feste Schadstoffe auf der Erde beansprucht – und schließlich überbeansprucht. Die Senken sind ebenso erschöpflich wie die Ressourcen, bei deren Umwandlung in gewünschte Gebrauchswerte sie entstehen. Das ökologische Problem der globalen Ordnung kann also in ein "Ressourcen-" und in ein "Senkenproblem" aufgegliedert werden. Das erstgenannte Problem stand am Beginn der modernen Ökologiedebatte, es wurde zum entscheidenden Thema des ersten Berichts des Club of Rome. Das zweite Thema kam erst später hinzu, ist aber möglicherweise wichtiger als das erste. Dabei muß allerdings berücksichtigt werden, daß die Unterscheidung im konkreten Fall nicht immer stichhaltig ist. Wälder beispielsweise sind "Ressourcen" (Holz, von anderen Waldprodukten abgesehen) und Senken (für CO_2-Emissionen, die durch die Biomasse im Wachstumsprozeß gebunden werden). Darüber hinaus sind sie – die tropischen Regenwälder sind dabei besonders wichtig – Lebensräume für eine Vielfalt und Vielzahl von Lebewesen.

Die globalen ökologischen Probleme sind daher im Prinzip dreifacher Natur:

- Erschöpfliche, endliche Ressourcen werden bis zur Neige ausgebeutet und prinzipiell nichterschöpfliche und erneuerbare Ressourcen werden über die Regenerationsfähigkeit hinaus (aus)genutzt.
- Senken werden der grenzenlos quantitativen Logik der kapitalistisch-industriellen Produktionsweise folgend in einem Ausmaß belastet, das die Aufnahme- und Regenerationsfähigkeit überschreitet.
- Mit der Überlastung von Ressourcen und Senken werden Lebensräume von Lebewesen vernichtet, die anders als der Mensch keine "exosomatischen Instrumente" haben ausbilden können, um sich eine "zweite", an die veränderten Umweltbedingungen angepaßte Natur zu formen.

Wenn die Veränderung von "Umwelten" zu schnell erfolgt, als daß sich die innere Natur daran anpassen könnte, sterben die Arten aus. Die Katastrophe besteht genau darin, daß die zeitlichen Spielräume – auch eine Folge des Prinzips des raum-zeitlichen Imperialismus, von Beschleunigung und Expansion – so eingeengt sind, daß Vorkehrungen zur Anpassung an eine radikal geänderte Umwelt unmöglich sind. So wird der Evolutionsprozeß des Lebens gelenkt, wie ein Supertanker von einem blinden und betrunkenen Kapitän mit einer inkompetenten Mannschaft.

3 Von globaler Apartheid zu einem "globalen Umweltregime"?

Die Übernutzung der globalen Ökosysteme ist ein "tragisches" Resultat der in kapitalistischen, besitzindividualistischen Gesellschaften geltenden Spielregeln. Individuelle Rationalität kann nicht nur in kollektive Irrationalität umschlagen (ein Thema, dem sich die Sozialwissenschaften seit ihrem Entstehen widmen). Wegen der (positiven) Rückkopplungen mit anderen ebenso individuell und rational interessegeleiteten Akteuren und infolge des gemeinsamen Zugriffs auf begrenzte und sich daher für alle anderen quantitativ und qualitativ, aufgrund individueller Aktion, ändernden Ressourcen und Senken (dadurch allein wird die Annahme von der Individualität des entscheidenden Akteurs fragwürdig) können die eigenen Interessen allenfalls vorübergehend realisiert werden.

Dies alles setzt der entwicklungspolitisch angestrebten und durch die Konkurrenz erzwungenen ökonomischen Ausdehnung und Steigerung doch wieder Grenzen, die eigentlich durch den Rückgriff auf die exosomatischen Energien überwunden sein sollten: Grenzen der "ecological scale of production and consumption". Wie der Besen sich vom Zauberlehrling selbständig macht, verselbständigen sich die exosomatischen Apparate gegenüber ihren Anwendern und verwandeln deren ökonomische Rationalität in ökologische Irrationalität. Die Menschheit befindet sich vor der unerfreulichen Alternative, über ein sophistifiziertes monetäres, ökonomisch höchst effizientes Steuerungssystem mit Marktpreisen zu verfügen, das aber tragischerweise ungeeignet ist, Regeln für den Umgang mit selbstproduzierten globalen ökologischen Problemen anzubieten. Andere Medien der Regulation freilich sind nicht vorhanden. Die Verfolgung der "Rationalität der Weltbeherrschung" zeitigt ein tragisches Resultat. Je weiter dieses Programm vorangetrieben wird, desto mehr stellt sich die Unmöglichkeit heraus, die Welt wirklich beherrschen zu können. Denn "a society that does not take into account the repercussions of its transformation of nature can hardly be said to dominate nature at all" (Grundmann 1991, S 109).

Prinzipiell gibt es 2 Antworten auf die Herausforderung begrenzter Ressourcen und Senken für den (im Prinzip unbegrenzten) industriell-kapitalistischen Produktions- und Konsumtionsprozeß. Die eine läßt sich mit dem Stichwort "containment" beschreiben (Sachs 1992): Eindämmung der negativen Konsequenzen der Übernutzung von Ressourcen und Senken im "Süden", um in den privilegierten Industriländern des "Nordens" das eingeübte Produktionsmodell und den lieb gewordenen "life style" fortsetzen zu können. Die ökologischen Kosten der globalisierten Industriegesellschaft werden also auf einem Globus "externalisiert", der gerade durch die zeitliche und räumliche Dynamik kapitalistischer Verwertungslogik eine Externalisierung ausschließt. Das Modell einer gespaltenen Welt, einer "globalen Apartheid", ist auf lange Sicht nicht nur ökologisch, sondern auch politisch und militärisch ausgeschlossen.

"Containment" ist eine Strategie des Schlußstrichs: Sie erkennt an, daß raum-zeitliche Expansion an nachgerade eherne, natürliche Schranken stößt, so daß die Privilegierten ihre Claims gegen die anderen verteidigen (müssen). Der Unterschied zu den raum-zeitlichen Regimes der vergangenen Epochen kapitalistischer Entwicklung ist eklatant. In der *kolonialistischen* Frühphase des Kapitalismus wurden die "weißen Flecken" auf dem Globus erobert, besiedelt, unterworfen und ausgebeutet und auf brutale Weise, durch Ausrottung ganzer Völker, subaltern, eben als Kolonien, in den Zirkel der kapitalistischen Metropolen einbezogen. Die *imperialistischen* Staaten des 19. und 20. Jahrhunderts unternahmen alle Anstrengungen, die bereits territorial aufgeteilte Welt räumlich zu reorganisieren – und sie gerieten bei diesem Unterfangen untereinander in kriegerische Konflikte, die sich zu Weltkriegen zuspitzten, da es ja um eine Neuordnung der Welt ging. Die Strategie der *Eindämmung*, also keine Strategie der territorialen, nationalstaatlichen Ausdehnung, sondern der Abschottung bringt eine gänzlich neue räumliche Organisation der Erde hervor. Sie ist den Strukturen der im Verlauf der Nachkriegsordnung entstandenen Privilegien nachgebildet. Die wohlständigen Gesellschaften versuchen die Zugriffsmöglichkeiten auf Ressourcen und Senken zu sichern, müssen aber bei den erkannten Grenzen der globalen Ökosysteme dafür Sorge tragen, daß Einschränkungen vor allem bei anderen wirksam werden. Das Prinzip der Gleichheit von Bedürfnissen, Ansprüchen und Rechten der Menschen überall auf der Erde wird ersetzt durch ein anderes: das der Rationierung begrenzter Ökosysteme. Ein Teil der Menschheit bekommt große, ein anderer Teil nur kleine Rationen zugeteilt. Die Rationierung durch den Preismechanismus (jene G-7-Bürger mit einem Pro-Kopf-Einkommen von 20 000 US$ pro Jahr können größere Rationen greifen als jene G-77-Bürger mit einem jährlichen Pro-Kopf-Einkommen von 500 US$) wird in der "neuen" Weltordnung mit politischen und militärischen Mitteln perfektioniert. Dabei spielen Hilfsleistungen (Entwicklungshife, Global Environmental Facility etc.) eine ebenso wichtige Rolle wie politische und militärische "Befriedung" (Golfkrieg; Somalia etc.), wenn andere Mittel nicht greifen.

Die Alternative zu "containment" und globaler Apartheid ist Koordinierung von Politik und Kooperation zwischen prinzipiell gleichberechtigten Akteuren, also die Bildung eines internationalen ökologischen Regimes, das sich auf gemeinsame Wertvorstellungen, politische Normen, Regeln und vor allem auf handlungsfähige Institutionen stützen kann und sich schließlich darauf verlassen müßte, daß die Akteure gemäß den Regeln des Regimes tatsächlich über ökologische Fragen problemgerecht und gleichberechtigt kommunizieren können. Die UNCED-Konferenz von Rio de Janeiro im Juni 1992 wird von einer Reihe von Beobachtern als bedeutender Schritt zur Regimebildung interpretiert (Bruckmeier 1994; Simonis 1993; Rowlands 1992), zumal der UNCED-Konferenz andere Abkommen zur globalen Regulation des Stoffwechsels mit der Natur vorausgegangen sind. Ihnen ist eines gemeinsam: eine Art "conditionality", die die Prinzipien des unbedingten "free trade" und der "freien Unternehmerinitiative" gewissermaßen an eine (allerdings sehr lange) Leine legt, ohne dem Prinzip nationalstaatlichen Protektionismus (dieses Prinzip stammt aus der Weltordnung der Nationalstaaten des 19. Jahrhunderts) das Wort zu reden. Dazu gehören das Abkommen über den Schutz von seltenen Tieren und Pflanzen (Washington Agreement) von 1975, die FCKW-Konvention von Montreal (1987) mit den Nachfolgevereinbarungen, das Baseler Müllabkommen von 1989, das im März 1994 in Genf beträchtlich verschärft worden ist, die Tropical Timber Trade Organization von Tokio und Yokohama und schließlich die in Rio beschlossene, inzwischen ratifizierte CO_2-Konvention sowie die weniger verbindlichen Abkommen über den Schutz der Wälder und der Artenvielfalt, ebenfalls von Rio de Janeiro. Es wäre übertrieben, diese Abkommen bereits als "Regime" mit den oben genannten Elementen zu interpretieren, das Rahmen, Ziele und Wege des umweltpolitischen Handelns von internationalen Akteuren umschreiben würde. Das Novum der Bildung eines internationalen

Die Ökologie der neuen Weltordnung 173

Umweltregimes besteht darin, daß die Regulation des Stoffwechsels mit der Natur nicht mehr allein der Preissprache des Weltmarkts, aber auch nicht mehr den Kompetenzen von in der neuen Weltordnung doch nicht souveränen Nationalstaaten überlassen bleibt. Das nachfolgende Schema (Abb. 1) indiziert diesen Zusammenhang.

4 Die politische Gestaltung der ökologischen "Budgetrestriktion"

Woran können sich politisch gesetzte (also nicht mehr allein durch Preise definierte) Grenzen der Nutzung von globalen Ressourcen und Senken orientieren, wo sind sie zu etablieren? Grenzen auf räumlichem Territorium zu setzen und zu kontrollieren ist Privileg und Kompetenz des souveränen Nationalstaates. Aber "sein" eingegrenztes und eingefriedetes Territorium

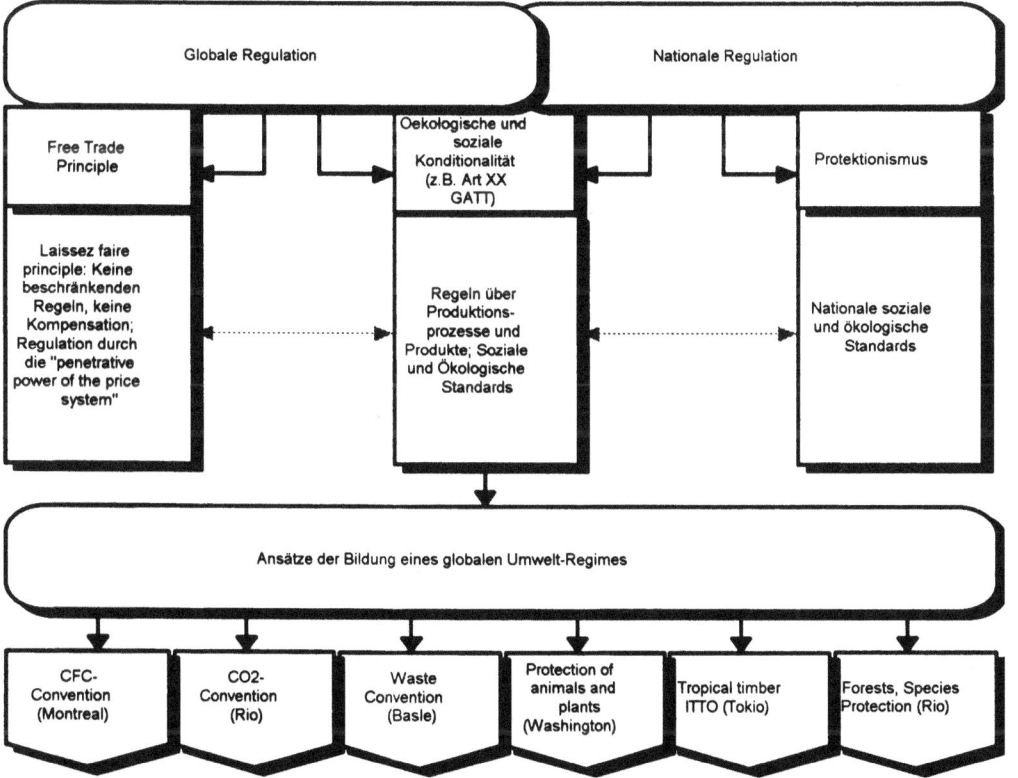

Abb. 1. Regulation ökologischer Standards; Ansätze der internationalen Regimebildung

ist ja mannigfachen, nicht zuletzt ökologischen Einwirkungen ausgesetzt. Was sind die Grenzen des grenzenlos kosmopolitischen Freihandels? Sie sind jene der Budgetrestriktion des Geldes, also eine nichtterritorialräumliche, sondern eine (ökonomisch) funktionsräumliche Grenze (zu dieser Unterscheidung vgl. Altvater 1987): Nur die Handelstransaktionen sind durchführbar, und nur jene Produktionsprozesse werden eingeleitet, die gemessen an den internationalen Zinssätzen rentabel, profitabel sind.

Die Grenzen der Nutzung von ökologischen Ressourcen, beispielsweise des Eintrags von Schadstoffen in die Atmosphäre, können nicht in nationalstaatlicher Abgrenzung definiert oder der ökonomischen Budgetrestriktion unterworfen werden. Versuche, die in diese Richtung weisen, scheitern entweder daran, daß sie sich territorial nicht eingrenzen lassen, oder daran, daß die Verfolgung des Rentabilitäts- und Profitprinzips "globale Kosten der Industriegesellschaft" erzeugt. Vielmehr verlangt ihre Festlegung eine Verständigung über ökologische "Budgetrestriktionen", die doppelt bestimmt werden können. Erstens – passiv – mit der Tragfähigkeit und *Belastbarkeit* der globalen Ökosysteme im Hinblick auf anthropozentrische Einwirkungen und zweitens – aktiv – mit dem Ausmaß von *Belastungen*, die im Prozeß von Produktion und Konsumtion durch Menschen auf dem Erdball erzeugt werden. Diese neue Grenze zwischen ökologischer Belastbarkeit und ökonomischer Belastung, zwischen "ecological scale" und "economic scale" von Produktion und Akkumulation wird in der internationalen Debatte, insbesondere seit Erscheinen des Brundtland-Berichts 1987, mit dem Begriff der "sustainability" bezeichnet. Der Begriff ist normativ aufgeladen und analytisch wenig stringent. Sinnvollerweise muß er an den oben bezeichneten globalen ökologischen Problemen anknüpfen und Gestaltungen des Stoffwechsels zwischen Mensch und Natur begründen, deren *Maß* die Fähigkeit zur Reproduktion und Evolution der Arten ist: Weder dürfen Ressourcen und Senken über die Regenerationsfähigkeit hinaus genutzt, noch darf die Evolution der Arten den Interessen der Geldvermögens(und Genbanken-)besitzern überantwortet, also der ökonomischen Budgetrestriktion und der ihr unterworfenen Logik des Handelns ökonomischer Akteure ausgesetzt werden. Dabei könnte nur eine hochentropische Monokultur herauskommen. Also wäre "Nachhaltigkeit" sinnvollerweise thermodynamisch zu definieren (Daly 1991; Altvater 1992): Die Entropieproduktionsrate muß auf der Erde = 0 gesetzt werden, d.h. Energiezufuhr (von der Sonne) und Entropiezunahme in Form von Abwärme, Abwasser, Müll, Abluft etc. müssen sich die Waage halten. Letztlich erreichbar ist dieses "Fließgleichgewicht" nur bei Verfolgung einer "Sonnenstrategie" (Scheer 1993).

Dem Prinzip der Nachhaltigkeit kann auf 2 Wegen Rechnung getragen werden: Die Nutzung von Ökosystemen hängt ja erstens davon ab, wie viele Ressourcen entnommen und wie viele Emissionen in die natürlichen Senken eingetragen werden, also von der "ecological scale of production and consumption". Dies ist die stofflich-energetische, die gebrauchswertmäßige

Seite von Produktion und Konsumtion. Zweitens wird das Ausmaß der Ressourcennutzung von dem Niveau, der Wachstumsrate und der Verteilung des Einkommens in der Weltgesellschaft, von der "economic scale of production and consumption" bestimmt. Dabei handelt es sich um die wertmäßige Seite ökonomischer Prozesse. Die Regeln eines internatioalen Regimes können nun an der einen oder der anderen "scale" ansetzen oder an beiden. Die Nutzung von Ressourcen und Senken (ecological scale) erfordert auf jeden Fall die Setzung verbindlicher quantitativer Höchstwerte und qualitativer Standards, beispielsweise über zulässige CO_2-Emissionen, die Art der Waldnutzung, die Gewässerbelastung, die Produktion und Behandlung von Müll einschließlich der Maßnahmen zum Recycling etc.

Die Beachtung der Grenzen der "economic scale" hingegen kann im Prinzip mit ökonomischen Anreizen herbeigeführt werden: Akteure werden veranlaßt, Umweltbelastungen, die sie verursachen, zu internalisieren. Dazu können einerseits Umweltsteuern und die Streichung aller umweltbelastenden Subventionen (im Transportsektor, in der Landwirtschaft, in der Energieproduktion) sowie eine angemessene Gestaltung öffentlicher Tarife eingesetzt werden. Andererseits kann mit Regeln der Preisbildung seitens der Unternehmen die "Preiswahrheit" gesteigert werden ("getting the prices right"). Marktliberale Vertreter gehen davon aus, daß eine Erhöhung der Allokationseffizienz durch Internalisierung der (externalisierten) Kosten der Umweltbelastung in die Preiskalkulation eine Reduzierung von Ressourcenverbrauch und Schadstoffeintrag herbeiführen könnten, ein gegebenes Einkommensniveau vorausgesetzt.

Allerdings sind ernsthafte Zweifel an den Erwartungen, mit "richtigen Preisen" die Umwelt entlasten zu können, nicht nur mit aus empirischen Untersuchungen gewonnenen Argumenten anzumelden. Die Preise auf dem Weltmarkt sind gar nicht Resultat des freien Spiels der Kräfte, sondern Ergebnis mikroökonomischer Preissetzungsmacht des Managements von transnationalen Unternehmen (administered pricing). Mindestens 25% des Welthandels ist "intra-firm trade" (OECD). Am wichtigsten aber ist der Sachverhalt, daß der die Budgetrestriktion des Geldes ausübende Preis einer kapitalistischen Geldwirtschaft, der Zins nämlich, eine höchst unzuverlässige Variable ist, insbesondere in Zeiten ökonomischer Instabilität. Seine Höhe reflektiert nicht – wie die Klassiker annahmen – die realen und "natürlichen" Möglichkeiten der Erzielung eines Überschusses (indiziert vom Anstieg des Produktionspotentials). Infolge des globalen "debt overhang" und der Internationalität des Kredits bei gleichzeitiger Nationalität von Währungen – ein permanenter Anlaß für Spekulation – wird im Zins vor allem das Risiko abgegolten. Der mit einer bestimmten Kapitalsumme erzielbare produktive Überschuß in Form des Profits ist für die Renditekalkulationen der innovativen "Finanzinstrumente" auf dem monetären Weltmarkt unbedeutend. Die Höhe des Zinses ist von der realen Leistungsfähigkeit von Schuldnern abgekoppelt. Dies war in vorkapitalistischen (und vorfossilistischen) Zeiten Anlaß für das aristotelische, das kanonische und islamische Zinsverbot. Da es sich in der gegenwärtigen Welt zu einem Gutteil um souveräne Schuldner (Staaten) handelt, werden in der Folge politisch moderierte Umverteilungsprozesse zugunsten der internationalen Geldvermögensbesitzer ausgelöst. "Moderatoren" sind dabei vor allem die Weltbank, der Internationale Währungsfonds, die Clubs von London und Paris, die Bank für internationalen Zahlungsausgleich in Basel etc. Die Bildung des Zinssatzes ist zwar ökonomisch rational, der Preis ist als hoch reagibler Marktpreis theoretisch "richtig". Wenn aber die Höhe des Zinses sich von den realen Bedingungen der Überschußproduktion löst und vor allem die Höhe des Risikos von Ausleihungen reflektiert, kann er nicht ökologisch und sozial "richtig" sein und rationale Entscheidungen anleiten.

Die Limitierung der "economic scale" kann auch erfolgen, indem die Weltmarktkonkurrenz reguliert wird. Es könnte eine "ecological conditionality" eingeführt werden. In diese Richtung weisen Diskussionen über ein "greening of the GATT" (Daly 1994; Anderson u. Blackhurst 1992). Eine ökologische Konditionalität würde auf jeden Fall mit dem Prinzip des Freihandels, mit Nichtdiskriminierung und Meistbegünstigung brechen und so die tragenden Säulen des GATT unterminieren. Die Entscheidung für eine ökologische Konditionalität, um die kein Weg herumführt, sofern die UNCED-Beschlüsse von Rio und danach ernst genommen werden, zieht eine Alternative nach sich: Entweder liegt die Kontrolle der ökologischen Normen bei den Nationalstaaten, oder sie werden in einem internationalen Handelsabkommen verankert und von einer internationalen Institution überwacht. Im ersten Fall sind "Öko-Dumping" (Nichtberücksichtigung der ökologischen Kosten in der Preisgestaltung) auf der einen und "Öko-Protektionismus" (tarifäre oder nichttarifäre Hürden gegen Produkte, deren ökologische Kosten nicht vollständig im Preis berücksichtigt werden) auf der anderen Seite kaum zu vermeiden, und zwischenstaatliche Handelskonflikte sind schon jetzt vorgezeichnet. Diese Perspektive muß nicht schrecken, zumal die Alternative des ökologisch nicht regulierten freien Handels keineswegs freundlicher ist. Die von den Klassikern versprochenen "komparativen Kostenvorteile" sind bei höchst mobilem Kapital und transnationaler Migration von Arbeitskräften noch nicht einmal theoretisch zu begründen. Vorzuziehen wäre freilich die Errichtung einer internationalen Institution (bzw. die Ausstattung des GATT mit entsprechenden Kompetenzen), die die Regimebildung nach UNCED einen Schritt vorwärts bringen könnte. Da es dabei immer um Nutzungsrechte an Natur geht, die für die Erhaltung von Einkommensniveaus unabdingbar sind, da obendrein finanzielle Beiträge zu leisten sind, ist Regimebildung notwendigerweise mit Verteilungskonflikten verknüpft.

5 Akteure des globalen Umweltregimes und ihre Interessen

Auf internationaler Ebene sind die Nationalstaaten nicht mehr die einzigen, und in mancher Hinsicht möglicherweise nicht mehr die ausschlaggebenden Akteure, auch wenn die kulturellen, sprachlichen, politisch-historischen Traditionen staatlich vermittelter Umverteilungsmaßnahmen eher die benötigte Legitimation verleihen als Appelle an die kosmopolitischen Gemeinsamkeiten, Rechte und Pflichten von Weltbürgern. Neben Staatengruppen, wie der großen und mächtigen Europäischen Union oder der kleinen und schwachen "Alliance of Small Island States" (AOSIS), neben losen Allianzen wie der Gruppe der 77 und fest institutionalisierten Koordinierungsgremien wie der Gruppe der 7 treten in der internationalen Arena transnationale Unternehmen und Banken mit ihrer in politische Macht umgesetzten ökonomischen Potenz auf. Es sind internationale Institutionen wie die Weltbank oder der Internationale Währungsfonds, das GATT oder die ILO, häufig als Verstärker der ökonomischen und politischen Macht der Industrieländer präsent, und es wirken Nicht-Regierungsorganisationen (NRO) im Prozeß der Entscheidung, insbesondere in den Umwelt und Entwicklung betreffenden Fragenkomplexen mit.

Die erwähnten Akteure verfolgen Interessen. Diese können nach Verursacher- und Betroffeneninteressen untergliedert werden. Als Zwischenkategorie werden noch die von Prittwitz (1990) so genannten "Helferinteressen" berücksichtigt. Aus der so entstehenden Matrix von Akteuren und Rollenverteilung kann man bereits einen Eindruck von der Komplexität und Widersprüchlichkeit der Interessenstruktur auf internationaler Ebene gewinnen, wenn es um die Aushandlung von Regimen geht, die Entwicklung und Umwelt regulieren sollen. Tabelle 1 deutet diese Zusammenhänge an, sie knüpft an einer Darstellung von Simonis (1993) an und führt sie weiter.

Die "neue Weltordnung" ist keine reine Staatenordnung mehr. Infolge der globalen Kommunikation und Vernetzung hat der Staat, haben die Diplomaten von Regierungen nicht mehr das Monopol der Gestaltung internationaler Beziehungen. Die "Zivilgesellschaft" ist dabei, sich zu trans- und zu internationalisieren. So entstehen auf der einen Seite wegen der Bedrohung der natürlichen Umwelt auf Erden die "neuen Betroffenheiten" und auf der anderen Seite die internationalen Vernetzungen, die mehr und mehr organisatorische Form gewinnen. NRO haben bei der Aushandlung internationaler Abkommen, insbesondere im Bereich von Umwelt und Entwicklung, inzwischen wichtige Aufgaben übernommen. Damit wird ein staatstheoretisches Problem aufgeworfen.

Tabelle 1. Akteure und deren Interessen in der globalen Umweltpolitik

Internationale Akteure	Verursacher von Emissionen	Betroffene von Emissionen	Geber von Hilfe	Empfänger von Hilfe
USA	stark	schwach	stark	nein
EU	stark	stark	stark	nein
Osteuropa	stark	stark	schwach	stark
OPEC	stark	schwach	schwach	schwach
Gruppe 77	schwach	stark	schwach	stark
AOSIS	weniger als schwach	sehr stark	nein	schwach
Transnationale Unternehmen	stark	stark/schwach	nein	nein
Nicht-Regierungs-organisationen	nein	stark	stark	stark
Internationale Institutionen (IWF etc.)	nein	nein	stark	nein

6 Eine "globale Zivilgesellschaft" jenseits der Nationalstaaten?

Im internationalen System sind die Akteure mit längster Tradition, größter Machtausstattung, unbefragter Legitimation, größter Expertise jene souveränen Staaten, die seit der Heraufkunft der Moderne die internationale "Ordnung" bilden, von der zu Beginn die Rede war. Die Souveränität des Nationalstaats ist doppelt definiert und gleichzeitig begrenzt. Die Staatsmacht bezieht sich auf ein Territorium, hat also eine territoriale, räumliche Dimension, und sie leitet sich geschichtlich aus dem Staatsvolk her, das als eigentlicher Souverän, zumindest in demokratischen Systemen, die jeweilige nationale Regierung mit legitimierten Handlungsvollmachten ausstattet. Beide Ressourcen von Macht und Souveränität – Territorium und Staatsvolk – sind erschöpflich. Die Grenzen des Nationalstaats des 19. und 20. Jahrhunderts sind immer weniger kompatibel mit der Reichweite der ökonomischen Prozesse und mit den räumlichen und zeitlichen ökologischen Folgen von Stoff- und Energietransformationen. Aus dem Prinzip *"cujus regio, ejus religio"*, mit dem nach der Reformation die Religionswahl zwischen Protestantismus und Katholizismus in die Hand des jeweiligen regionalen Herrschers gelegt war und das ein Element der "westfälischen Ordnung" nach 1648 wurde, kann die Regel *"cujus regio, ejus economia"* nicht mehr abgeleitet werden. Infolge der Internationalisierung der Ökonomie ist das System der modernen Nationalstaaten "fluid" (Ruggie 1993: 139) geworden.

Nun kann aus dieser Tendenz keineswegs geschlußfolgert werden, daß der Nationalstaat seine einstmals historisch entscheidende Rolle am Ende des 20. Jahrhunderts vollends ausgespielt habe. Die Beschaffung von Legitimation für Regierungshandeln erfolgt immer noch in erster Linie in der durch die Nationalität definierten Gesellschaft, durch das Wahlvolk. Die Territorialität des Nationalstaats wird "entbündelt", wie Ruggie (1993) den Prozeß der Erosion des nationalstaatlichen Territoriums als funktionaler Einheit und die Auflösung eines nationalen Territoriums in der Welt der sozialen Vorstellungen und Bilder (im *"l'immaginaire social"*) bezeichnet. Auch das Staatsvolk ist keine selbstverständliche Einheit mehr, wenn es das denn je war. Modernes "Nomadentum" führt zur Auflösung der nichtterritorialen Abgrenzungen, etwa von Anspruchsberechtigten in der modernen Sozialversicherung. Zugleich bilden sich innerhalb des Nationalstaates regionale Einheiten heraus, die eine "subnationale" Identität vermitteln, die nicht mehr auf den überlieferten Nationalstaat bezogen ist.

Dennoch: Alle diese Tendenzen haben die Nationalstaaten nicht von der Bühne getrieben, sie haben nur die Regeln des Spiels verändert und neue Akteure auf den Plan gerufen. Denn nicht zuletzt sind Nationen als Währungsräume paradoxerweise international und national-ökonomisch zugleich definiert. Sie sind durch Wechselkurse gegeneinander abgegrenzt und mit der Zahlungsbilanz aufeinander als Nationalstaaten bezogen. Allerdings sind die Wecheslkurse nur bedingt in der Gestaltungsmacht nationaler Staaten oder internationaler Institutionen. Sie sind das Resultat des freien Spiels der monetären Kräfte auf Devisenmärkten, auf denen heute täglich 1000 Mrd. US$ umgesetzt werden – davon werden allenfalls 10 Mrd. US$, also rund 1%, zur Abwicklung des Welthandels (rund 3500 Mrd. US$ pro Jahr) benötigt. Der Rest ist Spekulation, die wegen der nationalen Verfaßtheit der Währungsräume bei Globalisierung der Kapitalbeziehungen eine Notwendigkeit der Absicherung des Werts von Geldvermögen gegen Wechselkursbewegungen ist und gleichzeitig die "volatility" der Kursschwankungen erhöht.

Die "Ungleichzeitigkeitslücke" zwischen nationalstaatlicher Verfaßtheit, der Herausbildung eines internationalen ökonomischen und politischen Systems und der Globalität der ökonomischen und ökologischen Probleme kann prinzipiell auf 2 Weisen geschlossen werden. Es bildet sich in der "Einen Welt" ein globaler Staat, der aber eher autoritärer Alptraum ist und obendrein eine geringe Kapazität zur Lösung der Probleme von Weltmarkt und globaler Ökologie besitzen dürfte. Inwieweit ein globaler Staat "personified, symbolized, imagined" (Walzer) werden und so als Staat einer globalen Gesellschaft Legitimation erwerben und auf Basiskonsens zählen kann, sei erst recht dahingestellt. Aus der Globalisierung der Ökonomie ließe sich sicherlich die funktionale Notwendigkeit globalisierter politischer Systeme der Regulation ableiten (Knieper 1991, 1993); denn die ökologischen Probeme sind ebenso globaler Natur wie die ökonomischen Probleme, wenn erst einmal die Böden, die Ozeane und die Atmosphäre überlastet sind und die Vernichtung der Artenvielfalt den Evolutionsprozeß in unbekannte Richtung lenkt. Dies entspricht dem Wesen von Geld und Kapital.

Allerdings ergibt sich an dieser Stelle sofort ein politisch-ökonomisch-ökologisches Paradox. Politik erfüllt sich in der Regeneration von Macht, im Setzen von Regeln, in der Beschaffung von Legitimation für politische Intervention, in der Erzeugung und Pflege von Konsens. Sind diese Prizipien globalisierbar? Wohl kaum, müßte doch das politische Prinzip der Setzung von Grenzen in die Grenzenlosigkeit des globalen Systems wirklich umschlagen.

7 Zwischen Nationalstaat und globalem System: "Intermediäre" Nicht-Regierungsorganisationen

Die Ungleichzeitigkeit und räumlich-zeitliche Nichtkompatibilität von Ökonomie, Ökologie und Politik sind weder durch Schaffung eines globalen Staates noch durch Rekurs auf die tradierte Nationalstaatlichkeit aufzuheben. Es stellt sich dann aber die Frage, wie diese "Dysfunktionalität" von Funktionsräumen auf dem "einen" Globus zu einer Produktivkraft werden könnte. Wenn die Nationalstaaten ungeeignet sind, die globalen ökologischen und ökonomischen Probleme zu bewältigen, ein globaler Staat aber eine Illusion ist, wächst den intermediären Institutionen und Organisationen ein doppelter Komplex von Aufgaben im Zuge der internationalen ökologischen Regimebildung zu: Erstens werden NRO unverzichtbare Vermittler und Multiplikatoren des Konsenses innerhalb je nationaler (oder regionaler) Gesellschaften, um radikale und daher (zunächst) unpopuläre Maßnahmen zur Reduktion der Schadstoffemissionen, zur Schonung von Ressourcen, zur Erhaltung der Räume für Arten, deren "ökonomischer Nutzen" nicht kalkuliert werden kann und darf, überhaupt von den politischen Instanzen erzwingen zu können. Interessen am Schutz der natürlichen Umwelt sind nicht vertikal abgrenzbare Klasseninteressen oder horizontal zuschreibbare ungleiche Interessen einzelner Gruppen. Sie durchziehen jedes Individuum, betreffen vertikale Klassen und horizontale Gruppen gleichermaßen. In diesem Sinne hat Ulrich Beck Recht, wenn er zugespitzt feststellt, daß Smog "demokratisch" sei. NRO ihrerseits sind daher weder klassenspezifisch noch auf Gruppeninteressen festzulegen, sie haben eher anwaltliche Aufgaben.

Zweitens sind NRO die Bindeglieder internationaler Netzwerke, die von Nationalstaaten nicht geknüpft werden können, da sie "subetatistisch", unterhalb der Problemlagen, wo Souveränität und daher traditionelle Diplomatie eine Rolle spielen, geflochten werden. Sie sind somit gewissermaßen die Bindeglieder einer internationalen Zivilgesellschaft. "Menschheitsinteressen" (und, dies sei hinzugefügt: Menschenrechte und Rechte der Völker) jenseits der nationalen Interessen können NRO, für die Souveränität und nationalstaatliche territorial- und funktionsräumliche Macht kein leitendes Prinzip sind, besser artikulieren als nationale Staaten, die sich auf internationale Verhandlungen einlassen. Die internationalen Netzwerke von NRO sind der politisch-förmliche Ausdruck der Globalität der ökologischen Krise.

Jedoch zeigen die Erfahrungen von Rio auch, daß NRO nicht schon wegen ihres gemeinsamen intermediären Charakters und wegen der politischen Form, in der sie Politik gestalten, auf gleicher Welle kommunizieren könnten. Rowlands stellt zwar "an unprecedented level of cooperation among some members of the NGO community" fest, beschreibt aber auch die Unterschiede zwischen NRO aus dem Norden und aus dem Süden, im Ausmaß der Professionalität ihrer Aktivitäten, im Grad ihrer Basisverankerung, hinsichtlich des Einflusses, den sie auf die Repräsentanten von großen Nationalstaaten oder von internationalen Institutionen auszüben vermögen (Rowlands 1992, S 215ff.). Es wird also noch viel CO_2 in die Atmosphäre geblasen, bevor sich die Prinzipien ökologischer Nachhaltigkeit in der neuen Weltordnung durchsetzen.

Literatur

Altvater E (1987) Sachzwang Weltmarkt. Verschuldungskrise, blockierte Industrialisierung, ökologische Gefährdung – der Fall Brasilien. VSA, Hamburg

Altvater E (1991) Die Zukunft des Marktes. Ein Essay über die Regulation von Geld und Natur nach dem Scheitern des "real existierenden Sozialismus". Westfälisches Dampfboot, Münster

Altvater E (1992) Der Preis des Wohlstands. Umweltplünderung in der neuen Welt(un)ordnung. Westfälisches Dampfboot, Münster

Anderson K, Blackhurst R (1992) The greening of world trade issues. Harvester Wheatsheaf, Hertfordshire

Bruckmeier K (1994) Strategien globaler Umweltpolitik. Westfälisches Dampfboot, Münster

Bunker S (1985) Underdeveloping the Amazon. Extraction, unequal exchange, and the failure of the modern state. University of Illinois Press, Urbana, Chicago

Daly HE (1991) Steady-state economics. Inland Press, Washington DC, Covelo

Daly HE (1994) Die Gefahren des freien Handels. Spektr Wiss 1: 40–46

Debeir J-C, Deléage J-P, Heméry D (1989) Prometheus auf der Titanic. Geschichte der Energiesysteme. Campus, Frankfurt New York

Georgescu-Roegen N (1971) The entropy law and the economic process. Harvard University Press, Cambridge London

Georgescu-Roegen N (1986) The entropy law and the economic process in retrospect. Eastern Economic Journal XII/1: 3–25

Grundmann R (1991) The ecological challenge to marxism. New Left Rev 187: 103–120

Knieper R (1991) Nationale Souveränität. Versuch über Ende und Anfang einer Weltordnung. S Fischer, Frankfurt/M

Knieper R (1993) Staat und Nationalstaat. Thesen gegen eine fragwürdige Identität. PROKLA, Z krit Sozialwiss 23/März: 65–71

Lipietz A (1993) Berlin, Bagdad, Rio. Westfälisches Dampfboot, Münster

Polany K (1978) The great transformation. Suhrkamp, Frankfurt/M

Prittwitz V (1990) Das Katastrophenparadox. Elemente einer Theorie der Umweltpolitik. Leske & Budrich, Opladen

Rigaux F (1991) Reflexionen über eine neue Weltordnung. PROKLA, Z krit Sozialwiss 21/84: 384–399
Rowlands IH (1992) The international politics of environment and development: The post-UNCED agenda. Millennium. J Intern Stud 21/2: 209–224
Ruggie JG (1993) Territoriality and beyond: problemeatizing modernity in international relations. International Organization 47/1: 139–174
Sachs W (1992) Von der Verteilung der Reichtümer zur Verteilung der Risiken. Universitas 9: 887–897
Scheer H (1993) Sonnenstrategie. Politik ohne Alternative. Piper, München Zürich
Simonis G (1993) Der Erdgipfel von Rio – Versuch einer kritischen Verortung. Peripherie 13/51/52: 12–37

Nutzung und Schutz tropischer Regenwälder – Zur Problematik der großflächigen Zonierung im brasilianischen Amazonasgebiet

Manfred Nitsch

1 Einführung

Die Abholzung der tropischen Regenwälder gehört zu den globalen Umweltproblemen, die von der Öffentlichkeit seit einigen Jahren mit besonderem Interesse verfolgt werden. Es geht dabei um den Einfluß auf das Klima und die Artenvielfalt, aber auch um das Lebensrecht der indigenen Völker und der anderen Völker des Waldes; es geht um nationale Souveränität und um den Konflikt zwischen "Entwicklung" im üblichen Sinne von "Inwertsetzung" und "Wachstum" auf der einen und Naturschutz auf der anderen Seite.

Die internationale Staatengemeinschaft, internationale Organisationen wie UNO und Weltbank sowie in Deutschland unter den offiziellen Organen allen voran der Deutsche Bundestag haben die Problematik erkannt und dokumentiert. Die "Grupper der 7" hat 1991 in Zusammenarbeit mit Weltbank, EG-Kommission und brasilianischer Regierung ein anspruchsvolles "Pilotprogramm zur Erhaltung brasilianischer Regenwälder" entworfen und inzwischen auch begonnen, es in die Tat umzusetzen; dabei ist jedoch eine Fülle von politischen, konzeptionellen und praktischen Problemen aufgetaucht, und die Abholzung geht – wenn auch weniger schnell – weiter, so daß man weit davon entfernt ist, von einer "Lösung" sprechen zu können.

Die Problemlage ist auch alles andere als klar, denn bis vor kurzem noch sind Kolonisationsvorhaben zu Lasten von Primärwäldern und sonstigen Naturräumen einhellig als zivilisatorischer "Fortschritt" und Beitrag zur Lösung der Ernährungsprobleme einer rasch wachsenden Bevölkerung gepriesen worden. – Und an irgendeinem Baum soll nun Schluß damit sein und Abholzung für Barbarei statt für Zivilisation stehen? Schließlich ist bei genauerem Hinsehen eine "Grenze", von der leicht in Anlehnung an die "Frontier" im amerikanischen Westen gesprochen wird, nicht ohne Willkür zu definieren, denn seit Jahrzehnten, wenn nicht Jahrhunderten, leben auf einem Kontinuum zwischen wirklich abgelegenen Primärwaldgebieten und seit langem kolonisierten Flächen Tausende von Menschen, und zwar nicht nur Indianer.

Vor diesem Hintergrund sind die politisch-administrativen Ansätze zu sehen, die in Brasilien derzeit mit internationaler Unterstützung in die Tat umgesetzt werden. Dabei spielt die großflächige Zonierung ("zoneamento"), also die flächendeckende Einteilung von großen, meist einen ganzen Bundesstaat umfassenden Gebieten, in Nutzungszonen mit unterschiedlicher Intensität zwischen 1 (Siedlungsgebiete mit ackerbaulicher und agroforstlicher Nutzung im Umfeld der Städte und Straßen) und 6 (vollständig geschützter Primärwald, Indianergebiete und Bioreservate) eine besondere Rolle.

Im folgenden sollen die ersten Erfahrungen mit diesem Instrument aufgearbeitet und insofern mit dem interdisziplinären Anspruch dieses Bandes verknüpft werden, als im ersten Teil die eher naturwissenschaftliche Herangehensweise an das Problem der Landnutzung und des Naturschutzes dargestellt wird und dann im zweiten Teil die spezifisch wirtschafts- und sozialwissenschaftliche Analyse zu ihrem Recht kommt, so daß sich abschließend ein Resümee ergibt, welches Stärken und Schwächen beider Herangehensweisen auflistet und eine Integration versucht.

2 Handlungsansätze aus der Sicht der Ökosystemforschung

Zur Bedeutung der tropischen Wälder für das globale Klima und für die Erhaltung der in Jahrmillionen entstandenen Artenvielfalt braucht dem allgemein bekannten Wissen hier nichts hinzugefügt zu werden. Wichtig ist allenfalls, auf das Problem der Ungewißheit ausdrücklich hinzuweisen, weil alle wirtschafts- und umweltpolitischen Maßnahmen in der Praxis sich nicht auf hundertprozentig gesichertes Wissen verlassen können, sondern so oder so mit "Risiko" umgehen müssen, also einer bei Entscheidungen in Kauf genommenen Gefahr. Das gilt für den Schutz des Waldes ebenso wie für die Entscheidung, die betreffende Fläche für eine anderweitige Nutzung freizugeben.

Bei Schutz- und Nutzungsentscheidungen über den tropischen Regenwald wird bei der naturwissenschaftlichen Herangehensweise typischerweise mit dem Begriff des "Ökosystems" operiert, welches durch den Eingriff des Menschen zerstört wird. In Amazonien sind dafür nicht nur die Raubbauwirtschaft an Holz und die Landnahme durch Siedler verantwortlich, sondern auch der Bergbau im großen wie im kleinen Stil sowie die extensive Viehwirtschaft, die bis vor kurzem auch noch mit steuerlichen Anreizen in erheblichem Umfang gefördert worden ist. Schaut man sich die Erschließungsphasen und -wege etwas genauer an (Abb. 1), dann erkennt man rasch, daß die traditionellen Wasserwege erst relativ spät, nämlich nach 1960, von der Straße ergänzt und in weiten Gebieten ersetzt worden sind. Die Abbildung zeigt auch die Einteilung des brasilianischen Amazoniens in Bundesstaaten, wobei im folgenden vor allem auf Rondônia, das etwa so groß ist wie die alte Bundesrepublik, eingegangen werden soll.

Nutzung und Schutz tropischer Regenwälder

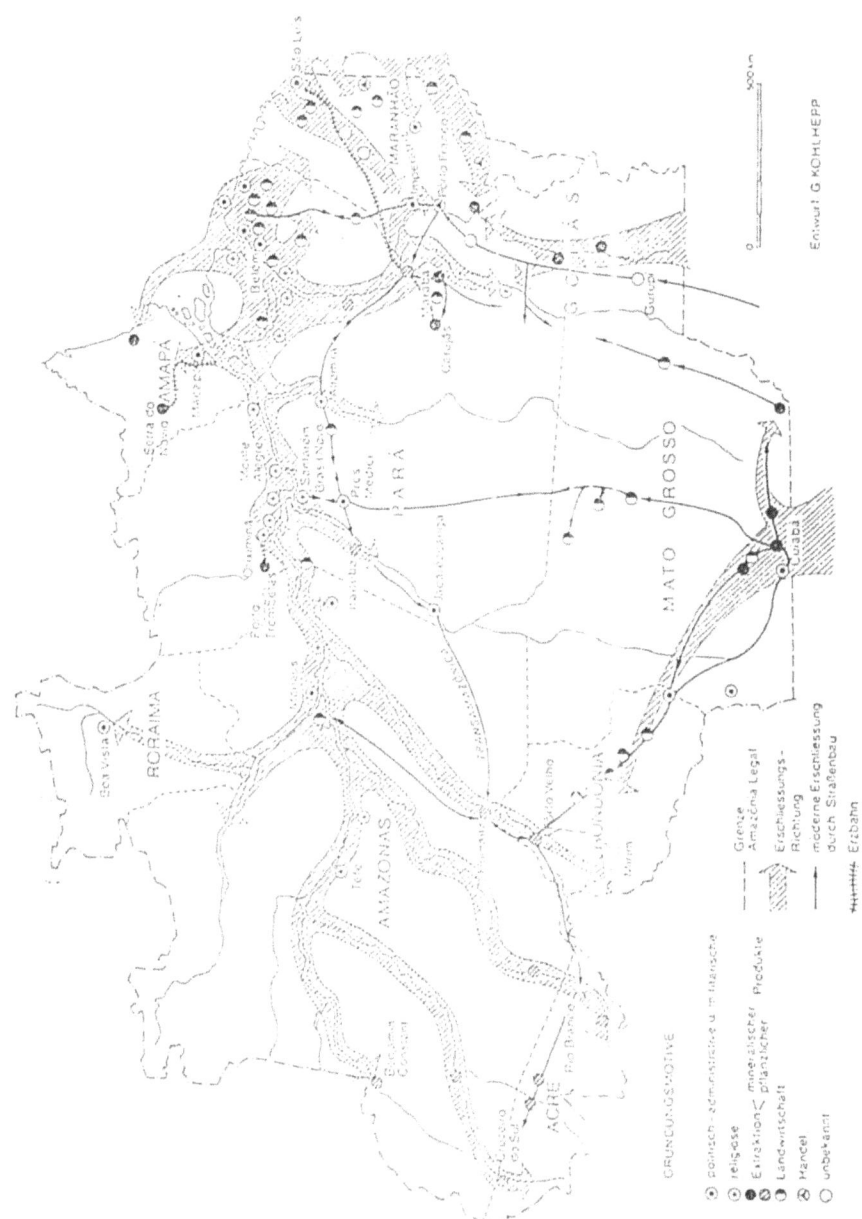

Abb. 1. Gründungsmotive amazonischer Siedlungen. (Kohlhepp 1986, S 12)

Dieses Bundesland ist durch das vom Gouverneur (Ministerpräsidenten) erlassene Dekret Nr. 3782 vom 14.06.1988 "zoniert", also flächendeckend in Nutzungszonen zwischen 1 (um die Städte und Straßen herum) und 6 (Indianergebiete und Bioreservate) eingeteilt worden. Die "sozio-ökonomisch-ökologischen" Zonen wurden von den Planern auf der Basis von Boden- und Vegetationskarten definiert, denen eine "Bestimmung" zur ackerbaulichen oder forstwirtschaftlichen Nutzung oder auch zum Naturschutz hinzugefügt wurde, so daß jeder Hektar Landes auf der Karte in der Farbe einer bestimmten Zone erschien, aber nicht mehr zu erkennen war, ob die Ausweisung in 1, 2, 3 oder 6 auf den natürlichen Istzustand oder auf den geplanten Sollzustand zurückzuführen war.

In der entsprechenden brasilianischen Fachliteratur ist der Begriff "vocaçâo" ("Berufung") typisch, den ein geographischer Raum aufgrund seiner natürlichen Bedingungen für diese oder jene Nutzung durch den Menschen haben soll. Fruchtbare Böden sind danach in der Regel für den Ackerbau "bestimmt" und fragile Ökosysteme für den Naturschutz. Darüber hinaus erscheint oft der Begriff "Holismus" oder "holistisch" (gr. holos – ganz, vollständig, umfassend), um den ökosystemaren oder "-systemischen" Ansatz gegen den "kartesianischen" abzugrenzen, welcher Mensch und Natur künstlich auseinanderreiße. Von Zoneamento-Planern ist ausdrücklich auf den auch in Brasilien erschienenen internationalen Bestseller des Physikers Fritjof Capra "The Turning Point" (1982; deutsch: "Wendezeit" 1983) Bezug genommen worden, welcher die Gegenüberstellung von "kartesianisch" und "holistisch-systemisch" sowie die Wiederherstellung der "Harmonie" zwischen Mensch und Natur zu seinem Leitmotiv gemacht hat:

> Schließlich brauchen wir eine neue planetare Ethik und neue Formen der politischen Organisation auf planetarer Ebene, und zwar als Konsequenz der Erkenntnis, daß wir unseren Planeten nicht "managen" können, sondern uns selbst harmonisch in seine multiplen, sich selbst organisierenden Systeme integrieren müssen (Capra 1983, S 449f.).

Nicht nur in Brasilien wird von Ökosystemforschern der Mensch und das soziale System in einer Weise modelliert, daß die menschlich bestimmten Ökosysteme und Landnutzungen als "Schnittmengen" von "Natürlichem System" einerseits und "Sozio-ökonomischem System" andererseits erscheinen (Abb. 2). Damit soll der zweifellos enge Zusammenhang zum Ausdruck gebracht werden, und so erscheint das in Brasilien gewählte Vorgehen bei der Regionalplanung gerade für naturnahe und nach Naturschutz "rufende", ja "schreiende" tropische Regenwaldgebiete zunächst auch ganz überzeugend. Zweifel beschleichen vermutlich die Leserinnen und Leser allenfalls im Hinblick auf die Umsetzung einer solchen ehrgeizigen Flächennutzungsplanung und auf die Kontrolle ihrer Einhaltung unter den brasilianischen Bedingungen.

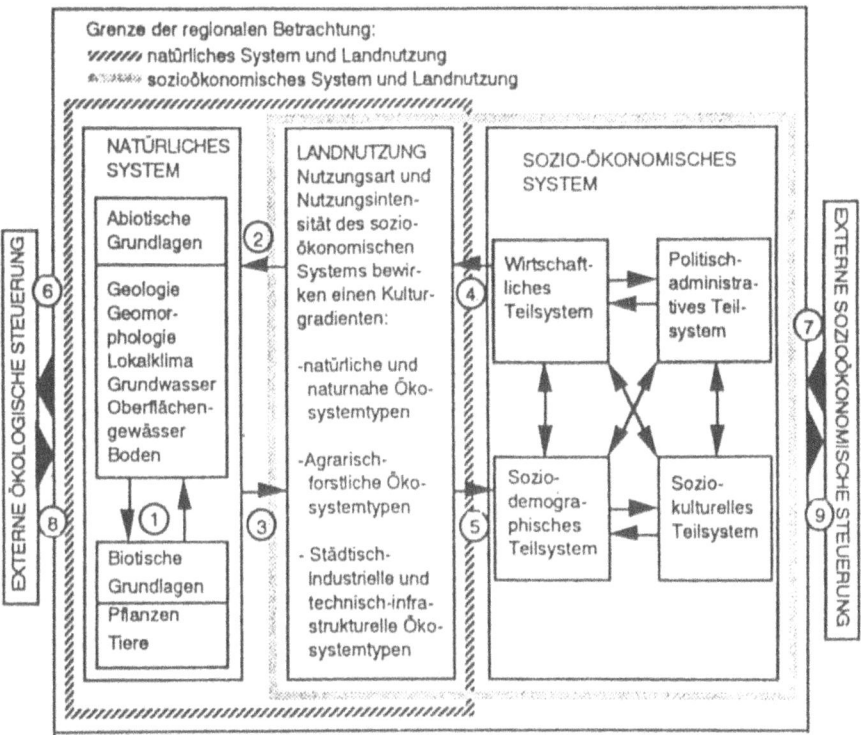

Abb. 2. Schema eines regionalen Natur-Mensch-Gesellschaft-Systems in der Ökosystemforschung. (MAB 1991, S 42)

3 Handlungsansätze aus wirtschafts- und sozialwissenschaftlicher Sicht

Ein Blick auf die Erfahrungen, die in Brasilien inzwischen mit diesem Instrument gemacht worden sind, lehrt, welche Tücken in dem geschilderten naturwissenschaftlich geprägten Handlungs- und Planungsansatz stecken.

Nachdem die erwähnte Karte per Dekret in Kraft gesetzt worden war, gab es eine Verfassungsreform, durch die das "Zoneamento" zur Aufgabe des bundesstaatlichen Parlaments erklärt wurde; der daraufhin vom Planungsministerium eingebrachte Gesetzentwurf fand jedoch keine Mehrheit. Auch eine "Zweite Annäherung" mit detaillierteren Karten scheiterte, obwohl die Zentralregierung bei Verabschiedung erhebliche Infrastrukturmittel in Aussicht stellte und Weltbank und EG-Kommission ebenfalls drängten und lockten. Erst sehr viel später wurde dann schließlich eine Fassung beschlossen, die detaillierter war, stellenweise eine intensivere Nutzung erlaubte und mehr Infrastrukturversprechungen beinhaltete.

Folgendes war passiert: Jeder Grundeigentümer in Rondônia fand sein Stück Land in einer bestimmten Zone wieder, konnte sich aber vorstellen, daß zumindest ein Teil seiner Fläche auch in höheren Nutzungszonen eingestuft werden könnte. Da der Bodenpreis offensichtlich von der Einstufung in Zone 1, 2 oder 6 abhing, war eigentlich niemand mit der Karte zufrieden, denn auch die Arbeitnehmer und Verwalter, Gewerbetreibenden, Fischer und Händler, ja selbst die Gummizapfer und Indianer schielten zumindest auf die Zone nächsthöherer Intensität, weil sie sonst riskierten, keinen Wegebau, keine Schule, keinen Krankenposten und noch nicht einmal für den bescheidenen Subsistenzbedarf eine Abholz- oder Jagdgenehmigung zu bekommen. Es war also kein Wunder, daß das Zoneamento-Gesetz zunächst keine Mehrheit fand und daß es schließlich erst nach der Ausweisung immer intensiverer Nutzungsmöglichkeiten und nach dem Inaussichtstellen von massiven Infrastrukturinvestitionen verabschiedet wurde.

Alle Beteiligten lernten überdies, daß es sehr wichtig war, welche Flächen mit welchen Nutzungsbeschränkungen ausgewiesen wurden, und die Planer lernten überdies, daß man gut daran tat, die Vorüberlegungen geheim zu halten, um nicht zu massiven Druck zu provozieren. So war es nur folgerichtig, daß die Zuständigkeit für das Zoneamento, das inzwischen auf das ganze Land Brasilien ausgedehnt werden sollte, einer interministeriellen Kommission unter Vorsitz des von Militärs geführten "Sekretariats für Strategische Fragen" (Secretaria de Assuntos Estratégicos – SAE) beim Staatspräsidenten anzuvertrauen, denn Landkarten, noch dazu in Grenzregionen, Geheimhaltung und "geopolitische" großflächige strategische Planungen "rufen" geradezu nach dem Militär als Institution.

Im Hinblick auf die erst kürzlich erfolgte Demokratisierung der politischen Strukturen Brasiliens ist das nicht unproblematisch. Die SAE ist nämlich Nachfolgeinstitution des in den Zeiten des Militärregimes gefürchteten militärischen Geheimdienstes "Serviço Nacional de Informações – SNI"; innerhalb der neuen Organisation soll die alte SNI-Fraktion zwar nur eine Minderheit darstellen, und der derzeitige Chef der SAE gilt als ein Militär neuen, demokratischen Typs – aber bis zu einem gewissen Grade wird mit der Zuständigkeit für das "Zoneamento" die betont technokratische Linie des Militärregimes, jetzt unter ökologischem Vorzeichen, fortgesetzt.

Es gibt jedenfalls zu denken, daß in den gültigen "Methodologischen Richtlinien" der SAE (1991: 3) für das Zoneamento die Rede von der Notwendigkeit einer "holistisch-systemischen Vision" ist; noch problematischer erscheint, daß sich die "Umweltsysteme" mit den vom Menschen ausgelösten Prozessen durch das Zoneamento "harmonisch" verbinden sollen, denn jeder Änderungswunsch gerät dadurch in den Geruch, die von Militärs definierte "Harmonie" zu stören.

Hinsichtlich der von Weltbank und Europäischer Union angestrebten "Erhaltung" des Regenwaldes ergab sich das Problem, daß bei jeder neuen Runde in Rondônia die Intensität der Nutzung stieg, weil nur in dieser

Richtung politischer Druck spürbar wurde, so daß der Regenwaldschutz immer ein bißchen weiter aus dem Blick geriet. Das lag, wie die obige Überlegung zum Interesse aller Bewohner und Wähler gezeigt hat, auch nicht an den spezifischen Verhältnissen im "Wilden Westen" Brasiliens, denn bei "lupenreiner" Demokratie und "preußischer" Durchsetzungsverwaltung wäre, von der Entscheidungslogik her, sogar noch größerer Widerstand gegen diese Art von Planung zu erwarten, weil man weniger mit der Umgehung des ungeliebten Gesetzes rechnen könnte.

Was ist also verkehrt mit dem Zoneamento? Die philosophische Kritik des ökologischen Diskurses zeigt, welche Überraschungen und Gefahren sich in "Ganzheitlichkeit" und "Holismus" verbergen können, wenn diese Begriffe unkritisch und ideologisch verwendet werden. So heißt es bei Böhler (1991, S 1005f.):

(Die) Chance einer Kritik und Erweiterung der Rationalität ökologischer Forschung wird gründlich vertan durch das in der Ökologiebewegung populäre Verständnis der Ökologie als ganzheitlicher Wissenschaft der "vernetzten" Systeme bzw. des globalen Ökosystems schlechthin, die auch eine ganzheitliche Steuerungstechnik ermöglichen soll ... Solche Öko-Technokratie kassierte die moderne Ausdifferenzierung von Wissenschaft und Ethik und damit die Unterscheidung von Sein und Sollen. Sie verbände sich lückenlos mit harmonistischen Natur-Mythen bzw. Kosmos-Mythen, welche eine freie öffentliche Diskussion und Zielorientierung ersetzen würde durch das Sich-Einfügen in ein "Ökosystem", das doch kaum etwas anderes als das Definitionsprodukt von Ökotechnokraten wäre.

Das liest sich wie ein Echo auf Fritjof Capra und die brasilianischen Militärs und zeigt, daß es bei der Kritik von Texten nicht nur um abstraktakademische, sondern um ganz handfeste politische und ökologische Auswirkungen geht. Für den Wirtschafts- und Sozialwissenschaftler ist es eine Herausforderung, den Interessenlagen noch ein Stück weiter nachzugehen und überdies Alternativen zu der Planungsmethode des "Zoneamento" zu analysieren.

Ausgangspunkt für eine angemessene wirtschafts- und sozialwissenschaftliche Reflexion ist die Tatsache, daß nicht nur wir im industrialisierten Europa, sondern auch die Brasilianer – von wenigen Indianern abgesehen – unglaublich weit weg vom Zustand der "Unschuld" als biologische, vom Ökosystem der unmittelbaren Umgebung abhängige Wesen leben. Seit Jahrtausenden bereits ein Bergbau und Fernhandel treibendes Wesen, hat der Mensch als "homo minerus" sich spätestens seit der Industriellen Revolution und ganz besonders jetzt im Ölzeitalter weit weg bewegt vom Ursprung in Abb. 3, also dem Punkt ohne "kommerzielle Energie", sprich: Kohle, Öl, Erdgas, Kernenergie und Hydroelektrizität. Dies gilt nicht nur für die Energie, sondern auch für andere Stoffe (s. Beiträge von Jänicke und Mez).

Die moderne Stadt, selbst eine Stadt wie Porto Velho in Rondônia, ist aus dem unmittelbaren Umfeld überhaupt nicht zu unterhalten. So hat auch kein Quadratmeter Land der Erde die "Berufung", eine Stadt zu tragen oder asphaltiert zu werden; wenn aber die Flächen der Städte und Straßen

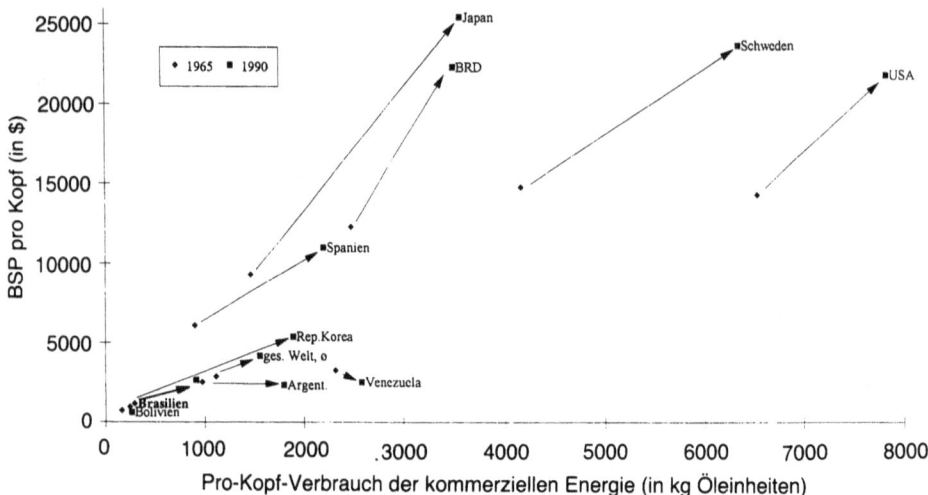

Abb. 3. Bruttosozialprodukt und Energieverbrauch pro Kopf in ausgewählten Ländern, 1965 und 1990. (Weltbank 1992; eigene Berechnungen und Zeichnung)

geradezu per definitionem über ihre natürliche "Tragfähigkeit" hinaus belastet sind, dann kann die Bodenfruchtbarkeit oder die Fragilität des Ökosystems in ländlichen Gebieten, einschließlich Wäldern, auch dort kein allein ausschlaggebendes Kriterium für die Nutzung sein. Guter Boden in Stadtnähe kann sinnvollerweise als Naturschutzgebiet und Park ausgewiesen werden, während auch schlechte Böden mit modernen Bewirtschaftungsmethoden unter den Pflug genommen oder mit Obstbäumen bepflanzt werden können. Die ausgedehnten Flächen Amazoniens sind auch nicht sämtlich von so schlechter Bodenqualität, daß sich schlechterdings jede permanente Bewirtschaftung verbieten würde.

Es gibt deshalb auch in Amazonien eine breite Palette von Landnutzungsmöglichkeiten für jeden einzelnen Hektar. Das Sein kann das Sollen nicht präjudizieren – so gern auch ökologisch und/oder technokratisch argumentierende Aktivisten die Definitionsgewalt für Nutzungszonen jeweils in ihrem Sinne usurpieren würden.

Die moderne Gesellschaft hat mit ihren ökonomischen Mechanismen ein komplexes System entwickelt, welches die Allokation von Ressourcen in erster Linie über Zahlungen regelt. Ebenso stehen die politischen Mechanismen bereit, um unter den vielfältigen Optionen eine Wahl zu treffen, und zwar in der demokratischen Gesellschaft letztlich über den Stimmzettel. Die ökonomischen und politischen Entscheidungsmechanismen über konkrete Landnutzungen lassen sich nicht unter Berufung auf eine angeblich mit dieser und keiner anderen Landnutzungskarte gewährleisteten "Ganzheitlichkeit" und "Harmonie" zwischen Natur und Gesellschaft außer Kraft setzen. Großflächiges "Zoneamento" bedeutet also nicht nur Usurpation von Macht durch eine Öko-Technokratie, sondern darüber hinaus ist diese Anstrengung auch noch politisch-ökonomisch vergeblich und ökologisch kontraproduktiv.

Die Breite der Optionen in der modernen Gesellschaft, insbesondere ihrer reichen, städtischen Segmente, verführt gewiß dazu, die natürlichen Lebensgrundlagen des Menschen aus dem Blick zu verlieren und den zukünftigen Generationen unverantwortliche "Restrisiken" zu hinterlassen. Insofern ist es richtig, auf eine neue Integration von Natur und Gesellschaft in einer Gesamtschau zu drängen. Das kann jedoch nicht kurzschlüssig erfolgen, sondern erfordert ein differenziertes analytisches Vorgehen. Gesellschaftstheoretiker wie Luhmann (1988) haben herausgearbeitet, wie unwahrscheinlich es ist, daß die moderne Gesellschaft adäquat auf ökologische Herausforderungen reagiert. Die von ihm vertretene soziologische Systemtheorie betont den "autopoietischen" (gr. "autos" – selbst; "poiein" – machen, tun) Charakter sozialer Teilsysteme, also die Eigenschaft, daß beispielsweise die Wirtschaft ihr Medium Geld und ihren binären Code des Zahlens oder Nichtzahlens selbst reproduziert und vor allem mit sich selbst beschäftigt ist. Damit ökologische Fragen in der modernen Wirtschaft verarbeitet werden können, müssen sie in Geldgrößen übersetzt werden, z.B. in Bodenpreise, Steuererleichterungen oder Bußgelder. Gegen andere Formen der Kommunikation ist die Wirtschaft blind und taub. Ähnlich verhält es sich mit der Politik als demjenigen Teilsystem der modernen demokratischen Gesellschaft, welches nur Stimmzettel und den binären Code des (Wieder-)Gewählt- oder Nichtgewähltwerdens versteht. Damit ökologische Fragen im Erziehungssystem Resonanz finden, müssen sie in Prüfungsleistungen mit bestanden/nicht bestanden übersetzt werden, im Justizsystem gilt der Code strafbar/nicht strafbar usw.

Bezogen auf das Beispiel der Zonierung bedeutet diese Herangehensweise, daß die Schritte vom Ökosystem und seiner Beschreibung und Normierung durch Planer in einer Karte nicht direkt über Dekret und Verwaltung in Investitionen bzw. Schutzmaßnahmen erfolgen, sondern daß de facto die Karte von den entsprechenden gesellschaftlichen Instanzen in den wirtschaftlichen Code der Bodenpreise übersetzt wird und daß diese wiederum in demokratischen politischen Abstimmungsprozessen Resonanz finden. Die vom Planer ins Auge gefaßten Investitionen und Schutzmaßnahmen können dabei bis zur Unkenntlichkeit modifiziert werden.

Die Naturvergessenheit der modernen Wirtschaft und Politik wird dadurch erklärbar, daß gerade nicht – wie im vorschnell "holistischen" Ansatz unterstellt – davon ausgegangen werden kann, daß alles sowieso mit allem zusammenhängt. Im Gegenteil, die gesellschaftlichen Teilsysteme arbeiten, jedes für sich, – "autopoietisch" – vor sich hin. Die Gesellschaft als aus menschlichen Kommunikationen bestehendes umfassendes soziales System verdankt ihre Kohärenz der Tatsache, daß mit der Umgangssprache zwar ein einigendes, "holistisches" Band die sozialen Teilsysteme miteinander verbindet; gegenüber der Natur ist die menschliche Gesellschaft aber als Ganzes im Prinzip blind und taub, solange nicht Naturzustände durch Messungen, Kartierungen oder sonstige Sensoraktivitäten in menschliche Kommunikation übersetzt und damit sozial überhaupt verarbeitbar werden.

4 Ansätze zur Integration von Natur-, Geistes- und Sozialwissenschaften

Anhand von Abb. 4 soll versucht werden, ein methodisches und ein umweltpolitisches Resümee zu ziehen: Durch die Darstellung des menschlich geprägten Ökosystems als Schnittmenge von Natur und Gesellschaft (a) wird ein übertriebener Holismus suggeriert, welcher dem autopoietischen Charakter nicht nur der sozialen, sondern auch der biologischen und physikalischen Teilsysteme in der Natur (b) nicht ausreichend Rechnung trägt. Auch in der Natur bzw. in einem regional abgegrenzten biophysischen Raum gilt die Eigenlogik und die Selbstreproduktion der speziellen Teilsysteme, denn kein Vogel kann ein Schildkrötenei befruchten, und die Energieströme gehorchen anderen Gesetzen als das Wasser. Deshalb sollte noch nicht einmal in vom Menschen unberührten natürlichen Ökosystemen ohne Reflexion und Kritik von "Harmonie" und "Gleichgewicht" gesprochen werden. In der neueren anspruchsvollen naturwissenschaftlichen (Öko-) Systemtheorie ist denn auch mehr von "Selbstorganisation", "Komplexität" und "Chaos" die Rede (z.B. Waldrop 1993) als von "Harmonie" und suggestivem "Holismus" wie in der älteren Populärwissenschaft à la Capra.

Auf der anderen Seite sollte bei der Analyse im Hinblick auf die menschliche Gesellschaft nicht nur auf die Autopoiese der spezialisierten Teilsysteme abgestellt werden, sondern auch auf das eher "holistische", integrative soziale System, welches sich in der Umgangssprache manifestiert (c). Schließlich gilt es, den Menschen an die Schnittstelle zwischen Natur und Gesellschaft zu plazieren (d), denn er oder sie sind es, die nicht nur natürliche wie gesellschaftliche Wesen sind, sondern die Zeichnung soll auch symbolisieren, daß die reflektierte menschliche Übersetzungsleistung zwischen den prinzipiell ("kartesianisch") getrennten Sphären von Natur und Gesellschaft gefordert ist.

Der kurzschlüssige, falsche Holismus der "*Schnittmenge*" ist also durch das Bild des komplexen, auf Reflexion über Sein und Sollen, auf bewußtes Herstellen von Anschlüssen und auf Übersetzung der Codes von autopoietischen Systemen, also durch die Vorstellung von einem komplexen und möglicherweise wenig harmonischen Gesamtsystem mit einer Fülle von "*Schnittstellen*" und Optionen, zu ersetzen.

Das konkrete Problem, wie der Schutz des tropischen Regenwaldes in Amazonien gewährleistet werden kann, stellt sich im Lichte dieser methodisch-theoretischen Überlegungen wie folgt dar: Gemäß der Eigenlogik von Politik als Teilsystem der Gesellschaft ist stets zu erwarten, daß

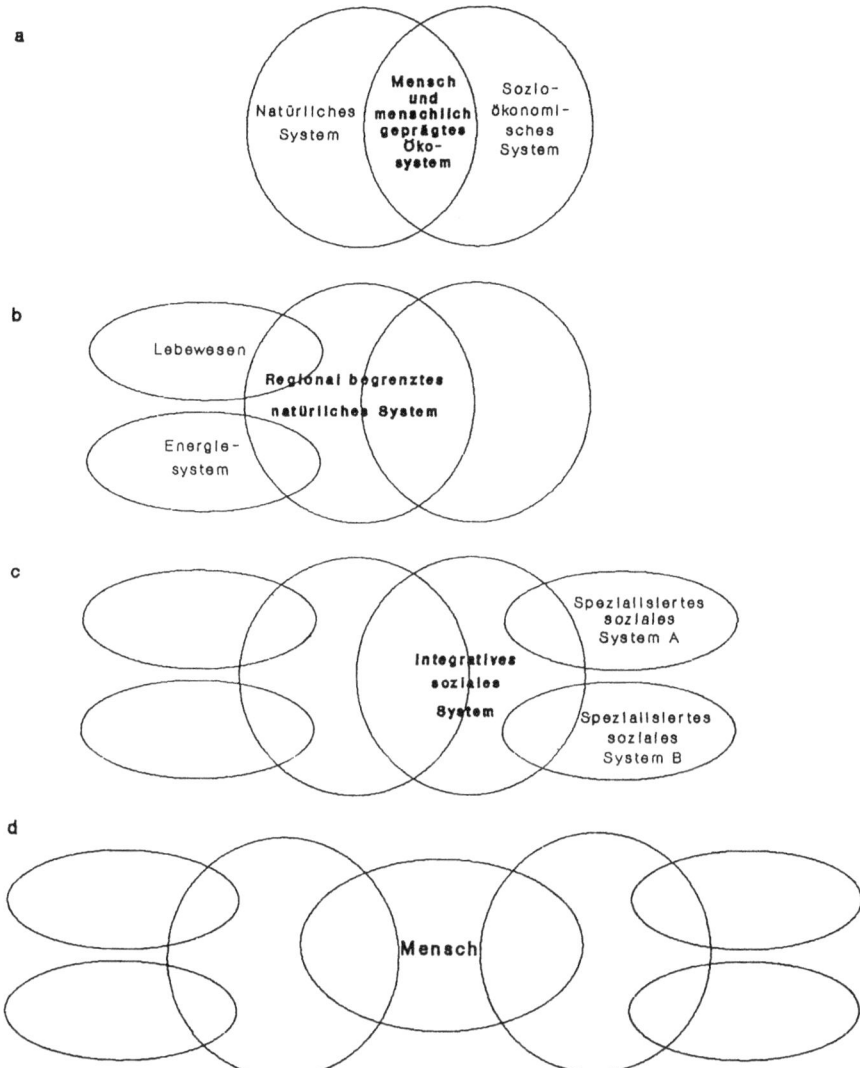

Abb. 4. Differenzierung der Natur-Mensch-Gesellschaft-Systeme

Naturschutz als öffentliches Gut zu wenig geschätzt wird, wenn die Betroffenen auch die Entscheidenden sind. Nicht umsonst sind Naturschutzgebiete typischerweise *Nationalparks*, also Gebiete, über die auf der nationalen, nicht der lokalen Ebene entschieden wird. Das gilt im übrigen auch in Brasilien, wo die Indianergebiete und die Nationalparks nicht den Entscheidungen der Bundesstaaten und damit auch nicht dem einzelstaatlichen, sondern nur dem gesamtstaatlichen Zoneamento unterliegen. Einmal formell unter Schutz gestellt, ist das betreffende Waldgebiet allerdings noch nicht vor Raubbau geschützt; welches Interesse die lokale Bevölkerung an dem Schutz hat oder entwickeln könnte, ist deshalb sowohl im Hinblick auf das Verhalten dieser lokalen Bevölkerung als auch hinsichtlich der Verhinderung von "Invasionen" externer Interessenten eine wichtige, jeweils lokal zu untersuchende Frage.

Was auf den Ebenen Zentralstaat–Bundesstaat gilt, ist ebenso auf die Ebenen Bundesstaat–Kommune anwendbar: Staatsforsten und staatliche Schutzgebiete sind leichter auszuweisen als kommunale. Wichtig ist auch hier für Naturschützer, nicht "integriert" wie beim Zoneamento vorzugehen, sondern gerade zu verhindern, daß der Schutz eines bestimmten Gebietes mit dem Ressourcenschutz und sonstigen Nutzungsbeschränkungen in anderen Gebieten gebündelt wird, denn damit wird riskiert und geradezu provoziert, daß bei einem politischen Spiel über Schutz und Nutzung von stadtnahen Gebieten, Bergbauregionen oder Verkehrsachsen beispielsweise auch der Schutz eines eigentlich unangefochtenen Bioreservats unnötig in die Arena gezogen und beeinträchtigt wird.

Die Zonierung ist denn auch ein Planungsinstrument, das normalerweise kaum auf ländliche Gebiete und Naturschutzgebiete angewandt wird, sondern allenfalls auf die Stadtplanung in urbanisierten Gegenden und auf das Umfeld von Städten. Im Gegensatz zum ländlichen Raum ist in Städten der Bodenpreis nicht immer positiv mit der Intensität der Nutzung korreliert, denn jeder Grundeigentümer hätte zwar tendenziell gern auf seinem Grundstück ein Gewerbegelände – aber das Grundstück seines Nachbarn würde er gern unter Naturschutz stellen. Dadurch ergibt sich ökonomisch so etwas wie ein Gleichgewichtspunkt zwischen den Interessen an intensiverer und an weniger intensiver Nutzung, und der politische Prozeß führt dementsprechend dazu, daß um diesen Gleichgewichtspunkt herum einmal etwas mehr Grünflächen und einmal etwas mehr Industriegebiete im Flächennutzungsplan der Kommune ausgewiesen werden. Auf dem Lande hingegen sind die Naturschutzinteressen tendenziell weniger ausgeprägt, da praktisch jedermann an der Intensitätssteigerung durch Infrastrukturinvestitionen interessiert ist.

Als Fazit läßt sich also festhalten, daß die "Zonierung" als integrale, auf demokratische Partizipation der regionalen Bevölkerung unter Berücksichtigung der Boden- und Vegetationsverhältnisse abgestellte Planungsmethode zwar auf den ersten Blick ein erfolgversprechender Weg zur Sicherung von Schutz und nachhaltig-schonender Nutzung des Regenwaldes zu sein scheint, daß aber bei genauerer philosophischer sowie wirtschafts- und sozialwissenschaftlicher Analyse dieser Weg sich als eindeutig abschüssig in Richtung immer intensiverer Nutzung und immer weniger Naturschutz erweist sowie antidemokratischen Tendenzen Vorschub leistet.

Hinsichtlich der in diesem Band zu diskutierenden Lösungsansätze für langfristige Umweltprobleme gilt es zu unterstreichen, daß stets ein gehöriges Quantum Skepsis gegenüber zu kurz springenden Schlüssen von der Natur auf die Gesellschaft, vom Sein zum Sollen und von der guten Absicht zum guten Erfolg angebracht ist.

Literatur

Böhler D (1991) Mensch und Natur: Verstehen, Konstruieren, Verantworten. In dubio contra projectum. Dt Z Philosophie 9: 999–1019; leicht verändert wieder abgedruckt. In: Schmädelbach H, Keil G (Hrsg) (1993) Philosophie der Gegenwart – Gegenwart der Philosophie. Junius Verlag, Hamburg, S 235–261

Brazil, Government of/The World Band/Commission of European Communities (May 1991) Pilot program for conservation of the Brazilian rainforests, Preliminary proposal, o.O.

Capra F (1983) Wendezeit. Bausteine für ein neues Weltbild (The turning point, o.O. 1982), 5. Aufl. Scherz Verlag, Bern

Deutscher Bundestag (1990) Schutz der tropischen Wälder. Eine internationale Schwerpunktaufgabe. Zweiter Bericht der Enquete-Kommission des 11. Deutschen Bundestages "Vorsorge zum Schutz der Erdatmosphäre", Bonn

Kohlhepp G (1986) Amazonien. Regionalentwicklung im Spannungsfeld ökonomischer Interessen sowie sozialer und ökologischer Notwendigkeiten. Aulis-Verlag Deubner, Köln (Problemräume der Welt Bd 8)

Luhmann N (1988) Ökologische Kommunikation. Kann die moderne Gesellschaft sich auf ökologische Gefährdungen einstellen? 2. Aufl. Westdeutscher Verlag, Opladen

MAB – Man and the Biosphere (1991) Methoden zur angewandten Ökosystemforschung. Werkstattbericht. MAB-Mitteilungen No 35.1 und 35.2. Freising-Weihenstephan

Nitsch M (1993) Vom Nutzen des systemtheoretischen Ansatzes für die Analyse von Umweltschutz und Entwicklung – mit Beispielen aus dem brasilianischen Amazonasgebiet. In: Sautter H (Hrsg) Umweltschutz und Entwicklungspolitik, Duncker & Humblot (Schriften des Vereins für Socialpolitik) Berlin, S 235–269

SAE – Secretaria de Assuntos Estratégicos (1991) Programa de Zoneamento Ecológico-Econômico da Amazônia Legal, Brasília

Waldrop MM (1992, 1993) Complexity: The emerging science at the edge of order and chaos Simon & Schuster, New York. Deutsch: Inseln im Chaos. Die Erforschung komplexer Systeme. Rowohlt, Reinbek

Weltbank (1992) Weltentwicklungsbericht 1992: Entwicklung und Umwelt. Washington, DC

Umweltbewußtsein

Gerhard de Haan

1 Umweltbewußtsein als Einstellungs- und Steuerungsgröße

Der Terminus "Umweltbewußtsein" wird gewöhnlich recht nachlässig und mithin mehrdeutig gebraucht. Die sozialwissenschaftliche Forschung ist allerdings auf Differenzierungen angewiesen, um zu soliden Aussagen zu gelangen. In diesem Zusammenhang wird das "Umweltbewußtsein" zumeist in 3 Komponenten zerlegt. Es umfaßt das Umweltwissen, das Umweltbewußtsein im engeren Sinne und das Umweltverhalten. Damit erkennbar bleibt, wovon im folgenden jeweils die Rede ist, genügen 3 knappe Definitionen:

- Unter *Umweltwissen* wird der Kenntnis- und der Informationsstand einer Person über Naturphänomene, über Trends und Entwicklungen in ökologischen Aufmerksamkeitsfeldern, über Methoden, Denkmuster und Traditionen im Hinblick auf Umweltfragen verstanden.
- Der Terminus *Umweltbewußtsein* wird hier eng gefaßt. Es werden Ängste, Empörung, Zorn, normative Orientierungen und Werthaltungen sowie Handlungsbereitschaften darunter subsumiert, die darauf basieren, die gegenwärtigen Umweltzustände als unhaltbar anzusehen. Man ist von diesen Umweltzuständen einerseits emotional berührt, andererseits ist man mental gegen die wahrgenommenen Problemlagen eingestellt, will sie also behoben wissen. Zum Umweltbewußtsein wird auch die konative Dimension des Handelns, also die verbalisierte Handlungsbereitschaft gezählt (Urban 1986, 1991).
- *Umweltverhalten* meint, daß das tatsächliche Verhalten in Alltagssituationen umweltgerecht ausfällt. Was als "umweltgerecht" gelten kann, ist dabei Resultat eines Bewertungsprozesses von Umweltphänomenen.

Nun denkt man sich das als Alltagsmensch zumeist so: Ein hohes Umweltwissen führt zu einer hohen Betroffenheit von Umweltproblemen und zu neuen Wertvorstellungen, also zu einem veränderten, umweltfreundlichen Bewußtsein. Dieses veränderte Bewußtsein, so kann man nun zunächst annehmen, führt wiederum zu verstärktem umweltgerechtem Verhalten.

Zu wissen, ob sich die Sache tatsächlich so verhält, ist von entscheidendem Interesse, wenn man an der Verbreitung von umweltgerechtem Verhalten interessiert ist – und das sind politisch engagierte Personen, Mitglieder von Umweltverbänden, Lehrende in Schulen und Universitäten ebenso wie Mütter und Väter und nicht zuletzt Medien- und Meinungsmacher allemal. Für sie ist die Frage virulent: Stimmt der Zusammenhang, den man als Alltagsmensch vermutet? Ist das umweltgerechte Verhalten rückführbar auf das Umweltwissen und das Umweltbewußtsein der Person? Hier eine gewisse Sicherheit zu erlangen, ist schon aus Kosten- und Zeitgründen von immenser Bedeutung. Sollte sich nämlich zeigen, daß es in der Tat einen Weg über das Umweltwissen zum Umweltbewußtsein und von dort zum Umweltverhalten gibt, dann kann die gezielte, vielleicht auch gegenüber dem Ist-Zustand noch verstärkte Vermittlung von *Wissen* strategisch angemessen sein, um ein für umweltgerecht gehaltenes Verhalten zu provozieren. Und wem die reine Vermittlung von Sachwissen nicht genügt, der kann sogar noch einen Schritt weiter gehen: Lehrende und Eltern sowie viele Beiträge der Massenmedien appellieren auch noch an die Ängste, an das Gewissen und die Grundorientierungen der Zuschauer, Lernenden bzw. Kinder – mithin an das Umweltbewußtsein –, um sicher zu gehen, daß sich das Verhalten der nun nicht nur Belehrten, sondern auch betroffen Gemachten, umweltfreundlich gestaltet.

Ist aber mit gesteigertem Wissen und einer Neueinstellung des Gewissens *kein* wesentlich verändertes Umweltverhalten verbunden, dann sind Verfahren, die auf Lehren und Erziehen basieren, aus Zeit- und monetären Gründen eher *negativ* einzuschätzen. Dann könnten eher *externe* Mittel tauglich sein, das Verhalten zu steuern. Dann könnten, soweit diese wiederum durchsetzbar sind, Verbote, Auflagen, Gebühren, Emissionszertifikate, monetäre Anreize etc. wohl die effektiveren Instrumente der Verhaltenssteuerung abgeben (Kirsch 1991). Die Frage nach dem Zusammenhang zwischen Umweltwissen, -bewußtsein und -verhalten läßt sich mithin in einem ersten Schritt in einem Dual ausdifferenzieren: *Innere Einstellung vs. äußere Steuerung, so stellt sich zunächst die Alternative dar.*

2 Empirische Studien zum Umweltbewußtsein

Schaut man sich nun an, was die empirischen Studien zum Zusammenhang zwischen Umweltwissen, Umweltbewußtsein und Umweltverhalten derzeit bieten, dann wird man sagen müssen: Die Forschungsergebnisse sind im Hinblick auf die *Beziehungen zwischen Umweltwissen und -bewußtsein* – um nur diese Beziehung der Triade zunächst zu betrachten – durchaus als irritierend zu bezeichnen. Für jene, die auf die Vermittlung von Wissen und auf das Hervorbringen veränderten emotionalen Bewußtseins setzen, sind die Ergebnisse der Empirie enttäuschend. Weder die Quantität schulischer Umwelterziehung noch der Medienkonsum noch das nachweisbare, akkumulierte Wissen in Naturdingen zeigen einen wesentlichen Effekt im

Hinblick auf das Umweltbewußtsein. In zahlreichen Studien klärt das Umweltwissen allenfalls 10% des Umweltbewußtseins – und im Regelfall gar nichts im Hinblick auf das Umweltverhalten – auf (so das Ergebnis einer noch unveröffentlichten Synopse aus ca. 50 einschlägigen Studien von de Haan u. Kuckartz 1994; vgl. exemplarisch Langeheine u. Lehmann 1986; Urban 1986, 1991; Dieckmann u. Preisendörfer 1992).

Wer mithin dachte, durch die Vermittlung sogenannter Fakten, durch die Steigerung von Kenntnissen über den Sommersmog, das Ozonloch, den Treibhauseffekt, Tierschutzgesetze, Abfallbeseitigung etc. ein verändertes Umweltbewußtsein erzeugen zu können, darf derzeit auf empirisch nachweisbare Effekte nicht hoffen. Wenn es aber stimmt, daß es derzeit gleichgültig im Hinblick auf das Bewußtsein zu Umweltproblemen ist, ob viel oder wenig in Sachen Umwelt gewußt wird, dann läßt sich vermuten: Die Identifikation von Umweltphänomenen als Umweltprobleme hängt von anderem ab als von Sachstandsbeschreibungen. Das meint: Wenn Kenntnisse über die angenommenen Ursachen des vermuteten Treibhauseffektes keine nachweisbare Wirkung haben auf das Bewußtsein zum Treibhauseffekt, dann scheint es sinnvoll zu sein, zwischen der Beschreibung oder Darstellung von Umweltthemen und ihrer emotional gefärbten Bewertung strikt zu trennen. Also: Ob ein Umweltphänomen für ein Kind oder auch einen Erwachsenen ein Umweltproblem markiert, darüber entscheidet nicht das Umweltwissen.

Fragt man nach einem nachweisbaren *Zusammenhang zwischen Umweltbewußtsein und dem (verbalisierten) Umweltverhalten*, so wissen zwar zahlreiche Studien davon zu berichten, daß es einen positiven Zusammenhang zwischen verschiedenen Aspekten des Umweltbewußtseins und Antworten auf die Frage nach dem eigenen umweltgerechten Verhalten gibt, allerdings ist auch dieser Zusammenhang nur sehr schwach ausgeprägt, ja ebenfalls enttäuschend gering. Schaut man sich die aktuell vorliegenden Studien zum artikulierten Umweltverhalten an, so wird man sagen müssen: Durch das Umweltbewußtsein "allein werden nur selten mehr als 10–15% der erhobenen Verhaltensvarianz erklärt; m.a.W. bleiben 85–90% der Varianz unerklärt, wenn allein diesem Faktor Aufmerksamkeit gewidmet wird" (Dieckmann u. Preisendörfer 1992, S 227). Entsprechend sucht man schon seit einigen Jahren über Ausdifferenzierungen in den Verhaltensmerkmalen höhere Aufklärungswerte zu erreichen. So findet sich etwa ein Zusammenhang zwischen der politischen Nähe zu Grünen und Sozialdemokratie, Nutzung von Büchern und Veranstaltungen zu ökologischen Themen, deren subjektiver Bedeutsamkeit und dem verbalisierten ökologischen Handeln. Diese Ergebnisse waren kaum anders zu erwarten.

Differenziert man allerdings das verbalisierte Handeln weiter aus, dann kann sich durchaus auch unter hartgesottenen Empirikern Frustration breit machen. So haben Langeheine und Lehmann auch nach dem ökologischen Handeln im eigenen Haushalt gefragt – und mußten feststellen, daß hier das Alter der Befragten mehr zur Aufklärung beiträgt als die verbalisierte

Handlungsbereitschaft. Nur 10% des ökologischen Handelns im Haushalt war überhaupt mit den gestellten Fragen aufklärbar (Langeheine u. Lehmann 1986, S 122).

Was an diesen Untersuchungen insgesamt deutlich wird, ist:

1. Es gibt nur äußerst schwache Zusammenhänge zwischen dem öffentlich verbalisierten ökologischen Handeln und der Betroffenheit einer Person. Wer gegen Verpackungsflut ist und wen der Pestizideinsatz in der Landwirtschaft betroffen macht, der verhält sich in der Mülltrennung oder hinsichtlich der Nutzung des privaten PKW nicht nachweisbar anders als jemand, der das dauernde Gerede über die Belastung von Pflanzen und Böden durch Gifte für übertrieben hält.
2. Ein Einfluß von Umweltwissen – also etwa das Wissen um die getrennte Müllsammlung – auf das Umweltverhalten ist ebensowenig nachweisbar wie ein Einfluß des Wissens auf das Bewußtsein. Wer über den Effekt von FCKW, die Identifikation von Waldschäden und die Artenvielfalt in seiner näheren Umgebung recht gut informiert ist, zeigt sich nicht wesentlich umweltbewußter im Kauf von Haushaltsartikeln oder im Betreiben der eigenen Heizung als jene Personen, die hier recht uninformiert und kenntnisarm sind.
3. Es ist unbefriedigend, wenn man die Einstellungen gegenüber der Umwelt wiederum durch Einstellungen erklären muß – etwa durch die Einstellungen zu politischen Parteien, zum Fortschrittsdenken oder auch zum Wirtschaftswachstum (Langeheine u. Lehmann 1986, S 112). Das ist – wie die Autoren selbst bemerken – immer eine schlechte Lösung, denn zumindest statistisch kann man ein Bewußtsein fast immer gänzlich durch ein anderes Bewußtsein erklären. Aber was ist schon gewonnen, wenn man herausfindet, daß derjenige, der "eine positive Einstellung zur Erhaltung der Störche hat, ... sich mit hoher Wahrscheinlichkeit auch sehr positiv für den Schutz der Frösche" (Langeheine u. Lehmann 1986, S 114) engagiert?
4. Problematisiert wird, daß beim Umweltverhalten oft zu wenig differenziert wird. Es sei nicht ein generell in allen Lebensbereichen identifizierbares umweltgerechtes Verhalten zu erwarten, vielmehr müsse man segmentieren bzw. disaggregieren, so lautet eine Forderung (Lüdemann 1993); denn zwischen allgemeiner Einstellung, wie etwa den moralischen Orientierungen einer Person, und ihren konkreten Handlungen – das weiß man aus der Einstellungs- und Verhaltensforschung generell – wird man nur schwache Zusammenhänge finden können (Lüdemann 1993). Zum Beispiel kann man nicht erwarten, daß, wer über die Folgen exponentiellen Wirtschaftswachstums nachdenkt, auch täglich öffentliche Verkehrsmittel benutzt oder in einem Bioladen kauft; oder daß, wer beim Verlassen des Büros die Heizung drosselt, auch mit seinen Arbeitskollegen einen Diskurs über die Möglichkeiten der Verhinderung des Waldsterbens führt. Das spricht auch gegen den Versuch etwa innerhalb

der Sozialpsychologie – nun auf der Basis einer so allgemeinen Theorie, wie jener der Kohlbergschen Moralstufen, konkretes Umweltverhalten aufklären zu wollen (vgl. zu diesem Projekt den Beitrag von Hoff u. Lecher). So versucht man, aktuell im Rekurs auf die genannten Kritikpunkte, aus der alten Opposition zwischen innerem Bewußtsein und äußerer Steuerung herauszukommen. Nicht inneres Bewußtsein *versus* äußere Steuerung, sondern *inneres Bewußtsein und äußere Steuerung heißt die Lösung*, die nun mit mancher Forschungsstrategie zu stützen versucht wird: Man fragt nach den Kosten des umweltgerechten Verhaltens für den Geldbeutel wie für das Bedürfnis nach Bequemlichkeit. Ferner wird versucht herauszufiltern, ab welcher Schwelle das Umweltbewußtsein nicht mehr das Umweltverhalten steuert. Ist dies nicht mehr der Fall, so wird angenommen, daß ab diesem Punkt die ökonomischen Faktoren das Bewußtsein niederringen. So wäre dann für den eher sekundären Low-cost-Bereich die Förderung des umweltbezogenen Bewußtseins, also Erziehung, von Bedeutung, im bedeutsameren High-cost-Bereich dagegen muß man mit Geboten, Verboten, Gebühren und monetären Anreizen das Umweltverhalten modifizieren. So haben Dieckmann u. Preisendörfer festgestellt, daß das Umweltbewußtsein das Kaufverhalten signifikant beeinflußt – und damit nach ihrer Ansicht einen Low-cost-Bereich identifiziert. Ist die Korrelation zwischen Umweltbewußtsein und Verhalten allerdings nur schwach signifikant, wie für den Energiekonsum nachweisbar, dann nimmt man an, daß es sich hier um einen High-cost-Bereich handelt (Dieckmann u. Preisendörfer 1992). Betrachtet man den High-cost-Bereich "Energie" genauer, dann zeigen jene Personen ein umweltfreundliches Energieverhalten, die die Zahl der Vollbäder bewußt beschränken, sich um einen geringen Warmwasserverbrauch bemühen, bei längerer Abwesenheit die Heizung in der Wohnung abdrehen und auf das Auto am Wochenende verzichten (Dieckmann u. Preisendörfer 1992, S 244; zur Kritik an dem Ansatz von Dieckmann u. Preisendörfer 1992, vgl. Lüdemann 1993).

Die von Dieckmann u. Preisendörfer gestellten Fragen sind offensichtlich so ausgelegt, daß es im Sinne umweltgerechten Verhaltens von Vorteil sein kann, arm zu sein. Wer warmes Wasser aus Kostengründen sparen muß, wem die Heizkosten individuell abgerechnet werden und wer kein Auto besitzt, ist hinsichtlich des umweltgerechten Energieverhaltens im Vorteil. Wen wundert es da noch, daß umweltgerechtes Energieverhalten gerade im Rentenalter zunehmend zu beobachten ist, auch wenn diese Altersgruppe weniger positives Umweltbewußtsein zeigt als die freizeitmobile gehobene Mittelschicht?

Der Bereich des Konsums wird dagegen zum Low-cost-Sektor gerechnet. Es ist also ein Bereich, in dem das Umweltbewußtsein signifikant mit dem Verhalten korreliert. Den höchsten Wert im Hinblick auf umweltfreundliches

Einkaufsverhalten realisieren Personen, wenn sie regelmäßig eine Einkaufstasche mitnehmen, auf Getränkedosen verzichten, Milch offen bzw. in Pfandflaschen kaufen und in den letzten 2 Wochen im Bio- bzw. Ökoladen eingekauft haben (Dieckmann u. Preisendörfer 1992).

Menschen auf dem Land und solche mit geringem Einkommen geraten da freilich schnell ins Hintertreffen, denn auf dem Land sind nur wenige Ökoläden zu finden, und Milch in Pfandflaschen ist teurer als H-Milch in der Verbundpackung. Daß ferner Frauen hier besser abschneiden als Männer, darf nicht verwundern. Das ist zu erwarten – und läßt erkennen, daß in den bisherigen Studien zum Umweltbewußtsein Aspekte des traditionellen Rollenverhaltens nicht bedacht wurden. Wir wissen, daß in der Regel immer noch die Frauen für den Einkauf von Lebensmitteln zuständig sind. So ist an diesem Punkt gar nicht so einfach auszumachen, ob das umweltgerechtere Konsumverhalten von Frauen nicht einfach dadurch zustande kommt, daß sie sich geschlechtsrollenkonform verhalten, während Männer – insoweit sie in ihrer Geschlechtsrollenkonformität verharren – gar nicht die Chance haben, als umweltgerechte Einkäufer zu erscheinen, da sie nur als Minorität mit einer Einkaufstasche ausgestattet einen Bioladen betreten, um eine Flasche Milch zu kaufen.

Insgesamt verbirgt sich darin nicht nur eine gewisse Nachlässigkeit in der Erstellung der Items. Vielmehr tangiert die Kritik das Low- und High-cost-Modell generell: Wer es sich leisten kann, wem es also keine hohen Kosten in Relation zum Gesamtbudget verursacht, der kauft Milch im Bioladen, der definiert aber auch Bequemlichkeit anders als ein Mensch mit geringerem Einkommen. Insofern fragt das Low- und High-cost-Instrument innerhalb unterschiedlicher Lebensstile und Konsummöglichkeiten jeweils anderes ab: Für Personen mit größerem Budget wird die Kostenseite eher zurücktreten, und es werden Bequemlichkeiten und Lebensstilfragen im Vordergrund stehen, während es für monetär nicht so gut ausgestattete Personenkreise ganz andere Motivlagen und Verhaltenshintergünde geben wird.

Der Versuch, zwischen innerem Bewußtsein und äußerer Steuerung im Hinblick auf das Umweltverhalten vermitteln zu wollen, ist bei aller Kritik durchaus verständlich, weil daran, wie oben erwähnt, Strategien politischer Steuerung und möglicher pädagogischer Einflußnahmen gebunden werden können. Doch bevor man sich in der Empirie auf weiter diversifizierte und disaggregierte Kostenmodelle stürzt, lohnt es sich, das Umweltverhalten noch einmal genauer zu betrachten. In den Studien wird nämlich immer schon unterstellt, man könne festlegen, was umweltgerechtes Verhalten sei bzw. wann eine Umweltsituation als problematisch betrachtet werden muß. Daß man hier ganz anderer Auffassung sein kann, soll im folgenden belegt werden.

3 Umweltbewußtsein und -verhalten im kulturellen Kontext

Demoskopische Untersuchungen von EMNID aus dem Jahr 1991 besagen: Zirka 85% der Bundesbürger behaupten, regelmäßig ihr Altglas zum Container zu bringen. Nun ergeben aber die harten Daten des Bundesverbandes Glasfaserindustrie und Mineralfaserindustrie e.V., daß der Absatz von Behälterglas 1991 4,2 Mio. t betrug. Und dem Datenmaterial des Bundesministers für Umwelt, Naturschutz und Reaktorsicherheit läßt sich entnehmen, daß 1991 insgesamt 4,6 Mio. t Glasverpackungen verbraucht wurden, wovon 0,8 Mio. t auf Mehrwegverpackungen entfielen. Nach Daten des Umweltbundesamtes erbrachte dagegen das Altglasrecycling 1991 lediglich 2,3 Mio. t, also eine Quote um 55%. Wenn 85% der Bevölkerung angeben, Glasverpackungen regelmäßig dem Altglas zuzuführen, die aufgebrachte Quote aber nur bei 55% liegt, so markiert das – bei aller Unsicherheit im Datenvergleich – eine erhebliche Diskrepanz zwischen behauptetem und tatsächlichem Verhalten. Woran liegt das? Man darf annehmen, daß die Befragten sich im Sinne der *sozialen Erwünschtheit* äußern. Wer sagt schon gerne, daß er regelmäßig Einwegflaschen kauft und diese dann in den allgemeinen Hausmüll gibt?

Wie sehr die Aussagekraft der Frage nach umweltgerechten Verhaltensweisen unter diesem auf dem Bürger lastenden Konformitätsdruck leiden kann, belegt eine ältere Studie aus den USA. "Should it be everyone's responsibility to pick up litter when they see it or should it be left for the people whose job it is to pick up?" fragte Bickman schon 1972 im Rahmen seiner Untersuchung zum Umweltverhalten (Bickman 1972, S 324). 94% der Befragten antworteten mit ja: Selbstverständlich sollte jeder ein Stück von anderen weggeworfenes Papier aufheben und in den nächsten Abfallbehälter geben. Aber die so Antwortenden verhielten sich faktisch ganz anders: Nur 8 von 506 Befragten hatten das demonstrativ auf ihrem Weg plazierte zerknüllte Papier aufgehoben, an dem sie noch wenigen Sekunden vor der Befragung vorbeigegangen waren. Das ist eine Quote von nur 1,4%. Hier zeigt sich die Diskrepanz zwischen der verbalisierten und der faktischen Dimension des Verhaltens besonders kraß. Insofern wird man selbst bei den schwachen Zusammenhängen zwischen Umweltbewußtsein und verbalisiertem Umweltverhalten noch erhebliche Abstriche machen müssen, wenn der Blick auf das faktische Verhalten gerichtet wird. Wie aber ist die Differenz zwischen der Altglasentsorgung und dem Papieraufheben zu erklären? Innerhalb der Differenzierung zwischen Low- und Hight-cost-Verhalten kann man vermuten, daß die Entsorgung von Altglas 1991 schon zu den Low-cost-Verhaltensformen zu rechnen war, so daß – weil dieses Handeln kaum noch mit Mühen verbunden und über das Bewußtsein habitualisiert war – hier die Lücke zwischen Behauptung und faktischem Handeln nicht mehr in dem Maße zu Buche schlug wie in Bickmans Experiment. Papier aufzuheben, **ge**bietet der kulturelle Anstand, allein **ver**bietet es die – ebenfalls kulturell vermittelte – persönliche Ekelschranke.

Insofern läßt sich vermuten: Bei der mühelos zu bewerkstelligenden Aufgabe, ein zerknülltes Papier aufzuheben, handelt es sich um ein Umweltverhalten aus dem High-cost-Bereich: Das mentale Wohlbefinden würde durch dieses Handeln gestört. Mit der Differenz zwischen verbalisiertem und faktischem Umweltverhalten ist allerdings nicht nur ein forschungsmethodisches Problem markiert, das durch den Einsatz von Beobachtungsverfahren zu beheben wäre.

Differenzen finden sich in markanter Form auch im öffentlichen Diskurs. Man ist sich selbst in relativ homogenen Kulturen keineswegs darüber einig, *was* ein Umweltproblem ist und welche *Bedeutung* man ihm beimessen sollte. Zeigen die Themenkurven der Demoskopie, daß Umweltprobleme in der Bundesrepublik seit 1988 kontinuierlich einen hohen Stellenwert erreicht haben, so zeigt sich gleichzeitig mit der Einbeziehung der neuen Bundesländer, daß die gleich bezeichneten Gefährdungstatbestände bei den Bürgern der alten und neuen Bundesländer subjektiv stark unterschiedlich empfunden werden. Schaut man sich nämlich an, welche politischen Aufgaben und Ziele in Ost und West als "sehr wichtig" für die Zukunft angesehen werden, so firmierte 1992 nach Daten des Umweltbundesamtes für die Bürger der alten Länder ein wirksamer Umweltschutz mit 73% Nennungen vor Fragen des Wohnungsmarktes und der Rentensicherung (beide ca. 70%), während für die Bürger in den neuen Ländern 1992 die Arbeitsplatzsicherung (88%), die Verbrechensbekämpfung (81%), das Schaffen gleicher Lebensverhältnisse und der Kampf gegen Rauschgift (je 76%) noch wichtiger waren als die Stabilisierung der Wirtschaft (75%). Das Thema "wirksamer Umweltschutz" wird mit 66% der Nennungen lediglich zu einem sekundären Problem erhoben. Das ist erstaunlich, denn allgemein werden die für die menschliche Gesundheit gefährlichen Umweltbelastungen und -zerstörungen in zahlreichen Regionen der neuen Bundesländer (insbesondere in den Ballungsgebieten) als weitaus größer eingeschätzt als in den Altländern.

Man ist nun leicht geneigt, daraus zu schließen, die Gefährdung durch Umweltbelastungen würde im Osten nicht so deutlich gesehen wie im Westen. Ebenso schnell wird eine Diskrepanz zwischen manifestem, breit publiziertem Wissen um Umweltbelastungen und der Wertung dieser Aussagen als Gefährdungstatbestände als mangelndes Umweltbewußtsein gedeutet; und es wird dann an das Erziehungssystem im weitesten Sinne (von den Bildungseinrichtungen über die Zeitung bis hin zur Kommunalverwaltung und zum Fernsehen) die Anforderung gestellt, hier etwas zu verändern, d.h. ein den Gefährdungstatbeständen angemessenes Umweltbewußtsein zu erzeugen.

Nun weiß man aus der Risikoforschung und den Studien zur Toxokopie (=Kopie einer Vergiftung), daß die Wahrnehmung von *Umweltphänomenen* als *Umweltprobleme* wie das Empfinden gesundheitlicher Störungen abhängig ist von den Gemeinschaften, in denen diese Umweltprobleme bzw. Vergiftungserscheinungen wahrgenommen werden. Man weiß: Zwischen

5 und 20% der bundesrepublikanischen Bevölkerung suchen jährlich Ärzte mit Beschwerden wie Kopfschmerzen, Erbrechen, Schlaflosigkeit etc. auf; und sie behaupten, diese ihre Krankheiten resultierten aus Umweltveränderungen durch nahegelegene Industrieanlagen, Umweltgifte am Arbeitsplatz oder in ihrem Wohnbereich. Nun kann man in solchen Fällen medizinisch gesehen nur konstatieren, daß es sich um Umweltkrankheiten – wenigstens dem diagnostischen Bild nach – handelt. Gleichzeitig aber gelingt es fast nie, dementsprechend auch toxische Stoffe nachzuweisen: weder an den Orten noch im Körper der Patienten. Ist also alles nur Hysterie? Umweltmediziner sind da inzwischen sehr vorsichtig. Derartige sogenannte "toxikopische Syndrome" wurden oftmals bei neuen Industrieansiedlungen "in kleineren Orten festgestellt, bei denen die lokale Gemeinschaft sich aus unterschiedlichen Befindenslagen und unterschiedlichen psychosozialen Interessenlagen auf diese [Umweltgifte betreffende] Interpretation ihrer Beschwerden geeinigt hatte" (Tretter 1993, S 277).

Das stützt zunächst die These von der kulturellen Bedingtheit von Umweltwahrnehmung und -beurteilung. Diese Einsicht führt in der medizinischen Debatte aber nicht dazu, ganze Sozietäten psychiatrisieren zu wollen. Vielmehr wird bezüglich der environtologischen Negativbefunde inzwischen von "funktionellen, umweltbezogenen Befindensstörungen" gesprochen (Tretter 1993, S 278), da man einerseits nicht sicher sein kann, ob nicht auch unterhalb der Grenzwerte und sogar unterhalb der Nachweisgrenzen Stoffe eine toxische Wirkung haben können. Andererseits weiß man, daß die Psychologisierung der individuellen wie kollektiven Krankheitsbilder dazu führt, daß das Vertrauen in die naturwissenschaftlichen Erkenntnisse, Politik und Medizin, ja selbst in die gesamte Lebensumwelt schwindet und die Umweltsyndrome nur anwachsen.

Es gibt aus dieser Perspektive gute Gründe, dem anderen seine eigenen Umweltwahrnehmungsmuster nicht aufzudrängen. Ein allgemeines Argument für diesen Verzicht läßt sich so fassen: Wir können unsere Erfahrungen nicht dahingehend prüfen, ob sie mit der Wirklichkeit übereinstimmen; denn um dieses überprüfen zu können, bräuchten wir einen anderen Zugang zur Wirklichkeit als über Erfahrung – der aber ist nicht in Sicht. So bleibt uns für die Selbstüberprüfung und in der Kommunikation über Umweltprobleme und umweltgerechtes Verhalten mit anderen nur, Erfahrungen zu vergleichen – etwa im Hinblick auf umweltbezogene Befindensstörungen. Die Welt da draußen bleibt immer außen vor. Wir können aber immerhin Regelwerke konstruieren – aber eben nur *konstruieren* –, nach und mit denen wir unsere Erfahrungen strukturieren; dazu zählt die Toxikologie ebenso wie die Umweltpsychologie, dazu gehören aber auch die ganz individuellen Empfindungen. Diese Konstruktion vollziehen wir zwar immer im Rahmen von kulturellen – und das heißt einschränkenden – Bedingungen, aber die jeweils individuelle Konstruktion ist trotz dieser Einschränkung nur eine aus vielen auch möglichen, die ihr

Wahrheitsmaß nicht in etwas haben können, das "die Welt da draußen" genannt werden könnte (Maturana 1985; Rorty 1991).

4 Umweltrisiko als Konstrukt

Die Bestimmung dessen, wann man ein Umweltrisiko als solches identifiziert und als handlungsbedeutsam definiert, ist mithin nicht allein Sache von Fachwissenschaftlern und ebenfalls nicht allein Sache des einzelnen. Die Einschätzung einer Umweltsituation als problematisch und die Akzeptanz von Risiken ist vor allem ein in den Denkkollektiven oder Kulturen gehandeltes, erst sekundär individuelles Problem: Man verhält sich bezüglich der Risikobewertung in der Regel so, wie es in der Bezugsgruppe, in der man sich bewegt, erwartet wird (Douglas u. Wildavsky 1982; Dake u. Wildavsky 1990).

Erstaunlich ist nun, daß auch hinsichtlich der Zustimmung zu oder Ablehnung von Konkreten Bestimmungen von *Umweltrisiken* der Umfang und die Differenziertheit des *Umweltwissens* – wie schon im Verhältnis zwischen Umweltwissen und -bewußtsein – nicht von Bedeutung ist. Schaut man sich die derzeit vorliegenden Studien zur Risikowahrnehmung an, dann zeigt sich bei aller Heterogenität der Ergebnisse, daß es keine Verbindung gibt zwischen dem, was jemand über die Umweltgefahren weiß, und der Angst oder auch der gleichgültigen oder gar positiven Einstellung, die Menschen gegenüber diesen Gefahren haben (vgl. die Synopse bei Wildavsky 1993, S 193ff.). Umweltschützer wie Klimaforscher, Unternehmer, Lehrer und Hausfrauen urteilen über das, was schädlich oder sicher ist, nicht auf der Basis ihres Umweltwissens. Das aber sollte einer auf Verrationalisierung setzenden Politik oder Diskursphilosophie zu denken geben: Wenn es im Hinblick auf die Verhaltens- und Orientierungsmuster des einzelnen recht gleichgültig ist, in welchem Umfang er oder sie über mögliche Klimakatastrophen, die toxische Wirkung von Dioxin, Dieselruß u.a. informiert ist, dann hilft das Aufrüsten in den Wissensbeständen hier nicht weiter. Verständigung wird offensichtlich über andere Modalitäten geregelt als über den Austausch der differierenden Fakten über Umweltzustände und ihre Folgewirkungen. Wissenszuwächse führen keineswegs zur Verrationalisierung der Debatten.

Tragfähige Prädikatoren für die Wahrnehmung von Umweltrisiken sind nach dem Ausschluß des Prädikators "Wissen" in erster Linie politische und solche des Vertrauens. Weniger die Tatsache, *welche* Aussagen über Umweltrisiken getroffen werden, ist also von Bedeutung, als vielmehr das *Vertrauen*, das man der Person oder Institution zu schenken bereit ist, die diese Aussagen macht; und das Vertrauen wiederum hängt davon ab, wie man sich selbst politisch zuordnet. So fürchten sich Personen, die politisch eher konservativ sind und hierarchisch denken, weniger vor denkbaren gesundheits- und umweltschädigenden Folgen innovativer Techniken wie etwa der Gentechnologie. Sie neigen dazu, den brancheninternen Experten und Fachwissenschaftlern zu glauben. Ähnlich verhalten sich auch wettbewerbsorientierte, liberal eingestellte Personen. Ganz anders hingegen sind egalitär orientierte Menschen eingestellt. Sie sehen in jeder innovativen Technik tendenziell einen weiteren Baustein, der soziale Ungleichheit erzeugen wird und der Umwelt schadet (Dake u. Willdavsky 1990; Douglas u. Wildavsky 1982).

Begreift man nun diese divergierenden Personenkreise als einzelne Kulturen, so läßt sich sagen, daß sich Menschen ihre Furchtgegenstände so auswählen, daß sie sie innerhalb *ihrer* Kultur fürchten *müssen*. Anders gesagt: Man muß sich nicht nur anschauen, wie mit dem vermeintlichen Wissen der Umweltexperten innerhalb einzelner Denkkollektive oder Kulturen verfahren wird, man muß sich auch anschauen, welchen Kenntnissen überhaupt eine Bedeutung beigemessen wird; und man wird sehen, daß es, obwohl nur Einzelpersonen wahrnehmen, kulturell gesteuert ist, was wahrgenommen wird und wie diese Wahrnehmungen auszulegen sind. Die Wahl der Möglichkeiten des Umgangs mit dem Wissen aus der Umweltforschung, mit Vorstellungen vom richtigen Umgang mit der Natur ist ein kulturelles Konstrukt. Was an Alternativen gewählt werden wird, ist durch die Anhänger von rivalisierenden Kulturen bestimmt. Sie geben der Sache jeweils verschiedene Bedeutungen, ohne daß man hinter der Heterogenität noch die eine letzte, dann "wahr" zu nennende Bedeutung sehen könnte. Kurz: Nicht der Naturzustand "an sich", sondern die Bedeutung, die einem Umweltphänomen beigemessen wird, ist es, die zur Option für oder gegen bestimmte Haltungen und Interpretationen dieser Naturzustände, Umweltrisiken etc. führt.

Man wird mit N. Luhmann darauf insistieren müssen, daß diesem Befund nicht mehr mit der Unterscheidung zwischen "rational/irrational" beizukommen ist und daß eben diese Unterscheidung "selbst nur ein Moment der Kontroverse" markiert (Luhmann 1991, S 5). Die Auflösung dieser Differenz bleibt auch dort noch wirksam, wo man sich in einer Kultur darauf verständigt hat, was als richtiger Umgang mit Natur bezeichnet werden soll. Denn damit ist noch gar nicht ausgemacht, welchen Motiven die einzelnen folgen, wenn sie sich nun – entsprechend der Konvention – naturgerecht verhalten. Ob das eigene Tun auf der Sorge um kollektive Naturgüter beruht oder ob das Verhalten dem Eigeninteresse an der persönlichen Gesundheit, an monetären oder statusbezogenen Effekten, ob es moralischen Vorstellungen oder ethischer Reflexion entspringt, kann man weder von außen noch persönlich entscheiden.

So kann zum Beispiel der Kauf eines FCKW-freien Foron-Kühlschrankes aus dem Interesse am kollektiven Naturgut resultieren, denn der Käufer darf vermuten, daß dieser Kühlschrank nicht zur Zerstörung der Ozonschicht beitragen wird. Ebensogut aber kann man annehmen, daß ein solcher Kühlschrank gekauft wurde, um sich innerhalb der Sozietät, in der man sich bewegt, als besonders umweltfreundlich geben zu können. Auch ist denkbar, daß dieser Kühlschrank gekauft wurde, weil der Verkäufer sich als sympathischer Mensch erwies, dem man Vertrauen schenkte hinsichtlich der von ihm behaupteten allgemeinen Vorteile des Kühlschranks – etwa bezüglich des geringen Stromverbrauchs. Kurz: Gleiches Handeln kann durchaus unterschiedlichen Motiven entspringen – ebenso wie sich die Motive selbstverständlich für den einzelnen unauflöslich durchmischen können: Selbst wer behauptet, er folge mit dem gekauften FCKW-freien Kühlschrank seiner allgemeinen Maxime, im eigenen Verhalten das Gut Natur möglichst wenig schädigen zu wollen, kann sich nicht sicher sein, ob er einzig dieser Maxime folgt; denn am Ende wird nicht nur der Kulturtheoretiker mit dem Verweis auf die Präfiguration des Denkens durch das Kollektiv aufwarten, sondern auch noch der Psychoanalytiker mit dem Hinweis kommen, daß das Individuum sich selbst gar nicht transparent sein kann.

Diese Einsicht führt *nicht* – weil am Ziel einer einheitlichen Weltsicht gerüttelt wird – unweigerlich in die Denunziation naturwissenschaftlicher Erkenntnisse als irrationales Gerede. Es muß nicht bezweifelt werden, daß der Ausstoß von Schwefel- und Stickoxiden aus Verbrennungsmotoren und Kraftwerken zentraler Bestandteil des winterlichen Smogs ist. Man muß auch nicht bestreiten, daß die Reduktion des Ozons in der Stratosphäre zu erhöhten Hautkrebsraten führt oder daß mit dem Eintrag von Düngemitteln in einen Weiher die Flora und Fauna in diesem Gewässer sich grundlegend verändert. Man muß auch gar nicht bestreiten wollen, daß die Temperaturen weltweit in den letzten Jahren im Mittel gestiegen sind – auch wenn man dies übrigens ohne Probleme könnte.

Man sollte aber bedenken, daß Menschen nur schwer als passive Empfänger von etwas, was "da draußen" geschieht, betrachtet werden können, Es macht Sinn, sie so zu sehen, daß sie die Inhalte und den Umgang mit dem Wissen jeweils nach dem kulturellen Kontext, in dem sie sich bewegen, festlegen. Das läßt sich etwa an der Einschätzung potentieller Umweltgefahren und Techniknebenfolgen, um die man *nicht* genau weiß, ablesen. Es ist ein klassisches Gebiet der Auseinandersetzung mit Umweltrisiken in den USA und in unserem Sprachraum, und es gehört hierzulande schon zu den Standardforderungen, dort, wo man wenig oder gar nichts über die möglichen Folgen technischer Innovationen oder Eingriffe in den Naturhaushalt weiß, diese Innovationen nicht umzusetzen (etwa im Bereich der Gentechnologie) bzw. den Eingriff zu unterlassen. Nun zeigen Kulturvergleiche: Das Unbekannte an Risiken so drastisch zu bewerten, daß man Unterlassungen im Handeln fordern könnte, ist in den USA und hier weitaus eher möglich als etwa in Norwegen oder Ungarn. Dort verfährt man eher nach dem Muster, daß dann, wenn Risiken nicht exakt benannt werden können, diese synonym zu setzen seien mit unbedeutenden Risiken (Cvetkovich u. Timothy 1993). Man sieht: Eine mit allgemein anerkannter Autorität versehene Statusposition, von der aus jemand sagen kann, dieses oder jenes sei eine einheitliche Orientierungsgröße bei der Beurteilung von Umweltrisiken, gibt es nicht. Es kann eine privilegierte Statusposition von Personen oder Wissenschaften auch gar nicht geben, da die Gegenwart lediglich ein Durchangsstadium zwischen Vergangenheit und Zukunft ist, in der – wenigstens dieses wissen wir inzwischen – ja alles anders gelesen und verstanden wurde bzw. werden kann, als Wissenschaftler dies heute tun (Kuhn 1981). Die Konsequenz ist eine gewisse "Richtungslosigkeit": Wir haben keinen festen Korpus dessen mehr, an das man sich halten kann, was zu tun notwendig ist oder was als völlig unmöglich gilt. Die Konsequenz lautet nicht, man solle jegliche um Rationalität bemühte Umweltkommunikation aufgeben.

5 Diskursunsicherheit, Nichtwissen und Differenzenpflege

Um Rationalität bemühte Umweltkommunikation verliert nicht ihren Sinn – aber den *Zwang*, sich auf eine naturwissenschaftliche Rationalität als Basis aller Einsicht in Naturdinge und als Verständigungshorizont für Umweltverhalten zu beziehen. Verständigungen, so läßt sich dann sagen, sind von Wissen, Emotionen, Spekulationen und Bedürfnissen durchtränkte Übereinkünfte auf Zeit. Unter der Unausweichlichkeit des Sich-nicht-sicher-sein-Könnens haben sie nichts mit Konsens zu tun. "Sie fixieren nur dem Streit entzogene Bezugspunkte für weitere Kontroversen, an denen sich Koalitionen und Gegnerschaften neu formieren können" (Luhmann 1992, S 139). Behauptet jemand entgegen dieser Einsicht, er verfüge über sichere Prognosen, so ist ihm heute – dank der umfassenden Verfügbarkeit gespeicherten Wissens durch Datenbanken – leicht nachzuweisen, daß es Sicherheit in den derzeit die ökologische Debatte dominierenden Thematiken – vom Treibhauseffekt über das Ozonloch und die Konsequenzen der Abholzung des tropischen Regenwaldes, von den Folgen der Verseuchung der Böden, des Arten- und Waldsterbens, des Einsatzes von chemischen Pestiziden bis hin zur Gentechnologie – in keinem Fall gibt.

So gewinnt Luhmann aus den Katastrophendiskursen die Einsicht, "daß die ökologische Kommunikation ihre Intensität dem Nichtwissen verdankt" (Luhmann 1992, S 154), ohne dann aber zum Kompensationsaktivismus, also zur Akkumulation von mehr Wissen aufzurufen; denn das Nichtwissen bleibt ein grundlegendes Dilemma des umweltbezogenen Handelns, und man kann von dort her zu einer interessanten Konzeption vorstoßen, die hier als "Umweltkommunikation der Differenzpflege" bezeichnet wird.

Wenn sich die "scientific community" längst in Lager und Gruppen gespalten hat, die sich in ihren jeweils eigenen Sprachspielen und Ansichten von der Sache bewegen, so kann eine auf Differenzpflege ausgelegte Verständigung exakt aus diesem unausweichlichen Streit eine Thematik der Auseinandersetzung gewinnen:

Jede Kritik läuft leer, wenn sie ohne weitere Prüfung mit der Unterstellung arbeitet, daß man könnte, wenn man nur wollte, und deshalb zur Fuchtel der moralischen Ermahnung greift. Vielleicht ist es deshalb ratsam, die Kommunikation mit der Kommunikation von Nichtwissen beginnen zu lassen, statt sie ... an die Aufrechterhaltung einer "illusion of control" zu binden (Luhmann 1992, S 211f.).

Mit der Kommunikation des Nichtwissens (über die zentralen Zusammenhänge in der Biosphäre, über die Entwicklung von Technik und Bevölkerung, über die Folgen gentechnischer Freilandversuche, über den Einsatz neuer chemischer Verbindungen etc.) zu beginnen, statt mit hoffnungslosen Versuchen anzufangen, das Nichtwissen zum Verschwinden bringen zu wollen, hat weitreichende Konsequenzen. So würde etwa ein Kuriosum sichtbar werden: Kann man sich einerseits durch das Reklamieren von Nichtwissen im Alltag jeglicher Kompetenz und auch Verantwortung für eine Sache entledigen, so wird andererseits verlangt, daß man in Umweltfragen aus dem Nichtwissen – als Erkenntnisdefizit – eine moralische Konsequenz zieht: Wenn man nicht weiß, welche Folgen das Handeln hat, so ist man – wenigstens in der hiesigen Kultur in der ökologischen Debatte – geneigt zu fordern, daß dieses Handeln zu unterlassen sei (s. Abschnitt 4). Selbstverständlich kann man verlangen, daß Handelnde für ihr Handeln auch die Verantwortung übernehmen. Nur wird dieses Ansinnen gerade dort schwierig, wo man nicht weiß, was die Folgen des Handelns sein könnten; und dieses Nichtwissen macht ja derzeit den Kern *jeglicher* Aktivität aus, die sich auf Umwelt richtet. Das bringt dann einige Verlegenheit für den mit sich, der Verantwortbarkeit von Entscheidungen an ein Wissen bindet, das gar nicht zu haben ist. Es reicht dann nicht hin, gemeinsam mit den sich "betroffen" Zeigenden weiteres Sachwissen anzuhäufen und nach der allseitigen Offenlegung der eigenen Gewohnheiten und Motivlagen sich kollektiv zu verständigen, welches Folgerisiko noch zu tragen ist und welches nicht. Vielmehr wird die Frage virulent, mit welchen Modellen und mithin mit welchen Unterscheidungen bei der Umweltkommunikation operiert wird. Was man also machen kann ist: sich anschauen, wie ökologische Probleme in einem Denkkollektiv von anderen Individuen und durch das eigene Bewußtsein eine Bearbeitung erfahren. Wie werden sie be- und umgeschrieben, wie gehen andere mit dem Nichtwissen um? Wie richten sie sich in diesem Nichtwissen ein und wie stützen sie sich ab, damit sie nicht abstürzen, wenn das eintritt, was man für einen Ernstfall hält?

Das hier vorgestellte Modell einer Umweltkommunikation zwischen Nichtwissen und Differenzpflege hat durchaus Konsequenzen für das Design von Sozialforschung zum Umweltbewußtsein. So kann man versuchen zu eruieren, wie es um unser Wohlbefinden im Nichtwissen bestellt ist und inwiefern wir zu Rationalisierungsstrategien neigen, indem wir dort Sicherheit in der Beantwortung von umweltrelevanten Fragen annehmen, wo anderslautende Bescheide uns in unserem Wohlbefinden beeinträchtigen würden. Empirisch möchte es sich daher lohnen, gerade in der Frage nach dem *Umweltwissen* zunächst darauf abzustellen, was die Befragten in unserer Kultur *nicht* genau wissen und welcher *Meinung* sie folgen. Bezüglich des *Umweltbewußtseins* möchte es sich dann lohnen, erstens die kursierenden Vorstellungen über das *Wohlbefinden* zu reflektieren und dort, wo es als nicht kompatibel mit dem Umweltverhalten einer Person erscheint, in der Konsequenz andere Modi des Wohlbefindens anzubieten, statt nach Low-cost-Pädagogik Verzicht zu predigen oder im Rahmen von High-cost-Politik Geld einzutreiben. Das ist dann keine strategische Frage mehr, sondern die nach den Möglichkeiten, subjektives Wohlbefinden erlangen zu können. Und was zweitens einem im Hinblick auf die Möglichkeiten, Wohlbefinden zu erlangen zunächst vom Denkhorizont her zur Verfügung steht, ist – jenseits des Politischen und Monetären – abhängig von dem Horizont dessen, was einem über Lernprozesse an Möglichkeiten offeriert wurde.

Literatur

Bickman L (1972) Environmental attitudes and actions. J Soc Psychol 87: 323–324
Cvetkovich GT, Timothy CE (1993) Risk, culture and psychology. Cross-Cultural Psychol Bull 24: 3–10
Dake K, Wildavsky A (1990) Theories of risk perception. Who fears what and why? Daedalus 119: 41–60
Diekmann A, Preisendörfer P (1992) Persönliches Umweltverhalten. Diskrepanz zwischen Anspruch und Wirklichkeit. Kölner Z Soziol Sozialpsychol 44: 226–251
Douglas M, Wildavsky A (1982) Risk and culture, An essay on selection of technological and environmental dangers. University of California Press, Berkeley
Kirsch F (1991) Umweltbewußtsein und Umweltverhalten. Eine theoretische Skizze eines empirischen Problems. Z Umweltpolitik Umweltrecht 3: 249–261
Kuhn TS (1981) Die Struktur wissenschaftlicher Revolutionen. (2. rev. und um das Postskriptum von 1969 erg. Aufl, 1. dt. Ausgabe 1967) Suhrkamp, Frankfurt/M
Langeheine R, Lehmann J (1886) Die Bedeutung der Erziehung für das Umweltbewußtsein. IPN, Kiel
Lüdemann C (1993) Diskrepanzen zwischen theoretischem Anspruch und forschungspraktischer Wirklichkeit. Kölner Z Soziol Sozialpsychol 45: 116–124
Luhmann N (1991) Soziologie des Risikos. de Gruyter, Berlin New York
Luhmann N (1992) Beobachtungen der Moderne. Westdeutscher Verlag, Opladen
Maturana HR (1985) Erkennen: Die Organisation und Verkörperung von Wirklichkeit. Vieweg, Braunschweig Wiesbaden
Rorty R (1991) Kontingenz, Ironie und Solidarität. Suhrkamp, Frankfurt M
Tretter F (1993) Ängste um Umwelt und Gesundheit. In: Aurand K, Hazard BP, Tretter F (Hrsg) Umweltbelastungen und Ängste. Erkennen, Bewerten, Vermeiden, Westdeutscher Verlag, Opladen, S 271–297
Urban D (1986) Was ist Umweltbewußtsein? Exploration eines mehrdimensionalen Bewußtseinskonstruktes. Z Soziol 15: 363–377
Urban D (1991) Die kognitive Struktur von Umweltbewußtsein. Ein kausalanalytischer Modelltest. Z Sozialpsychol 22: 166–180
Wildavsky A (1993) Vergleichende Untersuchung zur Risikowahrnehmung. Ein Anfang. In: Bayerische Rück (Hrsg) Risiko ist ein Konstrukt. Wahrnehmungen zur Risikowahrnehmung. Knesebeck, München, S 191–211

Ökologisches Verantwortungsbewußtsein

Ernst-H. Hoff und Thomas Lecher

1 Arbeitspsychologische Ausgangsfragen

In diesem Beitrag wird eine psychologische Konzeption vorgestellt, die sich auf handlungsleitende Vorstellungen zur ökologischen Verantwortung – insbesondere im Arbeits- und Berufsleben – richtet. Betrachtet man die globalen und langfristigen Ursachen und Folgen der Umweltproblematik, wird auf individueller Ebene die Tragweite jener Vorstellungen deutlich, in denen die zeitliche Dimension zentral ist. Darauf haben wir bei der Entwicklung unserer Konzeption besonders geachtet. Doch bevor wir darauf im einzelnen eingehen, möchten wir unsere Ausgangsfragen skizzieren. Ursprünglich hatten wir uns gar nicht mit der Ökologiethematik, sondern mit allgemeinen Forschungsfragen beschäftigt, die 2 "blinde Flecken" in unseren Arbeitsgebieten der beruflichen Sozialisationsforschung und der Arbeitspsychologie betreffen:

Ein erster "blinder Fleck" der Arbeitspsychologie besteht in ihrer vollständigen Ignoranz gegenüber einem Hauptziel menschlicher Arbeit. In den arbeitspsychologischen Lehrbüchern geht es zwar um "humane" Arbeit, das heißt: um eine Arbeit, die der Persönlichkeitsentwicklung und -förderung dienen soll. Übrigens haben sich die Forscher am liebsten der ökonomisch zentralen, aber ökologisch problematischen Automobilindustrie zugewandt und eben dort jene "neuen" Arbeitsformen untersucht, die als persönlichkeitsförderlich gelten. Allerdings hat man bei der humanen, persönlichkeitsförderlichen Arbeit bislang immer nur an den *Herstellungsprozeß* und nicht an dessen Ziel, an das *Arbeitsprodukt* gedacht. Darauf bezog sich ein erster Hauptkomplex unserer Forschungsfragen: Entwickeln Personen Kompetenzen und sogenannte Schlüsselqualifikationen schon allein dann, wenn man ihre Arbeit angenehm und anspruchsvoll gestaltet, wenn sie am Arbeitsplatz mitbestimmen können – ohne daß es dabei zugleich eine Rolle spielt, *woran* sie eigentlich arbeiten? Ist es für die Ausbildung von individuellem Lebenssinn und von Identität lediglich wichtig, Autonomie über den Arbeitsprozeß zu haben, aber gleichgültig, ob man Zahnpasta, Autos, Mettwurst, chemische Stoffe oder Panzer produziert?

Ein zweiter "blinder Fleck" betrifft das Thema der *beruflichen Verantwortung*. Davon ist im Alltag zwar ständig die Rede – man denke z.B. an Manager, Wissenschaftler oder Ärzte, aber dazu gibt es kaum psychologische

Forschung. Das liegt vielleicht daran, daß man sich so lange auf die fordistische Produktionsweise und dort auf Industriearbeiter konzentriert hatte. Die sogenannte Taylorisierung der Arbeit bedeutete dort ja auch Taylorisierung der Verantwortung, Zerstückelung von Zuständigkeit und Herausnahme von Eigenverantwortung aus dem eigentlichen Produktionsprozeß.

Wir hatten uns allerdings in einem früheren Projekt (Hoff et al. 1991) theoretisch und empirisch mit 2 Arten von individuellen Vorstellungen, von persönlichen Überzeugungen und von Handlungsorientierungen beschäftigt, die zusammengenommen wohl ganz gut das abdecken, was man im Alltag unter "Verantwortungsbewußtsein" versteht (vgl. Hoff 1992).

Es handelt sich erstens um Vorstellungen zur *Kontrolle*. Dieser Begriff "Kontrolle" hat sich in einer US-amerikanisch geprägten Forschungstradition (vor allem im Anschluß an Rotter 1966) eingebürgert und erscheint im Deutschen nicht ganz glücklich gewählt. Vielleicht sollte man besser von Vorstellungen zur Verursachung von Handeln und dessen Folgen, zu Möglichkeiten der Einflußnahme, zu Handlungsfreiheit und zu Selbstbestimmung sprechen. Menschen können solche Vorstellungen, die sie selbst, ihre Unwelt und ihr Handeln betreffen, in ganz unterschiedlicher Weise ausbilden. Beispielsweise können sie sich mehr oder minder stark als "Spielball des Schicksals" und ihr Verhalten als vom Zufall, von Glück oder Pech bestimmt sehen (*fatalistische* Kontrollvorstellung). Sie können sich mehr oder minder stark als Subjekt des eigenen Tuns und der eigenen Umwelt, als ihres eigenen "Glückes Schmied" (*internale* Kontrollvorstellung) oder mehr oder minder stark als außengelenkt, als "Rädchen im Getriebe" begreifen (*externale* Kontrollvorstellung). Sie können auch eine dieser Vorstellungsarten an einen Lebens- oder Erfahrungsbereich, z.B. an ihre Arbeit, und eine andere Vorstellungsart an einen anderen Bereich, z.B. an ihre Freizeit, binden (*additiv-deterministische* Kontrollvorstellung), oder sie können sich schließlich hier wie dort stets zugleich als Subjekt und Objekt begreifen und von Situation zu Situation flexibel einschätzen, in welchem Verhältnis Freiheitsgrade und Zwänge stehen (*interaktionistische* Kontrollvorstellung; zur genauen Beschreibung und Analyse solcher Formen von Kontrollbewußtsein bzw. von einzelnen Kontrollvorstellungen, vgl. Hoff 1986; Hoff u. Hohner 1992).

Zweitens hatten wir Vorstellungen untersucht, die mit Hilfe des Begriffs "*Moral*" gekennzeichnet werden. Auch dieser Begriff hat sich in einer eigenständigen psychologischen Theorietradition (im Anschluß an Kohlberg 1984) eingebürgert und erscheint nicht ganz glücklich gewählt; denn im Alltag hat der Begriff "Moral" häufig einen leicht negativen Beigeschmack. In der Psychologie werden dagegen in einem sehr weiten Sinn alle Urteile, Bewußtseinsformen, Vorstellungen und Orientierungen als moralische gekennzeichnet, die sich auf die mehr oder minder als innerlich verpflichtend empfundenen, auf die präskriptiven Aspekte von Handeln und dessen Folgen beziehen. Menschen können sehr unterschiedliche Orientierungen aufweisen. Beispielsweise können sie primär dem eigenen Standpunkt verhaftet bleiben (*präkonventionelles* oder egozentrisches Niveau des Moralbewußtseins); oder sie sind fähig und bereit, sich an den Interessen ihrer Mitmenschen, an den Normen von Gruppen und Institutionen sowie an Gesetzen zu orientieren. Die Konformität gegenüber Normen und Gesetzen kann hier jedoch noch nicht mit Verweis auf übergeordnete Prinzipien in Frage gestellt werden (*konventionelles* oder soziozentrisches Niveau des Moralbewußtseins). Sie können schließlich versuchen, die Interessen von "ego" mit denen von "alter", mit dem Allgemeinwohl oder mit dem Gesetz in Einklang zu bringen. Dort, wo dies nicht gelingt oder wo verschiedene Vorschriften einander widersprechen, orientieren sie sich an Prinzipien, in deren Licht auch Gesetze falsch erscheinen können. Dabei sind sie auch fähig, die Eigenarten von Personen und die Besonderheiten von Situationen differenziert zu berücksichtigen und die Folgen von Handlungsalternativen, auf die auch Max Weber mit seinem Begriff der "Verantwortungsethik" zielt, abzuwägen (*postkonventionelles* oder äquilibriertes Niveau des Moralbewußtseins; zur genauen Beschreibung und Analyse solcher Niveaus von Moralbewußtsein vgl. Lempert 1988).

Mit Rückgriff auf diese Begriffssysteme wollten wir einen zweiten Komplex von Forschungsfragen bearbeiten: Welche Vorstellungen zu Kontrolle und Moral, welche Konstellationen von handlungsleitenden individuellen Orientierungen und Überzeugungen – kurz: welche Formen von *Verantwortungsbewußtsein* – kommen in welchen Berufsbiographien vor? Wie und warum kommt es im Verlauf des Arbeits- und des Privatlebens zu Veränderungen, Verfestigungen und Entwicklungen des Verantwortungsbewußtseins?

Es lag nun auf der Hand, den ersten Fragenkomplex zum *Arbeitsprodukt* mit diesem zweiten Komplex zu *beruflicher Verantwortung* zu verbinden und folgendes zu fragen: Welche Formen von Verantwortungsbewußtsein (d.h. welche Konstellationen von Kontroll- und Moralvorstellungen) bilden sich bei Menschen heraus, verfestigen oder entwickeln sich, deren Arbeitsprodukt problematisch erscheint oder erst allmählich als schädlich erkannt wird, weil es auch nützlich, weil ihre Arbeit also produktiv und destruktiv zugleich ist? Wie sieht es hier im Vergleich zu solchen Menschen aus, deren Arbeitsprodukt in den Augen der Allgemeinheit ausschließlich als nützlich gilt? Erst dann haben wir diese Fragen mit Blick auf Beschäftigte in ökologisch problematischen Branchen zugespitzt: Wie sieht es mit dem *ökologischen* Verantwortungsbewußtsein etwa bei Beschäftigten in der Automobilindustrie aus? Entwickelt oder verfestigt es sich bei Personen, deren Arbeitsprodukt zunehmend kritischer bewertet wird, und die Produzenten und Konsumenten, Nutznießer und Problemerzeuger zugleich sind?

Bei dieser Zuspitzung erschien uns von Anfang an folgendes wichtig: Ein Verantwortungsbewußtsein, dessen höchstes Niveau sich durch eine Verknüpfung interaktionistischer Kontroll- und postkonventioneller Moralvorstellungen kennzeichnen läßt, kann sich dann, wenn es um ökologische Problemlagen geht, nicht bloß auf Prozesse in der (beruflichen) Gegenwart einer Person beziehen. Hier spielen vielmehr darüber hinausgehende vergangene und zukünftige Prozesse eine zentrale Rolle. Dabei geraten dann die in der Chronologie etwa des Produktionsprozesses zeitlich voranstehenden Voraussetzungen (z.B. Abbau und Transport von Rohstoffen und deren mögliche kurz- und langfristigen Auswirkungen auf die Natur), aber auch die zukünftige Verwendung des Produktes, dessen möglicherweise nichtintendierten und zeitlich noch weiter in die Zukunft weisenden – möglicherweise für die Umwelt schädlichen – Folgen in den Blick. Ferner muß ein ökologisches Verantwortungsbewußtsein auf höchstem Niveau auch den Verbleib des verbrauchten Produktes (z.B. seine mögliche Wiederaufarbeitung oder Endlagerung auf einer Mülldeponie) und die damit verbundenen möglichen weiteren Folgen umfassen. Insgesamt läßt sich ein solches Verantwortungsbewußtsein besonders dadurch charakterisieren, daß unweigerlich auch mittel- bis langfristige Folgen der eigenen Arbeit in das Blickfeld geraten, für die man mitverantwortlich ist.

2 Defizite der Umweltbewußtseinsforschung

Vor der empirischen Forschung im Rahmen der eben genannten Kontroll- und Moraltradition erschien es uns notwendig, diese Konzepte theoretisch auf die Ebenen der individuellen Wahrnehmung und Einschätzung ökologischer Problemlagen zu beziehen. Unsere Hoffnung, hier schnell eine Verknüpfung mit einer brauchbaren Konzeption von *Umweltbewußtsein* herstellen zu können, hat sich jedoch zerschlagen; denn wir stellten fest, daß es kaum eine theoretische Fundierung der Umweltbewußtseinsforschung gibt. Was mit Umweltbewußtsein genau gemeint ist, bleibt unklar und kann in vielen Studien nur ansatzweise aus Interviewleitfäden oder Fragebögen erschlossen werden. Gerade auch mit Blick auf langfristige Umweltveränderungen fiel uns auf, daß die Dimension "Zeit" in ihnen kaum eine Rolle spielt. Angesichts dieser Lage standen wir vor der Aufgabe, selbst ein Konzept zu entwickeln. Dies geschah in Auseinandersetzung mit folgenden Defiziten der Umweltbewußtseinsforschung, die uns gerade als Arbeitspsychologen und Sozialisationsforscher (mit einer Orientierung an strukturgenetischen Ansätzen) besonders gravierend erscheinen:

1. Als wir sämtliche Fragebögen und Studien im Anschluß an die bekannte erste Untersuchung von Maloney und Ward (1973) durchsahen, wurde deutlich, daß es darin ausschließlich um den Menschen als *Konsumenten und Privatperson* geht. Personen werden z.B. befragt, wie sie zu Hause mit tropfenden Wasserhähnen umgehen, ob sie auf Parties Plastikgeschirr benutzen, ob sie der Abfall in Parks stört, wie häufig sie öffentliche Verkehrsmittel benutzen usw. Zumindest in den psychologischen (nicht in den soziologischen) Studien taucht der arbeitende Mensch als Verursacher von Umweltproblemen nicht auf. Man könnte auch ironisch überspitzt sagen:

Die Forscher, die hier die eigentlichen Ursachen außer acht lassen, gehen von einer Art "End-of-pipe-Denken" aus; sie selbst weisen also nicht gerade den höchsten Stand jenes Umweltbewußtseins auf, das sie untersuchen möchten.

2. Welches ist nun aber der "höchste" Stand des Bewußtseins, der *normative Bezugspunkt* der Forscher, von dem aus sie dann auch Formen eines geringer ausgeprägten Umweltbewußtseins bestimmen können? Einen solchen Bezugspunkt findet man kaum explizit und theoretisch gut begründet. Man kann ihn aber aus der Art der empirischen Messungen erschließen: Höchste Punktwerte als Ausdruck des am höchsten entwickelten Umweltbewußtseins erhalten Probanden, die eine möglichst große inhaltliche Breite des Wissens und jener Problembereiche aufweisen, zu denen sie verbal irgendeine Form von Engagement bekunden.

3. Es geht also nur um *Inhalte* des Bewußtseins bzw. Denkens und nirgendwo um dessen *Strukturen*. Obwohl auch im Alltagssprachgebrauch oft strukturelle Aspekte betont werden – etwa wenn von "vernetztem" Denken die Rede ist, untersucht man in der psychologischen Umweltbewußtseins- und in der ökologischen Einstellungsforschung nur die Inhaltsebene und fragt hier die "Breite" von Wissen sowie von Einstellungen ab. Wenn aber eine Person beispielsweise viele Umweltprobleme in vielen Lebensbereichen benennen oder eine Vielzahl umweltgefährdender chemischer Stoffe aufzählen kann, deren schädliche Folgen nicht unmittelbar zum Zeitpunkt ihrer Anwendung auftreten müssen, dann besagt das noch gar nichts darüber, ob sie z.B. komplexe Zusammenhänge zwischen lokalen und globalen Phänomenen begreifen, "systemisch" denken kann oder ein Verständnis für Kumulationseffekte hat. Für solche Effekte ist u.a. charakteristisch, daß sie sich erst aus einem langandauernden Zusammenspiel von vielen voneinander unabhängigen Einzelhandlungen ergeben, und sie werden zumeist auch nicht zeitgleich sichtbar, sondern erst zu sehr viel späteren Zeitpunkten. Auch ein "systemisches" bzw. "vernetztes" Denken und ein Verständnis davon, daß zwischen Ursachen und Folgen eine räumliche Distanz liegen kann, sind logisch eng verknüpft mit Vorstellungen über Entwicklungsverläufe, die durchaus sehr weit in die Zukunft reichen können.

4. Die Unterschiede zwischen Personen und Gruppen, zwischen ihrem "Mehr und Minder" an Umweltbewußtsein erscheinen fließend und werden als *graduelle* auf einem Kontinuum bestimmt. *Qualitativ* gravierende Differenzen, die bei einer Betrachtung unterschiedlicher *Denkstrukturen* eher naheliegen, werden nicht in Rechnung gestellt. Dem entspricht eine fehlende theoretische Reflexion von menschlicher Entwicklung in der Umweltbewußtseinsforschung. Die Unterschiede zwischen verschiedenen Entwicklungsstadien derselben Person können nämlich von der gleichen qualitativen Art sein wie die Unterschiede zwischen Personen. Dann würde man z.B. Entwicklungssprünge vom Umweltsaulus (der etwa nur in simplen Ursache-Wirkungs-Ketten denkt) zum Umweltpaulus (der ganz plötzlich systemisch denken kann) als kaum wahrscheinlich erwarten.

5. Es geht in der Forschung auch um Einstellungen, um deren Intensität und um deren Verhaltensnähe. Man versucht, Indikatoren für "Umweltengagement" zu ermitteln und diskutiert Diskrepanzen zwischen "Sagen und Tun", zwischen Einstellung und Verhalten bzw. zwischen *Umweltbewußtsein* und ökologisch sinnvollem *Handeln*. Dazu wird jedoch keine theoretisch befriedigende Brücke angeboten, wie wir sie in den Konzepten von *handlungsleitenden* Kontroll- und Moralvorstellungen sehen. (Eine Ausnahme bildet die wichtige Studie von Eckensberger et al. 1988, in der diese Konzepte allerdings theoretisch nicht miteinander verknüpft werden.)

3 Ökologisches Verantwortungsbewußtsein

Diese Mängel haben wir zu überwinden versucht, und mit Blick darauf lassen sich zugleich die theoretisch konstitutiven Merkmale der 3 Teilkonzepte

- des *ökologischen Bewußtseins*,
- der *ökologischen Kontroll-* und
- der *ökologischen Moralvorstellungen*

bestimmen, aus denen sich unsere Gesamtkonzeption des ökologischen Verantwortungsbewußtseins zusammensetzt: In allen 3 Teilkonzepten geht es in erster Linie um *Bewußtseinsstrukturen*, die *qualitativ* unterschiedlich sind und anhand derer sich **inter**individuelle Differenzen ebenso wie **intra**individuelle Entwicklungsverläufe vom normativen Bezugspunkt eines höchsten Strukturniveaus her kennzeichnen lassen. Aus dieser analogen Konstruktion, bei der jeweilige Strukturniveaus von ökologischem Bewußtsein, von Kontroll- und von Moralvorstellungen einander im Ausmaß an kognitiver Komplexität entsprechen, ergeben sich auch schon die wichtigsten theoretischen Bezüge der Teilkonzepte untereinander (s. Abb. 1).

3.1 Ökologisches Bewußtsein

Eine erste und zentrale Überlegung, die uns schon früher bei der Bildung anderer Konzepte geleitet hat (Hoff 1986), richtet sich auf den Austausch zwischen wissenschaftlichen und "subjektiven" Theorien, zwischen wissenschaftlichem Denken und Alltagsdenken. In unserem Fall kann man den öffentlichen "ökologischen Diskurs", von dem bei Beck (1986) und anderen Autoren die Rede ist, auch als Prozeß eines permanenten Austausches zwischen wissenschaftlichem Denken und dem "gesunden Menschenverstand" interpretieren. (Diesen "gesunden *Menschenverstand*" sollte man jedoch nicht mit dem "gesunden *Volksempfinden*" gleichsetzen.) Damit liegt der Gedanke nahe, daß sich ein höchstes Strukturniveau des ökologischen Bewußtseins im Alltag durch dieselben Denkstrukturen und Prinzipien

kennzeichnen läßt, die auch für die Wissenschaft Ökologie konstitutiv sind. Auf diese Weise gelangen wir im Gegensatz zur Umweltbewußtseinsforschung zu einem wohlbegründeten *normativen Bezugspunkt*, der sich künftig natürlich mit der Entwicklung der Wissenschaft Ökologie und ihrer Rezeption im Alltag auch noch ändern kann.

In einem ersten Schritt haben wir nun die wichtigsten Lehrbücher und geschichtlichen Darstellungen zur biologischen Subdisziplin Ökologie (z.B. Odum 1983; Trepl 1987) durchgesehen und jene *Strukturprinzipien* herauszuarbeiten versucht, von denen wir theoretisch annehmen, daß sie auch für das Niveau der höchsten kognitiven Komplexität des ökologischen Bewußtseins im Alltag charakteristisch sind: das Prinzip der Historizität, das der Rückkopplung, das der Wechselwirkung, das Kreislaufprinzip, das Systemprinzip (auch: das der Offenheit von Systemen), das Prinzip der zeit-räumlichen Distanz von Ursachen und Wirkungen (sowie der Kumulation von Folgen), das der funktionellen Integration und schließlich das Prinzip der dynamischen Stabilität. Gerade durch die Integration der Dimension "Zeit" unterscheiden sich die ökologischen Prinzipien von solchen, wie sie etwa aus kybernetischen oder systemwissenschaftlichen Konzepten bekannt sind (zur Erläuterung vgl. Lecher u. Hoff 1993).

In einem zweiten Schritt haben wir dann versucht, präziser zu analysieren, auf welche allgemeineren kognitiven Dimensionen diese Prinzipien verweisen; denn auf diese Weise kann man auch Merkmale der niedrigen Niveaus des ökologischen Bewußtseins bestimmen.

Dazu nur ein einziges Beispiel: Das zuerst genannte Prinzip der Historizität verweist erstens auf eine Dimension der zeitlichen Reichweite. Man kann ökologische Bewußtseinsformen auf dieser Dimension danach differenzieren, ob sie sich nur punktuell auf die Gegenwart beschränken oder ob sie sich darüber hinaus zeitlich wesentlich umfassender auf Vergangenheit und Zukunft eines Menschenlebens, auf die von Generationen oder auf die der Menschheit und der Arten richten. Zweitens impliziert die Vorstellung einer Historizität von Ereignissen und Prozessen deren Einordnung in einen – im Prinzip nicht zu beendenden – Entwicklungsverlauf und richtet sich damit auch auf deren sehr langfristige Folgen; und auf einer allgemeineren Dimension zu Kognitionen über Entwicklung kann man nun folgende Niveaus unterscheiden: ein konkretistisch-punktuelles, auf dem Entwicklungsprozesse eigentlich noch gar nicht in den Blick geraten; dann Vorstellungen eines ewigen Kommens und Gehens, einer Wiederkehr des Gleichen; weiter eine Sichtweise, die zwar dynamisch, aber noch linear ist; und schließlich auch Vorstellungen von exponentiellen, sich beschleunigenden und logistischen Entwicklungsverläufen. (Man denke beispielsweise an alltagssprachlich gebräuchliche Metaphern im ökologischen Diskurs, z.B. auf den Verweis, daß es jetzt "fünf vor zwölf" sei.) Insgesamt haben wir 10 Arten von Kognitionen bzw. kognitiven Dimensionen unterschieden, deren Ausprägungen oder qualitative Abstufungen wir schließlich in einem dritten Schritt wieder zu einer Gesamtabfolge von Niveaus des ökologischen

Bewußtseins zusammengefaßt haben. Dabei war eine Orientierung an kognitionspsychologischen Ansätzen zur *kognitiven Komplexität* (z.B. Dörner et al. 1983) sehr hilfreich (vgl. Lecher u. Hoff 1993). An dieser Stelle können nur die 3 Niveaus des ökologischen Bewußtseins und nicht deren feinere Unterteilungen nach Stufen beschrieben werden (s. Abb. 1, linke Spalte):

Auf dem untersten Niveau, das wir als konkretistisch-punktuell bezeichnet haben, wird dann, wenn Umweltprobleme überhaupt wahrgenommen werden, nicht nach Ursachen gefragt oder nach Erklärungen gesucht, oder kausale Verknüpfungen bleiben konkret und werden nicht verallgemeinert (beispielsweise die Vernichtung einer Pflanze durch ein spezifisches Mittel). Es fehlt der Gedanke an ganzheitliche ökologische Zusammenhänge, an Systeme, an Rückkopplungen, an Kreisläufe, an Entwicklungsprozesse, an intendierte und nichtintendierte Folgen und deren Kumulation, an eine größere zeitliche und räumliche Reichweite und an Verbindungen zwischen ökologisch relevanten Prozessen in der nahen, der regionalen und der globalen Umwelt. Es ist eine empirische Frage, ob man dieses Niveau nur bei Kindern oder in anderen Kulturen oder auch bei Erwachsenen in unserer Gesellschaft finden kann.

Ökologisches Bewußtsein		Ökologische Kontrollvorstellungen	Ökologische Moralvorstellungen	
konkretistisch-punktuelles Niveau		fatalistisch/externales Niveau	präkonventionelles Niveau	
Stufe 1	nicht-kausal	Glaube an Zufall, Schicksal und eigene Ohnmacht	Stufe 1	Orientierung an
Stufe 2	prä-kausal		Stufe 2	Eigeninteressen
kausal-verallgemeinerndes Niveau		kausal-deterministisches Niveau	konventionelles Niveau	
Stufe 3	mono-kausal	internal oder/und external: Subjekt der persönlichen Welt, Objekt äußerer Einflüsse z. B. in Politik, Wirtschaft ...	Stufe 3	Gruppennormen
Stufe 4	multi-kausal		Stufe 4	Gesetzen
systemisch-prozessuales Niveau		interaktionistisches Niveau	postkonventionelles Niveau	
Stufe 5	einfach-systemisch	Subjekt und Objekt zugleich, Lösung von Problemen individuell und kollektiv	Stufe 5	Prinzipien für Menschheit, für "System Erde"
Stufe 6	komplex-systemisch			

Abb. 1. Niveaus des ökologischen Bewußtseins, der ökologischen Kontroll- und der ökologischen Moralvorstellungen

Auf dem mittleren Niveau, das wir als kausal-verallgemeinernd bezeichnet haben, kommen Verknüpfungen von Ursachen und Folgen nach dem Motto "immer wenn X, dann Y" oder "je mehr X, desto mehr Y" vor (Beispiel: Je mehr Menschen mit ihren Autos die Luft verschmutzen, desto mehr leiden die Bäume in Deutschland). Etwas komplexer ist dann eine multikausale Berücksichtigung z.b. intendierter und nichtintendierter Folgen oder längerer Ketten, in denen eine Folge wiederum als Ursache weiterer Folgen gilt. Das ökologische Bewußtsein bleibt jedoch noch linear und ist nicht auf Wechselwirkungen, Rückkopplungen, Kreisläufe und komplexe Systeme gerichtet. Entwicklungsverläufe werden als Wiederkehr des Gleichen oder mechanistisch fehlinterpretiert. Die räumliche Reichweite des ökologischen Bewußtseins erweitert sich und geht über die unmittelbare Umgebung hinaus, es bleibt aber weiterhin eingeschränkt und läßt sich noch nicht als global beschreiben. Auch die Langfristigkeit der Umweltproblematik gerät auf dem mittleren Niveau noch nicht in den Blick.

Vor allem auf dem höchsten, dem systemisch-prozessualen Niveau werden wohl feinere Differenzierungen wichtig. Hier kann man z.B. danach unterscheiden, ob Personen eher dazu neigen, einzelne Systeme und Kreisläufe als völlig geschlossene oder als miteinander verbundene oder ineinander verschachtelte zu begreifen; oder danach, ob sie noch Problembereiche segmentieren oder gewissermaßen dem Prinzip folgen: "Alles hängt mit allem zusammen". Erst diesem Niveau lassen sich dann Vorstellungen zuordnen, die äußerst langfristige Zeiträume umfassen und sich beispielsweise auf die Menschheits- und Artengeschichte insgesamt richten. Für systemisch-prozessuale Vorstellungen ist ein Verständnis von Natur typisch, das diese nicht wie in der klassischen Physik auf ein zeitloses Produkt von Masse und Bewegung reduziert, sondern es wird gesehen, daß Natur sich kontinuierlich weiterentwickelt.

3.2 Ökologische Kontroll- und Moralvorstellungen

Wie bereits ausgeführt, sprechen wir nicht nur von ökologischem Bewußtsein, sondern von ökologischem Verantwortungsbewußtsein und betrachten jene Vorstellungen zu Kontrolle und Moral, die man in ihrer Kopplung (vgl. Hoff 1990) auch mit Vorstellungen zur Verantwortung gleichsetzen kann, als Brücke zwischen Bewußtsein und Handeln. In der Übersichtsdarstellung (s. Abb. 1, die nun zeilenweise zu lesen ist) sollen die theoretischen Parallelen zwischen dem eben beschriebenen ersten Teilkonzept und den zuvor schon skizzierten beiden anderen Teilkonzepten deutlich werden: Die jeweils unteren, mittleren und höchsten Niveaus des ökologischen Bewußtseins, der Kontroll- und der Moralvorstellungen entsprechen einander im Ausmaß der kognitiven Komplexität:

Ebenso wie ökologische Probleme auf dem untersten Niveau des ökologischen Bewußtseins gar nicht erklärungsbedürftig erscheinen oder höchst konkretistisch erklärt werden, gilt auch das eigene Verhalten als nicht erklärungsbedürftig oder als irrelevant angesichts allgemeinerer Problemlagen. Mit fatalistischen oder externalen Kontrollvorstellungen sind sinngemäß die folgenden gemeint: "Ich kann ja doch nichts tun" oder: "Es hätte gar keinen Sinn, wenn ich als kleines Rädchen im Getriebe etwas täte. Ich bin ohnmächtig angesichts von Zufällen oder von übermächtigen äußeren Einflüssen". Damit korrespondieren *präkonventionelle Moralvorstellungen* etwa folgender Art: "Ich bin auch nicht moralisch verantwortlich, sondern muß zusehen, daß ich in dem Betrieb, den andere vielleicht für ökologisch bedenklich halten, mein Geld verdiene." Im übrigen ist eine spezifische kausale Verknüpfung von Kontroll- und Moralvorstellungen aus Diskussionen über die Nazivergangenheit wohlbekannt, die man ebenso auf ökologische Problemlagen übertragen kann: "Weil ich sowieso nichts dagegen tun konnte/kann, trage ich auch (moralisch) keine Verantwortung".

In gleicher Weise, wie auf dem mittleren Niveau des ökologischen Bewußtseins einzelne Umweltprobleme isoliert betrachtet und auf eine oder mehrere Ursachen zurückgeführt werden, sind auch Kontrollvorstellungen mono- oder multikausal-deterministisch ausgerichtet. Einseitige *internale Kontrollvorstellungen* von der eigenen Person als dem Subjekt ihrer Welt richten sich beispielsweise auf die "Machbarkeit" der ganz persönlichen, nahen Umwelt: "Was mich und meine Familie anbelangt, da kann ich etwas gegen Umweltverschmutzung tun". Auf Probleme jenseits dieser kleinen Welt bezieht sich dagegen eine bei denselben Personen anzutreffende einseitig *externale Sicht*: "Da kann ich als einzelner nichts tun, da ist die Unternehmensleitung, da sind die Politiker, da sind die Gesetzgeber zuständig". Damit korrespondiert das konventionelle Niveau der Moralvorstellungen, auf dem man sich als Mitglied der Allgemeinheit begreift und ein regel- oder gesetzeskonformes Handeln bejaht.

Ebenso, wie der Wechselwirkungsgedanke auf dem höchsten, dem systemisch-prozessualen Niveau des ökologischen Bewußtseins konstitutiv ist, bestimmt er das höchste, entsprechend als interaktionistisch benannte Niveau der Kontrollvorstellungen. Personen begreifen hier ihr eigenes Handeln als Prozeß einer Wechselwirkung von internen und externen Faktoren und die eigene Person immer als einflußnehmende und beeinflußt werdende zugleich. Sie argumentieren prototypisch so: "In vielen ökologisch brisanten Bereichen kann ich trotz äußerer Widerstände etwas tun; und dort, wo ich als einzelner zunächst ohnmächtig erscheine, kann ich meine individuelle Energie in kollektives Handeln einbringen". Damit korrespondieren postkonventionelle Moralvorstellungen einer Orientierung an Prinzipien; und wieder sind die kausalen Verknüpfungen zwischen Kontroll- und Moralvorstellungen sehr geläufig, die etwa folgendermaßen verbalisiert werden könnten: "Weil ich immer und aus Prinzip für mich, für andere Menschen und für die Umwelt (deren Teil ich bin) mitverantwortlich bin, deswegen muß ich sehen, wo und wie ich am besten Einfluß nehmen kann – als einzelner oder gemeinsam mit anderen".

4 Schlußbemerkungen

Zur Validierung dieser Konzeption haben wir Intensivinterviews durchgeführt (Lecher et al. 1992), die wir zur Zeit auswerten. Dabei zeigt sich einerseits, daß Unterschiede zwischen Personen sehr gut anhand aller genannten Niveaus beschrieben werden können. Auch stimmen die Niveaus des ökologischen Bewußtseins und der ökologischen Moralvorstellungen bei denselben Personen völlig überein (s. Abb. 1). Andererseits sind wir bei der Analyse von Kontrollvorstellungen auf Probleme gestoßen, die uns nicht zur Revision, wohl aber zu einer exakteren Formulierung unserer theoretischen Überlegungen zwingen. Besonders die enorme zeitliche und räumliche Spanne zwischen menschlichem Handeln und dessen ökologisch problematischen Folgen, die auch für das "Prinzip Verantwortung" bei Hans Jonas (1984) so wichtig ist, muß viel gründlicher bedacht werden. Das heißt für unsere Konzeption von Kontrollvorstellungen, daß wir eine viel subtilere Gleichzeitigkeit und Vielschichtigkeit von Sichtweisen in Rechnung stellen müssen. Ein und dieselbe Person kann beispielsweise in "interaktionistischer" Weise Chancen und Barrieren eigenen sowie kollektiven ökologischen Handelns einschätzen und bereit sein, alle ihre Chancen zu nutzen, aber dabei gleichwohl mit Blick auf die ganz langfristigen und kumulativen Folgen "fatalistisch" und vielleicht verzweifelt denken: "Eigentlich hat doch alles keinen Zweck".

Literatur

Beck U (1986) Risikogesellschaft. Auf dem Weg in eine andere Moderne. Suhrkamp, Frankfurt/M

Doerner D, Kreuzig H, Reither F, Stäudel T (1983) Lohhausen. Vom Umgang mit Unbestimmtheit und Komplexität. Huber, Bern

Eckensberger L, Sieloff U, Kasper E, Nieder A, Schirk S (1988) Der Konflikt zwischen Ökonomie und Ökologie am Beispiel eines saarländischen Kohlekraftwerkes (Bexbach). Moralisches Urteil, Faktenwissen, Bewältigung und Abwehr von Betroffenheit. Universität Saarbrücken, Fachrichtung Psychologie, Saarbrücken

Hoff E-H (1986) Arbeit, Freizeit und Persönlichkeit. Wissenschaftliche und alltägliche Vorstellungsmuster. Huber, Bern (2. Aufl 1992, Asanger, Heidelberg)

Hoff E-H (1990) Kontrolle und Moral. Problematische Arbeitsprodukte im Urteil von Arbeitern. In: Frei F, Udris I (Hrsg) Das Bild der Arbeit. Huber, Bern

Hoff E-H (1992) Berufliche Verantwortung. (Referat auf dem Kongreß der Deutschen Gesellschaft für Psychologie in Trier, hektogr. Manuskript)

Hoff E-H, Hohner H-U (1992) Methoden zur Erfassung von Kontrollbewußtsein. Materialien aus der Bildungsforschung Nr. 43. Max-Planck-Institut für Bildungsforschung, Berlin

Hoff E-H, Lempert W, Lappe L (1991) Persönlichkeitsentwicklung in Facharbeiterbiographien. Huber, Bern

Jonas H (1984) Das Prinzip Verantwortung. Suhrkamp, Frankfurt/M

Kohlberg LE (1984) Essays in moral development (vol I & II). Harper & Row, New York San Francisco

Lecher Th, Hoff E-H (1993) Ökologisches Bewußtsein. Theoretische Grundlagen für ein Teilkonzept im Projekt "Industriearbeit und ökologisches Verantwortungsbewußtsein". FU Berlin, Psychologisches Institut (Berichte aus dem Bereich "Arbeit und Entwicklung", Nr. 4), Berlin

Lecher Th, Hoff E-H, Distler E, Jancer M (1992) Zur Erfassung des ökologischen Verantwortungsbewußtseins. Ein Interview-Leitfaden mit Erläuterungen. FU Berlin, Psychologisches Institut. (Berichte aus dem Bereich "Arbeit und Entwicklung", Nr. 1), Berlin

Lempert W (1988) Moralisches Denken. Seine Entwicklung jenseits der Kindheit und seine Beeinflußbarkeit in der Sekundarstufe II. Neue Deutsche Schule Verlagsgesellschaft, Essen

Maloney MP, Ward MP (1973) Ecology: Let's hear from the people. An objective scale for the measurement of ecological attitudes and knowledge. American Psychologist 28: 583–586

Odum EP (1983) Grundlagen der Ökologie, 2 Bde, 2. Aufl. Thieme, Stuttgart

Rotter JB (1966) Generalized expectancies of internal versus external control of reinforcement. Psychological Monographs 80, No. 609

Trepl L (1987) Geschichte der Ökologie. Vom 17. Jahrhundert bis zur Gegenwart. Athenäum, Frankfurt/M

Technikentwicklung, Unsicherheit und Risikopolitik

Jobst Conrad

1 Einführung

Vor dem Hintergrund globaler langfristiger Umweltveränderungen geht es in diesem Beitrag[1] im Hinblick auf mögliche Strategien ökologischer Risikominimierung um die thesenartige Synthese unterschiedlicher disziplinärer Erkenntnisse und gesellschaftstheoretischer Perspektiven für die Technologie- und Risikopolitik, ohne dabei auf die jeweiligen wissenschaftlichen Fachdebatten einzugehen. Hierfür werden in psychologischer und soziologischer Perspektive Quintessenzen über die Rolle von Unsicherheit und Technikentwicklung in modernen Gesellschaften vorgestellt, und dann wird nach den sich hieraus ergebenden technologie- und risikopolitischen Optionen gefragt, um zu einer angemessenen Gesamteinschätzung des Zusammenhangs von Technikentwicklung, Unsicherheit und Risikopolitik zu gelangen.

2 Psychostruktur und Sicherheit

"Exposure to uncertainty is perhaps the most important negative aspect of what many have considered to be the central feature of human life and action distinguished from lower forms of living systems" (Parsons 1980, S 145). Gemäß diesem Grundkonsens der anthropologischen Forschung ist Unsicherheit eine anthropologisch tiefsitzende, spezifisch menschliche Erfahrung, die als fehlende Gewißheit zukünftiger Ereignisse zumindest ein Wissen darüber voraussetzt, daß die Zukunft immer auch anders ausfallen kann. Menschen benötigen Sicherheit für ihr Wohlbefinden und ihre Stabilität. Soweit sie mit Unsicherheit zu leben und mit ihr umzugehen vermögen, sind sie dazu aufgrund einer mehr oder weniger entwickelten Selbstsicherheit in der Lage. Der Grad der Selbstsicherheit hängt stark von frühkindlichen Erfahrungen und Prägungsprozessen ab. Erst die Ausbildung

---

[1] Der Beitrag beruht im wesentlichen auf einem 1992 an der Universität Erlangen gehaltenen Vortrag.

eines im Unbewußten verankerten Urvertrauens aufgrund entsprechender liebesbasierter Zuwendung und Interaktion von primären Bezugspersonen und darauf aufbauender Eigenidentität und Selbstsicherheit macht den Umgang mit Unsicherheit ohne prinzipiell vorhandene (existentielle) Ängste möglich. Selbstsicherheit hat mit relativer Autonomie und Unabhängigkeit von spezifischen Dingen zu tun.

Kaufmann (1973) sieht in der zunehmenden Bedeutung der Sicherheitsthematik in modernen Gesellschaften eine Amalgierung von 4 Sicherheitsdimensionen: Sicherheit ist dann gegeben, wenn Sorglosigkeit angesichts der Gewißheit über die Zuverlässigkeit der Gefahrlosigkeit einer Situation bzw. des Schutzes vor einer Gefahr besteht. Da das Gefühl von Unsicherheit die persönliche Identität in Frage zu stellen droht, verstärkt es im allgemeinen die Suche nach Sicherheit mit allen verfügbaren Mitteln. Infolgedessen verhalten sich Sicherheitsbedürfnis und Risikofreude typischerweise gegenläufig in Abhängigkeit von der empfundenen Sicherheit.

Bietet nach Gruen (1986) die menschliche Entwicklung zwei grundsätzliche Möglichkeiten, die der Liebe und die der Macht, so führt der den meisten Kulturen zugrundeliegende Weg der Macht zu einem Selbst, das die Ideologie des Herrschens widerspiegelt. Es ist im Gegensatz zum Zustand persönlicher Autonomie und Authentizität ein Selbst, das auf einem Gespaltensein beruht, nämlich jener Abspaltung im Selbst, welche Leiden und Hilflosigkeit als eigentliche Schwäche ablehnt und Macht und Herrschaft als Mittel, Hilflosigkeit zu verneinen, in den Vordergrund stellt.

Daraus resultiert bereits das Paradox von Sicherheit und Macht. Machtorientierte Menschen werden Sicherheit durch Macht und Kontrolle anstreben. Je unsicherer die Umstände, um so größer die Anstrengungen, sie (durch genügend Macht) zu kontrollieren. Die kontraproduktiven Effekte dieser Dynamik sind durchaus bekannt, etwa im Sicherheitsdilemma des Wettrüstens.

Somit gibt es bereits starke individualpsychologische Gründe für das von Beck hervorgehobene Dilemma der Technokratie in der Risikogesellschaft, gerade angesichts steigender (ökologischer) Risiken deren hinreichende Kontrolle vorgeben zu müssen.

3 Moderne und Unsicherheit

Kontingenzerhöhung ist ein Grundzug der Entwicklung der Moderne. Indem somit bislang Gegebenes immer mehr auch in anderer Form als möglich betrachtet und erfahren wird, meint Kontingenzerhöhung allgemein den Perspektivenwechsel von Wirklichkeiten zu Möglichkeiten, von Handlungsgrenzen zu Handlungsoptionen, von Substanzen zu Funktionen, von absoluten Werten zu relativen Präferenzen. Kontingenzerhöhung ist ein Muster, das in unsere Kultur eingebaut wurde mit dem Übergang zu

- positiver, objektiver Erkenntnis der Natur,
- einem nichtmoralischen Begriff der Natur und
- der moralischen Aufwertung der Autonomie und der Rechte der menschlichen Person (van den Daele 1991).

Aufgrund dieser Entwicklungsdynamik der Moderne hat die Notwendigkeit, mit Unsicherheit(en) umzugehen, auf individueller, organisatorischer und gesellschaftlicher Ebene stetig zugenommen. Daraus erklären sich entsprechend das gewachsene Bedürfnis nach Sicherheit, die Thematisierung und der Aufstieg von "Sicherheit" als gesellschaftlicher Wertidee, die Aktualität und Vehemenz der durch die Moderne gleichsam in den Untergrund gedrängten Gegenströmung der Fundamentalisierung und die Suche nach Sicherheit versprechenden Formen gesellschaftlicher Institutionalisierung, politischer Regulierung und technokratischen Managements in der Risikogesellschaft.

Fragen der Sicherheit spielen dabei auf zunehmend allen sozialen Ebenen eine zentrale Rolle: von erschwerter Identitätsfindung der einzelnen Person angesichts der Individualisierung, Standardisierung und Rollensegmentierung von Lebenslagen über die Widersprüchlichkeiten und Offenheiten von (Liebes)Beziehungen, die sozialstaatlich organisierte wirtschaftliche Absicherung in kapitalistischen Industriegesellschaften, die Risiken und Katastrophenpotentiale moderner Technologien, die (schleichende) globale Umweltkrise, die Auflösung sinnstiftender Werte, Normen und Traditionen, den subtilen generellen Legitimationsverlust formeller, institutionalisierter Politik, die prekäre Sicherheit nationalstaatlich verfaßter Gesellschaften infolge von Krieg, Militärtechnologie und Rüstungsdynamik mit entsprechender Priorität in der Politik bis hin zu den jüngsten Träumen von einer neuen globalen Ordnung in einer turbulenten Weltgesellschaft. Entsprechend verbreiten sich zunehmend Angstthemen und Angstkommunikation in modernen Gesellschaften (Luhmann 1986).

Dabei ist es in gewisser Weise gerade der auf dem strukturell eingebauten Zwang zum technischen Fortschritt basierende Erfolg der halbierten Moderne (Beck) der modernen Industriegesellschaft, der auf substantieller Ebene die gravierenden (globalen) Probleme erzeugt hat.

Insbesondere Umweltprobleme werden zukünftig aufgrund objektiven Problemdrucks, z.B. durch weltweite Erosion oder Wüstenausbreitung, aufgrund ihrer zunehmenden politischen Perzeption und Bedeutungszuschreibung und aufgrund der durch sie induzierten Folgeprobleme, z.B. Umweltflüchtlinge, im Ozean aufgrund globalen Temperaturanstiegs versinkende Inseln, bewußte ökologische Kriegsführung, eine voraussichtlich entscheidende Rolle im Hinblick auf die weitere Entwicklung der (Welt) Gesellschaft spielen, wie dies in der sich im letzten Jahrzehnt ausbreitenden Diskussion um nachhaltige Entwicklung zum Ausdruck kommt.

Die starke Gegenströmung der Fundamentalisierung wird angesichts individueller psychischer Sicherheitsbedürfnisse und ungleicher Modernisierungsgrade, insbesondere in der Dritten Welt, somit nur um so verständlicher, auch wenn sie nach van den Daele (1991) – zumindest innerhalb des Projekts der Moderne – eher eine Untergrundströmung bleiben wird.

Zusammengefaßt führen die Prozesse der funktionalen Differenzierung und Rollensegmentierung, der Auflösung verbindlicher Wert- und Normsysteme, der Individualisierung und die Steigerung technischer und industrieller Optionen im Projekt der Moderne zu Kontingenzerhöhung und damit zu vermehrter Unsicherheit und Entscheidungsabhängigkeit der Zukunft der Gesellschaft.

4 Risikogesellschaft und epochaler Wandel

Rekonstruiert man die unterschiedlichen auf die zunehmende Bedeutung von Unsicherheit und Risiko bezogenen Diagnosen zur Risikogesellschaft, so läßt sich im Kern durchaus eine weitgehende Übereinstimmung ausmachen.

1. Nach Lau zeichnen sich die neuen Risiken dadurch aus, "daß sie auf menschliches Handeln zurückführbar sind und auch für die Geschädigten die Anonymität und Zwangsläufigkeit von Naturkatastrophen haben. Es ist dieses paradoxe Verhältnis von persönlicher Verantwortbarkeit und kollektivem Verhängnis, das die logische Struktur von Risikodiskursen prägt" (Lau 1989, S 424). Auch Luhmann (1991) konzediert, daß in modernen Gesellschaften die für Risiken im Unterschied zu (naturgegebenen) Gefahren unterstellte Zurechenbarkeit auf Entscheidungen für solche Gefahren zweiter Ordnung eben nicht mehr unterstellt werden kann, bei denen die (Neben)Folgen (individueller) Entscheidungen und Handlungen aufgrund überkomplexer und nicht mehr verfolgbarer Kausalverhältnisse nicht mehr absehbar und kausal eindeutig zurechenbar sind und auf die sich die von Beck (1988) denunzierte organisierte Unverantwortlichkeit primär bezieht.

Allerdings erlaubt die systemtheoretische Perspektive schon modelltheoretisch keine Angaben darüber, ob aufgrund substantieller Unterschiede durchaus mit guten Gründen zugunsten, einer anstelle einer anderen Option entschieden werden kann. In der Praxis ist eben doch zu erwarten, daß "weiterhin bei jeder neuen Technologie fallweise Risiken und Vorteile abgewogen, legitime und illegitime Zwecke unterschieden, Mißbräuche und Fehlentwicklungen kontrolliert werden" (van den Daele 1991, S 601). Die Auflösung von gesellschaftlichen Problemen und Unsicherheiten besteht genau darin, daß sie nicht ein für allemal "gelöst", sondern beständiger gesellschaftlicher Bearbeitung in einer Fülle alltäglicher Auseinandersetzungen zugeführt wird.

2. Weitgehende Übereinstimmung besteht auch darin, daß es insbesondere die Steigerung technologischer Optionen, deren prinzipiell nur begrenzte Kontrollierbarkeit (Perrow 1987) und die mit ihnen verbundenen

ökologischen Risiken und Katastrophenpotentiale sind, die für die gesellschaftliche Signifikanz der Perspektive der Risikogesellschaft verantwortlich sind, da gerade sie dieses Paradox von Gefahren zweiter Ordnung erzeugen, infolge derer Katastrophenpotentiale und mangelnde Zurechenbarkeit nicht mehr versicherbar sind, womit Risikodiskurse häufig nur mehr der ritualisierten, symbolischen Bewältigung real nicht zu beseitigender Gefahrenpotentiale dienen.

3. Darüber hinaus ist die technologische Gesellschaft, die ihren Fortbestand auf den Fortschritt des Wissens gründet, notwendig Risikogesellschaft. Sie kann nicht anders. Damit werden aber argumentative Auseinandersetzungen um Risiken "zu Einfallstoren jenes Prozesses formaler Rationalisierung, der Begründungsmuster nach Maßgabe wissenschaftlicher Rationalitätskriterien systematisierter, logisch konsistenter, differenzierter und intersubjektiv überprüfbar werden läßt" (Lau 1989, S 432). Im Ergebnis ist es nur konsequent, daß sich politische Auseinandersetzungen in der Risikogesellschaft auf *Definitionsverhältnisse* konzentrieren; denn die Anbindung öffentlicher Risikodiskurse an die formalen Verfahren wissenschaftlicher Geltungskontrolle bietet vielfältige Möglichkeiten für strategische Argumentation und die Legitimationsbasis für einen opportunistischen, situativ-strategischen Umgang mit wissenschaftlichen Aussagen durch Risikointeressenten und -definitoren (Lau 1989), was Weingart (1983) als gleichzeitige Verwissenschaftlichung der Gesellschaft und Politisierung der Wissenschaft beschrieb. Darüber hinaus macht wissenschaftliche Forschung in der Risikogesellschaft die Gesellschaft, wenn auch nicht unbedingt intentional, in der Tendenz zunehmend zum Labor, weshalb ihre kulturell verankerte Freistellung von der Verantwortung von den Folgen notwendigerweise zunehmend in Frage gestellt wird.

4. Einigkeit besteht auch darin, daß die Medien Recht und Geld, die Orientierung an Normfragen und Knappheitsfragen nicht ausreichen, um mit der Risikoproblematik angemessen umzugehen. Im Kontext der Deregulierungsdiskussion der 80er Jahre wurde gerade etwa auch in der Umweltpolitik die Begrenztheit rechtlicher Ge- und Verbote und ökonomischer Steuerungsinstrumente zunehmend gesehen und eine auf der Metaebene ansetzende, auf mehr Selbstorganisation und Reflexivität gründende Umweltpolitik gefordert.

5. Schließlich ist aber auch festzuhalten, daß technologische Proteste und Kontroversen auf mehrschichtigen Konfliktlagen beruhen, vor allem auf dem Protest gegen die Überwältigung durch Innovationsprozesse, über die man nicht mitentscheiden kann (Conrad 1990; van den Daele 1989b). Dafür, daß diese unterschiedlichen Konflikte und Ansprüche vorzugsweise in Risikokritik übersetzt werden, gibt es eine Reihe von Gründen: der besondere politische "Appeal" von Risikoargumenten, die gesellschaftliche Zentralität von Sicherheitsansprüchen, Gefahrenabwehr und -vorsorge als legitime Ziele staatlicher Politik, die Variabilität von Risikodefinitionen. "Risikobewältigung ist unbezweifelbar ein zentrales Feld gegenwärtiger

Technikpolitik; aber die Konzentration auf dieses Feld muß letzten Endes die Erwartungen enttäuschen. Risikodefinitionen lassen sich nicht beliebig verschieben; und die Kontrolle über Risiken eröffnet nur begrenzte politische Verfügung über die Dynamik technischer Entwicklung" (van den Daele 1989b, S 98). So führt die Einbindung der Technikkritik in die Risikothematik nicht nur zu politischer Mobilisierung, sondern auch zu ihrer Kanalisierung und verfassungsrechtlichen Zähmung (van den Daele 1989a). Brock (1991) hat die Frage nach der Einordnung der Risikogesellschaft als eine neue Epoche mit damit verbundenen historischen Diskontinuitäten m.E. zu Recht negativ dahingehend beantwortet, daß es sich weniger um einen epochalen Wandel als um eine weitere Stufe industriegesellschaftlicher Entwicklung handelt, mit der durchaus nicht auszuschließenden Möglichkeit der

... allmählichen Zähmung der Risikoproblematik durch eine Reihe von institutionellen Vorkehrungen, die in ihrer Logik wie Reichweite vielleicht unbefriedigend bleiben werden, aber letztlich doch den industriegesellschaftlichen Modernisierungspfad vor dem Sturz in den Abgrund zu bewahren vermögen. Aber auch solche Vorkehrungen rechnen nicht mehr zu den zweifellos erwartbaren Anpassungsleistungen moderner Industriegesellschaften (Brock 1991, S 18).

Von daher ist der künftige Stellenwert der gesamten Risikoproblematik völlig offen, wie er wiederum relativ konsensuell in der Industrialismuskritik zum Tragen kommt.

Unterschiedliche Autoren wie Beck, Perrow oder Luhmann heben durchaus auf unterschiedliche mögliche Bruchstellen in der Fortsetzung des technisch-industriellen Entwicklungspfades der Moderne ab: normale Katastrophen, organisierte Unverantwortlichkeit, notwendiges Planungswissen, Fragilität funktional differenzierter Gesellschaften. Sie stimmen jedoch letztlich in der Schlußfolgerung der prekären und zunehmend bedrohten Basis der industriegesellschaftlichen Moderne überein.

Interessanterweise hält gerade Beck im Sinne der Aufklärung und in deutlicher Parallele zu Marx an der Fortsetzung des Projekts der Moderne als einer reflexiv werdenden Moderne fest und setzt unverdrossen auf die Möglichkeit einer "gemeinschaftlichen" Technikkontrolle. Entgegen den eigenen Thesen zum Thema Individualisierung scheint er gegenüber der eher zynischen Haltung Luhmanns eine letztlich optimistische Position zu vertreten und von Zweifeln und damit implizierten Begründungsanforderungen relativ unbelastet zu sein.

5 Technikentwicklung und Risiko

Festzuhalten gilt für die gesellschaftliche Durchsetzung von Technik zunächst einmal, daß grundlegende Entscheidungen über Ausmaß und Richtung des wissenschaftlich-technischen Fortschritts im allgemeinen nicht im Verlauf

eines rationalen Dialogs gefällt, sondern entweder erkämpft und sozial durchgesetzt oder auch überhaupt nicht als bewußte Entscheidungen getroffen wurden und werden. Sie sind Resultat des Zusammenwirkens vieler kleiner Einzelschritte und bestimmter politischer und gesellschaftlicher Mechanismen. Technikentwicklung begreife ich daher als einen gesellschaftlich-historischen Prozeß, in den ökonomische Interessen, politische Machtkonstellationen und kulturelle Wertvorstellungen hineinwirken und gleichzeitig dadurch verändert werden. So folgt der technische Wandel weder einer Strukturlogik von Entwicklung, die außer Richweite der sozialen Akteure liegt, noch bietet er sich umstandslos und unmittelbar als Manövriermasse für die Steuerungsintentionen sozialer Akteure an.

Entsprechend finden sich bislang kaum empirische Beispiele, daß Technik etwa prioritär unter dem Vorzeichen ihrer Sanftheit und Sozialverträglichkeit (Konvivialität) entwickelt wird, wie dies die moderne Technikkritik fordert. Vielmehr pflegte sich eine Technologie in diesem Jahrhundert im allgemeinen unter folgenden Bedingungen durchzusetzen: große relative Kostenvorteile, technische Ausgereiftheit und Zuverlässigkeit, große Breite ihrer Verwendungsmöglichkeiten, Sicherheit für Hersteller, Verwender und unbeteiligte Dritte, günstige Machtposition ihrer Förderer und Betreiber, militärische Verwendbarkeit und inzwischen auch zunehmend ihre Umweltverträglichkeit.

Zu den widersprüchlichen Zusammenhängen von Gesellschaft, Technik und Risiko hält Luhmann (1991, S 110) fest:

Strukturelle Kopplungen von Gesellschaft und Technologie (oder genauer: von sehr spezifischen sozialen Systemen und Teilbereichen komplexer Technologien) haben... eine Mehrzahl von verschiedenen, zum Teil konfligierenden Wirkungen. In weiten Bereichen stellt sich die Gesellschaft im normalen Alltag auf ein Funktionieren der Technik ein und entwickelt ihre eigenen Strukturen mehr oder weniger auf der Basis dieser Voraussetzung. Zweitens gilt dies auch im Umgang mit den technischen Einrichtungen einschließlich der Einrichtungen, die zum Abfangen ihrer Risiken bestimmt sind. Drittens, und das ist der neueste Trend, wird mehr und mehr bemerkt, daß das Problem der durch Technik bedingten Risiken auf diese Weise nicht sicher gelöst werden kann, und das erzeugt extrem instabile Reaktionen, wie sie durch Perrows Formel der "normal accidents" beleuchtet werden. Für den Gesamteffekt dieser verschiedenen Auswirkungen struktureller Kopplungen gibt es keine einheitliche Formel mehr, geschweige denn eine Idee, wie das Problem gelöst werden könnte. Man kann bei allen drei Aspekten ansetzen und vorschlagen, (1) die Abhängigkeit der Gesellschaft von Technik zu reduzieren, (2) die Aufmerksamkeit von Forschung und Organisation auf die "informalen" und in sich riskanten Weisen des konkreten Umgangs mit installierter Technik zu lenken und schließlich (3) sich übertriebene Angst und Aufregung zu ersparen und nicht allein dadurch schon präventives Unheil auszulösen.

Die Möglichkeiten der Techniksteuerung und -kontrolle, die u.a. Beck anstrebt, sind in modernen Gesellschaften nicht nur sozialstrukturell, sondern auch kulturell deutlich begrenzt und damit auch diejenigen der durch Technikentwicklung bedingten Risiken. Entsprechend konstatiert van den Daele (1991, S 598f.):

Im allgemeinen begünstigt das System der politischen Regulierung die Erhöhung von Kontingenz. Der Grund dafür liegt darin, daß die Dynamik der Wissenschafts- und Technikentwicklung, auf der Kontingenzerhöhung vor allem beruht, politischer und rechtlicher Regulierung weitgehend entzogen bleibt. Vor allem ist das Entstehen technischer Optionen politisch nicht beherrschbar... Technologiepolitik ist viel weniger Steuerung als Reaktion, sie läuft gleichsam einer von ihr unabhängigen gesellschaftlichen Dynamik korrigierend und kompensierend hinterher.

Nur wenn aus der Nutzung von Technologien unvermeidbare Gefahren für in der Wertordnung moderner westlicher Industriegesellschaften (gesetzlich) ebenfalls geschützte Rechte oder Gemeinschaftsgüter resultieren, stehen ansonsten durch garantierte Individualrechte gedeckte technische Möglichkeiten politisch zur Disposition. Von daher ist Gefahrenabwehr nicht nur ein, sondern meist der einzig mögliche Ansatz politischer Technikeinschränkung. Deshalb stellt staatliche Regulierung in differenzierten Gesellschaften offenbar kein Mittel dar, die Dynamik technischer Entwicklung irgendwie in den Griff zu bekommen, geschweige denn aus ihr auszusteigen (van den Daele 1989a).

Sicherlich kann sich das staatliche Mandat zur Technikregulierung prinzipiell auch ausweiten, insofern die heutige Konstellation von gesellschaftlicher Funktionenteilung, individuellen Freiheiten und staatlichem Handlungsspielraum historisch variabel ist und sich verschieben kann. Das muß aber durch kulturellen und Verfassungswandel geschehen. Falls sich in der Gesellschaft etwa die Überzeugung durchsetzen sollte, daß menschenwürdiges Leben und Überleben nur noch gewährleistet werden kann, wenn der Prozeß wissenschaftlich-technischer Innovation angehalten wird, dann würde dagegen auch die Berufung auf die verfassungsmäßige Freiheit der Forschung oder das Recht der Gesundheit nicht mehr durchschlagen, denn damit wären die kulturellen Grundlagen für individuelle Ansprüche auf die Entwicklung und Nutzung neuer Technik und für die aus diesen Ansprüchen folgenden Grenzen regulativer Politik entfallen (van den Daele 1989a, 1991).

Knapp zusammengefaßt: Unter den kulturellen Prämissen moderner westlicher Industriegesellschaften ist eine (präventive) gesellschaftspolitische Steuerung von Technikentwicklung und -einsatz nicht möglich. Ob es mit der weiteren Entwicklung der Risikogesellschaft über den Sieg der Ökologiebewegung hinsichtlich der politischen Thematisierung hinaus zu einer substantiellen Infragestellung dieser Prämissen kommt, ist offen, aber sicher nicht rasch zu erwarten. Allenfalls dürfte die Verbreitung von Perrows Erkenntnis der Unvermeidbarkeit normaler Katastrophen (1987) zu gewissen Einschränkungen besonders katastrophenträchtiger Technologiekonfigurationen wie großer kerntechnischer Anlagen führen.

Gerade bei einer Aufhebung dieser kulturellen Vorgaben dürften sich die gesellschaftlichen Entscheidungsprobleme unter Unsicherheit nur vergrößern aufgrund grundlegender kognitiver Grenzen, insbesondere beim Umgang mit ökologischen Problemlagen und kontingenter Technikentwicklung; denn Ungewißheit und soziale Handlungsfähigkeit befinden sich in einem durchweg prekären Verhältnis.

Technikentwicklung, Unsicherheit und Risikopolitik 233

Dabei werden ökologische Probleme

... gerade dadurch ausgelöst, daß die Technik funktioniert und ihr Ziel erreicht. Zwar lassen sich auch unerwünschte Nebenfolgen, wenn bekannt, mehr oder weniger als technisch zu lösende Probleme auffassen, aber das heißt nur, daß diese Sekundärtechniken dann ihrerseits wieder ökologische Probleme auslösen können (Luhmann 1991, S 106f.).

Somit führt gerade der Erfolg einer gesellschaftlich kaum steuerbaren Technikentwicklung in die Risikogesellschaft. Dabei verschärft sich deren Problematik auf globaler Ebene zusätzlich dadurch, daß die wirtschaftlichen, sozialen, politischen etc. Ressourcen für einen weniger gefährlichen Umgang mit Hochtechnologien in vielen Regionen gar nicht zur Verfügung stehen, wie jüngst noch einmal drastisch am Ausmaß ökologischer Probleme in den osteuropäischen und ehemals sowjetischen Ländern deutlich wurde.

6 Politikdeterminanten und -optionen in der Risikogesellschaft

Über die Restriktionen von Politik in modernen, funktional differenzierten Gesellschaften gibt es vielfältige und umfangreiche Untersuchungen. Zugleich haben etwa vergleichende Analysen zur Umweltpolitik auch Faktoren herausgearbeitet, die auf (länderspezifisch) unterschiedliche Gestaltungsmöglichkeiten von Politik verweisen und damit durchaus substantielle politische Handlungsspielräume annehmen. (Allerdings beschränkt sich Umweltpolitik desto eher auf verbale Bekundungen, je internationaler sie angesiedelt ist.) Jänicke (1990, S 222) benennt etwa folgende 4 Faktoren der Modernisierungsfähigkeit moderner Industriegesellschaften:

- ihre Wirtschaftsleistung.
- ihre Innovationsfähigkeit, "als Summe aller Entfaltungsmöglichkeiten für Innovateure und Vertreter neuer Interessen",
- ihre Strategiefähigkeit, "als politische Fähigkeit eines Landes, langfristige Ziele koordiniert und über längere Zeiträume durchzusetzen", und
- ihre Konsensfähigkeit, "als Fähigkeit eines Landes, über einen kooperativen Politikstil zu ausgehandelten Lösungen zu gelangen".

Allerdings sind die Möglichkeiten der Identifizierung relativ eindeutiger, nicht nur fallspezifischer Politikdeterminanten vor dem Hintergrund bislang durchgeführter international vergleichender Politikanalysen skeptisch zu beurteilen.

Nun bedeutet der Umstand, daß ein kulturelles Thema wie die Risikogesellschaft die Chance hat, zu einem politischen Thema zu werden, weder seine tatsächliche Behandlung als politisches Thema durch das politische Entscheidungsgefüge noch seine Lösung im Sinne der Betreiber des Themas. Nach Luhmann (1991, S 157, 176f.) spezialisiert sich das politische System im Hinblick auf (technologische und ökologische) Risiken auf "talk".

... nämlich auf Darstellung der Bemühungen um rationale Entscheidungen. Und das Risiko besteht dann darin, daß die bloße Verbalakustik zum Aufbau von Erwartungen führt, die man nicht erfüllen kann oder nicht erfüllen will ... Als voll temporalisiertes System ist das politische System nicht in der Lage, die ihm aufgedrängte Risikolast zu behalten und sich dauernd mit denselben Fällen herumzuschlagen. Politik arbeitet in Episoden, in Kleingeschichten, an deren Ende jeweils eine kollektiv bindende Entscheidung, eine symbolische Abschlußgeste steht.

Deutlich wird hieran, daß die Wahrscheinlichkeit substantieller (Risiko) Politik in der Risikogesellschaft eher geringer anzusetzen ist als für traditionelle Politiken.

Im Hinblick auf grundsätzliche Optionen von Technologie- und Risikopolitik lassen sich restriktive, kompensatorische und konstruktive (Technologie)Politik unterscheiden, wobei die erste sich auf die Abwehr technischer Gefahren bis hin zum möglichen Verbot einer Technik konzentriert, die zweite typischerweise die Folgen einer Technologie abzufedern und Fehlentwicklungen vorzubeugen und die dritte gezielt technische Entwicklungen herbeizuführen versucht. Mit Blick auf die angesprochenen technologiepolitischen Möglichkeiten und Grenzen plädiert van den Daele (1989b) vor allem für eine konstruktive Technologiepolitik: Danach führen politische Anstrengungen, neue Technologien zu verhindern, in eine Sackgasse, aus der nur die Ausweitung technischer Optionen, mit dem Ersatz schlechter neuer durch bessere neue Technologien herausführt.

Es kann nicht Aufgabe der Politik sein, jegliche Unsicherheit durch schärfere Kontrollen der Technik abzuwehren ... Es könnte jedoch Aufgabe der Politik werden, den in der Gesellschaft mit neuen Techniken angestellten Experimenten eigene Experimente entgegenzusetzen und Bedingungen zu schaffen, unter denen die Einführung neuer Techniken wirklich ein Experiment wäre, das heißt ein rationales Verfahren, um kontrolliert zu lernen ... Eine solche konstruktive Technologiepolitik würde zwei Gefahren vermeiden: die Gefahr, sich auf eine letztlich aussichtslose Maximierung von Risikokontrolle zu fixieren und die Gefahr, sich vorbehaltlos den in der Gesellschaft vorgezeichneten herrschenden technischen Entwicklungen anzuschließen (van den Daele 1989b, S 106, 108f.).

Vor dem Hintergrund der skizzierten Szenerie und Entwicklungsdynamik der Risikogesellschaft lassen sich – neben vielen möglichen Bezugspunkten und Kriterien – etwa folgende grundsätzliche Optionen von Risikopolitik unterscheiden.

Zum einen kann die Politik die ganze Risikodiskussion als vorübergehende Mode einordnen und darauf setzen, durch Nichtbeachtung und Symbolpolitik diese Episode zu überwintern, allerdings mit dem politischen Risiko, angesichts der Virulenz der öffentlichen Risikokommunikation aufs Abstellgleis geschoben zu werden.

Zum zweiten kann Politik im Luhmannschen Sinne zynisch reagieren, indem sie die benannte Kombination von Risikopotentialen technischer und sozialer Natur zwar als durchaus real ansieht, ihre politische Auflösung jedoch als nicht erreichbar betrachtet und deshalb dem industriellen Fatalismus seinen Lauf läßt und gar nicht erst eigene Anstrengungen zu seiner Überwindung unternimmt.

Zum dritten kann Politik technokratisch auf die – technische und sozialpsychologische – Lösbarkeit der Problemlagen der Risikogesellschaft setzen, z.B. mit Hilfe der Informations- und der Gentechnologien, wobei die systemimmanente Bewältigung von Hochtechnologierisiken und von sozialen Erosionstendenzen für machbar gehalten wird.

Zum vierten kann Politik den Weg einer grundlegenden Reorientierung gesellschaftlicher Selektionsmechanismen und Entscheidungsprozesse ansteuern (eventuell mit dem Ziel, die Abhängigkeit der Gesellschaft von Technik zu reduzieren) im Vertrauen auf die Notwendigkeit und die Möglichkeit, hierüber die andernfalls in einer Katastrophe endende Risikogesellschaft in einer humaneren Zukunft überleben zu lassen.

Zwar dürfte in der "risk assessment community" weitgehender Konsens bestehen, daß allein die Optionen 3 und 4 als solche einer substantiellen Risikopolitik anzusehen sind, aber man braucht sich nur in die Rolle eines BMFT-Referenten hineinzuversetzen, der mit Douglas und Wildavsky (1982) die rationale Unbegreiflichkeit der "Risikohysterie" bezüglich neuer Technologien schlußfolgert und der seine Illusionen über den Einfluß des BMFT auf Technikgestaltung und gesellschaftliche Akzeptanz verloren hat, um die Rationalität der Option 1 einer Risikopolitik zuzugestehen. Analog wird ein Luhmann-Anhänger die Aussichtslosigkeit individuellen Agierens angesichts der Autopoiesis der Gesellschaft durch Kommunikation und nichts als Kommunikation im Hinblick auf eine wirksame Risikopolitik konstatieren.

Die risikopolitischen Optionen 3 und 4 korrespondieren im wesentlichen mit den 2 Entwicklungsphasen der Risikogesellschaft von Beck (1988). Dabei sind beide risikopolitischen Optionen durchaus mit der oben gekennzeichneten konstruktiven Technologiepolitik verträglich.

Sicherlich kann jede Risikopolitik aus den Erfahrungen der ihr verwandten Umweltpolitik lernen: Infolge ihres Charakters einer Querschnittspolitik, ihres Bezugs zu verschiedenen Technologiebereichen und ihrer Eingebundenheit in den allgemeinen gesellschaftsstrukturellen Wandel dürfte die Institutionalisierung einer eigenständigen Risikopolitik anstelle der sukzessiven Integration von Risikobewußtsein in andere Politikbereiche voraussichtlich zum Scheitern verurteilt sein. Wie das Beispiel des allmählichen Eindringens von Umweltgesichtspunkten in die Agrarpolitik zeigt, ist ein solcher Integrationsprozeß bei günstigen gesellschaftlichen Rahmenbedingungen und in einer Dezennienperspektive aber keineswegs von vornherein als chancenlos abzutun (Conrad 1992).

7 Politische Relevanz der Risikoperspektive

Zusammenfassend läßt sich festhalten, daß das Projekt der Moderne qua ihres Macher- und Kontrollfetischismus und ihrer Reflexivität Kontingenzerhöhung, dilemmatische Zuspitzungen und massive Übergangsprobleme erzeugt und damit objektiv und subjektiv Unsicherheit und Ambivalenz als anthropologisch prekäre Erfahrungstatbestände vermehrt, die sich politisch und sozial nur schwer bewältigen lassen (Conrad 1994). Besonders an der Umweltproblematik wird diese gesellschaftliche Entwicklungsdynamik deutlich, in der es kaum eine wirksame Kontrolle technischer Entwicklungsdynamik samt ihrer Folgeprobleme gibt. Somit trägt gerade die auf Beherrschung und Kontrolle der Natur ausgerichtete Technikentwicklung zur Zunahme von Unsicherheit und Umweltproblemen in Risikogesellschaften bei.

Dabei besteht das strukturelle Dilemma funktional differenzierter moderner Gesellschaften im Umgang mit ökologischen Risiken in sowohl zu geringer als auch zu starker Kopplung zwischen den sozialen Funktionssystemen. Auch unter institutionellen Vorkehrungen für das systematische Offenhalten alternativer Optionen führt somit kein Weg an einem Prozeß sozialen Lernens mit Versuch und Irrtum unter Bedingungen potentieller Katastrophen und mangelhafter Feedbacks vorbei, wobei offen bleibt, wieviel Ungewißheit soziale Handlungssysteme ertragen können (Japp 1990). "Occasional small disasters offer an important learning opportunity, but the choice between several small and one large calamity is intuitive at best" (Holling 1978).

Entsprechend läßt sich abschließend die gesellschaftspolitische Relevanz der Risikoperspektive wie folgt resümieren:

1. Die systemtheoretische Feststellung einer notwendigen neuen Perspektive entlang von Risiko/Gefahr, in der alles menschliche Handeln zum Risiko wird, wurde als übergeneralisiert und überabstrakt eingeordnet.
2. Demgemäß ist die übermäßige Konzentration auf Risikosemantik, -kritik und gegebenenfalls -politik zwar soziologisch erklärbar, aber letztlich unangemessen.
3. Die Risikogesellschaft wurde eher als neue Stufe industriegesellschaftlicher Entwicklung denn als Epochenwandel eingestuft, die die Möglichkeit institutioneller Vorkehrungen und technokratischer Lösungen ihrer Problemlagen zunächst offenläßt.
4. Auf globaler Ebene ist die Zentralität des Konzepts der Risikogesellschaft aufgrund ihrer Ableitung aus Gefahren zweiter Ordnung im Kontext der Entwicklung der Moderne zumindest in diesem Jahrhundert als fraglich einzustufen.
5. Vor allem Zunahme von Unsicherheit und erst sekundär Risiko als spezifische Form der Relationierung von ungewißheitsbelasteten Entscheidungen und möglichen Gefahren (Japp 1990, S 37) kennzeichnen m.E. die Entwicklung der Moderne.

Im Falle eines Übergangs der Moderne in eine andere "postmoderne" Weltordnung würden die aus der Struktur der Moderne abgeleiteten Problemlagen obsolet werden, obgleich in der Übergangsphase Unsicherheit zweifellos noch zunehmen dürfte. Auch wenn derzeit sicher wenig für einen

Wandel zugunsten etwa liebes- statt machtbasierter Strukturmuster von Gesellschaft spricht, so erscheint es durchaus nicht unbegründet, angesichts der derzeitigen Weltlage und der globalen Entwicklungstendenzen die Möglichkeit gewaltiger Strukturbrüche einzuräumen.

Schließlich ist gerade angesichts der Auflösung vieler bislang als gegeben annehmbarer gesellschaftlicher Rahmenbedingungen auch das Setzen auf *einzelne* dominante, seien es auch abstrakt generelle Determinanten sozialer Entwicklung in Zweifel zu ziehen. Bei einer Auflösung des Sozialen (Ende 1988) wird jedwede generalisierte sozialwissenschaftliche Beschreibung und Erklärung sozialer Phänomene fragwürdig. Zumindest spricht eine solche Tendenz gegen eine Vorherrschaft der Risikoperspektive in der Politik.

Riskopolitik als Querschnittspolitik dürfte selbst im Falle ihrer institutionellen, sachlichen und sozialen Verankerung immer nur eine unter mehreren Dimensionen in der praktischen, an realen Problemen orientierten Politik ausmachen. Ob sie hierbei einen signifikanten Stellenwert erlangt, dürfte primär von ihrer Internalisierung auf Bewußtseinsebene unter den beteiligten Akteuren abhängen – und dies werden zunehmend nichtstaatliche sein. Gerade auf globaler Ebene ist Konsens über Problemsichten selten zu erwarten, und dies erst recht nicht über Risiko. Es verbleibt dann das auf formaler Ebene diagnostizierte Risiko, wenn nicht gar Faktum fehlender Konsensfähigkeit über Katastrophenschwellen und Risikomanagement.

Deshalb mag es ratsam sein, daneben und davon deutlich unterschieden auch den Weg (solcher) Verständigungen zu pflegen, der unabhängig davon funktionieren kann, ob und wie weit die Beteiligten wechselseitig die Welten ihrer Beobachtung rekonstruieren können (Luhmann 1991, S 247).

Literatur

Beck U (1988) Gegengifte. Suhrkamp, Frankfurt/M
Brock D (1991) Die Risikogesellschaft und das Risiko soziologischer Zuspitzung. Z Soziol 20: 12–24
Bude H (1988) Die Auflösung des Sozialen? Soziale Welt 39: 4–17
Conrad J (1990) Technological protest in West Germany: Signs of a politicization of production? Industrial Crisis Quarterly 4: 175–191
Conrad J (1992) Nitratpolitik im internationalen Vergleich. edition-sigma, Berlin
Conrad J (1994) Die Entwicklung der Moderne und ihre psychosozialen Folgen. In: Pieber M, Österreichisches Studienzentrum für Frieden und Konfliktlösung (Hrsg) Europa – Zukunft eines Kontinents. arguda-Verlag, Münster, S 158–208
Daele W vd (1989a) Kulturelle Bedingungen der Technikkontrolle durch regulative Politik. In: Weingart P (Hrsg) Technik als sozialer Prozeß. Suhrkamp, Frankfurt/M, S 197–230
Daele W vd (1989b) Restriktive oder konstruktive Technologiepolitik? In: Hesse J, Kreibich R, Zöpel C (Hrsg) Zukunftsoptionen – Technikentwicklung in der Wissenschafts- und Risikogesellschaft. Nomos, Baden-Baden, S 91–110
Daele W vd (1991) Kontingenzerhöhung. Zur Dynamik von Naturbeherrschung in modernen Gesellschaften. In: Zapf W (Hrsg) Die Modernisierung moderner Gesellschaften. Capus, Frankfurt/M, S 584–603

Douglas M, Wildavsky A (1982) Risk and culture. University of California Press, Berkeley
Gruen A (1986) Der Verrat am Selbst. dtv, München
Holling CS (Hrsg) (1978) Adaptive environmental assessment and management. Chichester
Jänicke M (1990) Erfolgsbedingungen von Umweltpolitik im internationalen Vergleich. Z Umweltpolitik Umweltrecht 13: 213–232
Japp KP (1990) Das Risiko der Rationalität für technisch-ökologische Systeme. In: Halfmann J, Japp KP (Hrsg) Riskante Entscheidungen und Katastrophenpotentiale. Westdeutscher Verlag, Opladen, S 34–60
Kaufmann FX (1973) Sicherheit als soziologisches und sozialpolitisches Problem. Enke, Stuttgart
Lau C (1989) Risikodiskurse: Gesellschaftliche Auseinandersetzungen um die Definition von Risiken, Soziale Welt 40: 418–436
Luhmann N (1986) Ökologische Kommunikation. Westdeutscher Verlag, Opladen
Luhmann N (1991) Soziologie des Risikos. de Gruyter, Berlin
Parsons T (1980) Health, uncertainty and the action structure. In: Fiddle S (ed) Uncertainty, behavioural and social dimensions. New York
Perrow Ch (1987) Normale Katastrophen. Campus, Frankfurt/M
Weingart P (1983) Verwissenschaftlichung der Gesellschaft – Politisierung der Wissenschaft. Z Soziol 12: 225–241

Ethik für die Zukunft erfordert Institutionalisierung von Diskurs und Verantwortung

Dietrich Böhler

1 Einführung

Daß Moralphilosophie bzw. Ethik einerseits den normativen Orientierungsrahmen von Umweltforschung zu erarbeiten habe und andererseits selbst mit zur Umweltforschung gehöre, wird heute kaum bestritten; ist auch kaum bestreitbar, weil Umweltforschung letztlich aus dem neuartigen ethischen Problem der Verantwortung für die Zukunft entspringt.

Seit der Erfahrung des dramatisch zunehmenden ökologischen Ungleichgewichts zwischen hochtechnologisch produzierender sowie konsumierender Zivilisation und Natur, zwischen explodierender Menschheit und Natur *und* seit der Erfahrung der sich rapide vertiefenden Kluft zwischen einer *heute* marktdynamisch sowie technologiedynamisch luxurierenden Industriegesellschaft und der dadurch gefährlich belasteten, ja in Frage gestellten *Zukunft* der Menschheit, beginnen wir, Umweltforschung als interdisziplinäre Forschungs- und Dialogaufgabe im Dienste einer Zukunftsverantwortung zu verstehen. Nach deren *Begriff*, nach deren Prinzipien und Verfahrensweisen, auch nach deren politisch-rechtlicher *Institutionalisierung* fragen wir zugleich noch. So ergibt sich die scheinbar widersprüchliche Situation: einerseits haben wir Wissenschaft, Politik und Recht zukunftsverantwortungsethisch zu prüfen und die Geltung ihres So-weiter-Machens in Frage zu stellen – das ist die Stunde des interdisziplinären Argumentierens als Wissenschafts- und Weltkritik; andererseits haben wir innerphilosophische Begründungsreflexion und Verfahrensreflexion der Zukunftsverantwortung noch durchzuführen – das ist die Stunde des Philosophierens über (Moral-)Philosophie (vgl. Böhler 1994a). Ein Zeichen für diese gedoppelte Anstrengung in der Umwelt- und Zukunfts-Not hat die Freie Universität Berlin mit der Ehrenpromotion von *Hans Jonas* gesetzt (dokumentiert in Böhler u. Neuberth 1993). Zumal mit Blick auf die Ideen seines "Prinzips Verantwortung" sind, so scheint mir, Umweltforschung und "Ethik für die Zukunft" im Wechselgespräch zu entwickeln.

2 Die Idee des argumentativen Diskurses und die Versuchungen pragmatisch verkürzter One-project-"Diskurse" in der Technologiefolgenabschätzung

In der öffentlichen Diskussion über die Zukunftsfolgen von Hochtechnologien und auch auf der Ebene der Institutionen bzw. Verfahren zur Technologiefolgenabschätzung scheint die Ethik, insbesondere die dialogische Diskursethik und die Ethik des "Prinzips Verantwortung", Konjunktur zu haben. Dementsprechend scheint die klassisch-moderne Expertenpolitik – nicht Ethiker und nicht kritische Öffentlichkeit, sondern nur die am Projekt interessierten Experten kommen zu Wort – der Vergangenheit anzugehören; auch wenn Industriepostillen oder erfolgsmeldende Universitätsinfos den hochtechnologischen Fortschritt lieber ohne störende Ethiker würdigen lassen. Doch wenn man die offenbar auf der ethischen Haben-Seite zu verbuchenden Einrichtungen wie "Ethikkommissionen" in Kliniken und Dialoge zur Technologiefolgenabschätzung näher betrachtet, folgt die Ernüchterung auf dem Fuße. In "Ethikkommissionen", die fast nur aus dem weiteren Kreis der Interessierten bestehen, wie es in Kliniken üblich ist, wird "Ethik", statt als Reflexion kritisch präsent zu sein, leicht zur Ideologie. Ernst zu nehmen war hingegen der Versuch, einen Dialog zur Technikfolgenabschätzung von Herbizid-Gentech-Pflanzen zwischen den Interessenvertretern (Industrie und genetische Forschung), Behördenvertretern und kritischen Ökologen bzw. Umweltschützern durchzuführen. An ernsthaften Ansätzen wie diesem – ein anderes Beispiel ist der von Matthias Haller zunächst mit Ciba-Geigy initiierte "Risikodialog" (vgl. Schmidt 1992) – läßt sich freilich zeigen, wieviel nüchterne moralphilosophische Reflexion, also ethisches Fachwissen, in einem solchen Projekt anwesend sein müßte...

Der vom Bundesministerium für Forschung und Technologie mit 1,6 Mio DM finanzierte, von Wolfgang van den Daele (Wissenschaftszentrum Berlin) mitgeleitete Dialog zur Technikfolgenabschätzung von herbizidresistenten Gentech-Pflanzen ist auf scharfe Kritik der beteiligten Umweltverbände gestoßen. Nach über zweijähriger Mitarbeit verließen sie unter Protest das Projekt, dessen Ziel es war, die Folgen des Anbaus von herbizidresistenten Nutzpflanzen zu erörtern und gemeinsame Handlungsempfehlungen auszuarbeiten. Laut Bericht des Genetischen Informationsdienstes vom Juli 1993 (GID 1993a, S 10ff.) bezog sich die Kritik am Verfahren selbst unter anderem auf die Achillesferse jeder Technikfolgenabschätzung, die nur nach Chancen oder Risiken *einer* bestimmten Technologie fragt, ohne Alternativen zu diskutieren. Das ist freilich das Manko jeder nicht problemorientierten, sondern "technikinduzierten" Fragestellung, wie Reinhard Ueberhorst hervorhebt (vgl. Ueberhorst 1990; Burns u. Ueberhorst 1988, S 10f., 103ff., 112ff., 147f.).

Die *Prämisse der Interessenten*, die landwirtschaftliche Anwendung der Herbizidresistenzgentechnologie sei erforderlich, wird von einer solchen Fragestellung ausgeblendet. Auf diese Weise unterstellt man Konsens in einem Punkt, der selbst hätte zum Gegenstand der Prüfung in einem Diskurs gemacht werden müssen, damit er als argumentativer Konsenspunkt gelten könnte – oder aber widerlegt würde.

Weiterhin ist die Hintanstellung alternativer Agrarmethoden ohne Herbizide kritisiert worden. Wie dem auch sei, jedenfalls war das Dialogprojekt nicht darauf angelegt, in Alternativen zu diskutieren.

Das Projekt kann daher auch nicht als Annäherungsversuch an einen *argumentativen Diskurs* betrachtet werden. Von der Idee eines solchen geht die Begründungsreflexion der Diskursethik aus. Knapp skizziert besagt sie:

Zu den konstitutiven Regeln unserer Rolle als Argumentationspartner, die wir kontrafaktisch anerkannt haben, gehört es, als letzte Geltungsinstanz sowohl für die Richtigkeit von Handlungen und Normen wie auch für die Wahrheit theoretischer bzw. empirischer Aussagen das unbegrenzte Diskursuniversum zu beachten, in dem sich ein idealer argumentativer Konsens einstellen würde. Dieser Diskursgrundsatz (D) beruht auf der erkenntniskritischen Einsicht, daß wir in der vielfach vernunftbegrenzten realen oder faktischen Welt (Einschränkungen unserer Zeit, unseres Wissens, unseres guten Willens samt Dialogbereitschaft) keine letzte Instanz des Gültigen in der Hand haben können wie eine Meßlatte. Deshalb fragen wir "kontrafaktisch", also in Distanz zur faktischen Welt, wir fragen nach dem eigentlich und letztlich Richtigen bzw. Wahren als *Idee*. In deren Licht können wir unsere faktischen Aussagen und Konsense über Handlungen und Sachverhalte, die den Anspruch auf Richtigkeit oder Wahrheit erheben, als kritikbedürftig beurteilen.

Wenn wir unsere Geltungsansprüche ernst nehmen, müssen wir alle möglichen sinnvollen und sachrelevanten Kritiken (Gegenargumente, begründete Zweifel) aufsuchen, starkmachen und prüfen – als wären sie unser eigenstes Anliegen. Tun wir das, befolgen wir den zweiten Grundsatz des Miteinanderargumentierens: *sich* (nicht zuletzt selbstkritisch, und zwar wechselseitig selbstkritisch) *um jenen argumentativen Konsens* und dessen Realisierungsbedingungen in der Welt *zu bemühen, der sich bei* gleichberechtigter und friedlicher, zeitdruckentlasteter *Ermittlung und bei* strikt argumentativer, vorbehaltlos dialogischer *Prüfung aller sinnvollen sachrelevanten Argumente ergeben würde*. Das Streben nach argumentativem Konsens schließt die Erhebung, Ausarbeitung und Prüfung aller sinnvollen relevanten Kritiken bzw. Dissenspunkte ein, zumal aller sinnvollen Argumente, die *für mögliche Betroffene* im weitesten Sinn (auch in der organischen Natur) *gegenüber* folgenträchtigen Handlungsweisen geltend gemacht werden können. Dieser Grundsatz zielt auf verallgemeinerbare Gegenseitigkeit, auf einen Konsens, dessen Gültigkeit allgemein wäre, logisch universal; daher wird er in der Diskursethik "U" (für Universalisierung) genannt (vgl. Habermas 1983, S 75f.; Apel 1988, S 119ff.; Böhler 1992, S 205f., 218ff.).

Freilich ist es weder möglich noch moralisch verantwortbar, die im nachkantischen Sinne "regulative Idee" des argumentativen Konsensus zu dem Modell eines Verfahrens im antagonistischen öffentlichen Raum zu machen; sofern nämlich die Kommunikation hier nicht nur unter Zeitdruck und unter dem Zwang steht, vorgefundene Entscheidungssituationen von der Art "Ja oder Nein zu Technologie X oder zu deren Verbesserung?" zu meistern, sondern auch durch Asymmetrien von Macht, Zeit, Geld etc. geprägt ist.

Eine direkte Übertragung des regulativen Prinzips, nach argumentativem Konsens zu streben, auf die politische Verfahrensebene ist nicht möglich, solange auch nur ein relevanter Teilnehmer bzw. eine relevante Teilnehmergruppe sich nicht vorbehaltlos dialogisch-offen, dialogisch-kooperativ und nach Maßgabe des argumentativen Diskursprinzips verhält. Nun muß in der realen Sozialwelt ein gleichsam *strategisches Durchsetzungsverhalten* als Normalerscheinung gelten. Es läßt sich sowohl moraltheoretisch – vorkonventionelle Orientierung an Eigennutzen ist der natürliche Ausgangspunkt und bleibt eine Rückzugsebene der Handlungsorientierung – wie auch gesellschaftstheoretisch-systemfunktional erklären: Rollenverhalten in gesellschaftlichen Subsystemen schließt Anpassung an Systemfunktionen ein, die zu den Selbststeuerungsmechanismen ausdifferenzierter Gesellschaften gehören.

Wenn wir das berücksichtigen, ergibt sich eine Differenzierung des Universalisierungsgrundsatzes U zu einer Orientierung des Handelns an der *langfristigen Verantwortung für den Erfolg des Moralischen* (V-E):

Bemüht euch in der realen Welt, in der keine rein kommunikativen Verhältnisse vorliegen (z.B. antagonistisch strategische Handlungssituationen und amoralische Systemzwänge), um die Annäherung an Bedingungen eines dialogischen Diskursuniversums, indem ihr jene Strukturen/ Institutionen bewahrt und ausbaut sowie jene Traditionen ausschöpft, die eine solche Annäherung ermöglichen!

Eine weitere Differenzierung ergibt sich, wenn wir bedenken, daß sich die Menschheit im Verhältnis zur Natur *zunehmend ökologisch ungleichgewichtig* entwickelt. Aus der Anwendung von U auf diese Entwicklung folgt ein Grundsatz der *sozioökologischen* Verantwortung für die Zukunft (V-Z):

Bemüht euch in der realen Welt, deren Ökologie (und damit deren Zukunft) durch die marktwirtschaftliche sowie (hoch)technologische Naturaneignung und die Bevölkerungsexplosion gefährdet wird, solcherart um die Annäherung an Verhältnisse eines dialogischen Diskursuniversums, daß die sozioökologischen Bedingungen für jene Annäherung geschützt werden!

Aus der Einsicht, daß in der sozialen Welt ein Spannungsverhältnis von vorbehaltlos kommunikativ-dialogischer Einstellung *versus* strategischem Verhalten (oder amoralischer Systemzwänge) besteht, ergibt sich die Pflicht, auf wohlabgewogene *strategische* Weise Verantwortung für den langfristigen *Erfolg des Moralischen* zu übernehmen (V-E$_{strat}$):

Verhaltet euch *nur* in dem Maße dialogisch-offen und kooperativ, als ein solches Verhalten in der realen Welt mit amoralischen Strategien, Systemzwängen etc. erfolgreich (im Sinne von V-E und V-Z) sein kann!

Anders gewendet:

Verhaltet euch allein *in dem Maße strategisch* (oder übt nötigenfalls auch in dem Maße zivilen Ungehorsam aus), als sich in streng argumentativen Diskursen nach D und U demonstrieren läßt, daß Strategien (oder notfalls sogar ziviler Ungehorsam) sowohl unvermeidlich wie auch im Einzelfall erfolgversprechend sind, um solche amoralischen Strategien oder Systemzwänge, die für davon Betroffene absolut unzumutbare Folgen und Nebenwirkungen hervorrufen können, zu neutralisieren!

Aus der Einsicht, daß ein Spannungsverhältnis besteht zwischen der prognostischen Beurteilbarkeit ökologisch riskanter Einzelprojekte und der *globalen Verantwortungspflicht für die Ökosphäre* (jedenfalls als Zukunftsraum der Menschheit) ergibt sich schließlich eine besondere *Vorsorgepflicht* für die ökologische Verträglichkeit von Technologie, die sich dialogmethodisch als Regulativ (V-Z_{meth}) fassen läßt:

Verhaltet euch in dem Maße *methodisch-skeptisch* gegenüber ökologisch riskanten Entwicklungen/Projekten, als diese zu irreversiblen Schädigungen der Lebensbedingungen, zu irreversiblen Schädigungen von Natur (als Inbegriff der ökologischen Lebensbedingungen künftiger Generationen) und/oder zu irreversiblen Schädigungen der Annäherungsbedingungen an dialogische Diskursverhältnisse führen können. Prüft solche Entwicklungen/Projekte nach der Beweislastregel >in dubio contra projectum<.

3 Ökologische Verantwortung bei Prognosedefizit: Hans Jonas' Regulativ

Die Bemühung um Bewahrung und Verbesserung der ökologischen Menschheitsbedingungen scheint eine heikle Wissensvoraussetzung zu haben; nämlich die Voraussetzung, sich ein solches ökologisches Wissen zu beschaffen, das zur Folgenbeurteilung der einzelnen High-tech-Projekte ausreicht. Ist das jedoch die unerläßliche Voraussetzung für ökologische Verantwortlichkeit? Hans Jonas sagt: Nein.

Offenkundig stößt die projektbezogene Beschaffung prognostischen Wissens an schmerzliche Grenzen, weil sich jede Technologie etc. in komplexen sozioökologischen Gesamtsituationen auswirken würde. Vor allem deren Kumulativwirkungen in offenen, lebendigen und sich geschichtlich wandelnden "Systemen", ökologische Fernwirkungen zumal, entziehen sich der exakten bedingten Prognose, wie sie in einem geschlossenen System möglich ist. Die Kluft zwischen unserem ökologischen Prognosewissen und der Wirkungsmacht unserer hochtechnologischen Projekte, Praktiken und Lebensgewohnheiten erzeugt "ein neues ethisches Problem. Anerkennung der Unwissenheit wird... die Kehrseite der Pflicht des Wissens und damit ein Teil der Ethik" (Jonas 1979, S 28).

Aus diesem Grund plädiert Hans Jonas für eine "Heuristik der Furcht", für "eine Furcht geistiger Art", die uns fähig machen soll, das nichterfahrbare "Unheil kommender Geschlechter" vorauszudenken und uns davon betreffen zu lassen (Jonas 1979, S 64f.). Daraus hat er für unsere öffentlichen Dialoge über das, was zu tun sei, und damit für unsere Forschungsplanung, für wirtschaftliche Produktions- und Marktstrategien wie für politische Entscheidungen die Vorschrift abgeleitet, "der Unheilsprophezeiung mehr Gehör zu geben ... als der Heilsprophezeiung" (Jonas 1979, S 70), also der schlechten Prognose einen Vorrang vor der guten einzuräumen.

Diese Forderung läßt sich im Sinne von $V\text{-}Z_{meth}$ als Dialogregel rekonstruieren, die den Befürwortern eines Projekts und den Anwendern einer Technik die Beweislast für deren Unschädlichkeit und Verantwortbarkeit auferlegt. *In dubio pro humanitate*, und damit: *in dubio contra projectum (et contra quaestum)* würde das Kriterium für unsere öffentlichen Diskurse lauten müssen (ausgeführt in Böhler 1995a). Genaugenommen wäre es das Kriterium für die Anerkennungswürdigkeit der dort verhandelten Vorschläge, aber auch der Diskursresultate selbst; sind sie doch fallibel und daher unter Umständen revisionsbedürftig. Als Kriterium ist es nur "regulativ" in nachkantisch diskurspragmatischem Sinne: eine Geltungsinstanz, die wir schon anerkannt haben durch den Anspruch auf die Geltung einer Behauptung – etwa der behaupteten Zweckrationalität einer Technologie (vgl. Böhler 1994a), eines Produkts bzw. einer darauf bezogenen Förderung oder einer dafür einschlägigen Gesetzgebung.

Ein regulatives Gültigkeitskriterium ist kein fixer Maßstab, den wir einfach "anlegen" und als direktes Entscheidungskriterium einsetzen könnten; wohl aber taugt es als *Legitimationskriterium im Diskurs*. Seine Anwendung wäre durch zweckmäßige Vorschriften öffentlicher Verfahren sicherzustellen, die auch gewährleisten, daß ein Projekt keinesfalls durch einen ungeprüften Verdacht zu Fall gebracht werden kann.

4 Vorschläge zur Institutionalisierung der Zukunftsverantwortung

Es geht um Verfahrensrationalität in der hochtechnologischen Gefahrenzivilisation, nicht etwa um Willkürherrschaft eines technologiefeindlichen Kassandrismus. Demzufolge kann "in dubio contra projectum" die forschungs-, wirtschafts- und ökologiepolitischen Entscheidungen, gegebenenfalls auch forschungspolitische Moratoriums- oder Verbotsentscheidungen, nur in dem Maße orientieren, als es durch Institutionalisierung konkreter Diskurse wirksam wird. In diesem Sinne mache ich dreierlei Vorschläge:

4.1 Diskutierende Technologiefolgenabschätzung

Wenn wir berücksichtigen, daß auch die sozioökologische Zukunftsverantwortung unter Bedingungen gesellschaftlicher Interessenkämpfe, unter

Zeitdruck, unter sachzwangähnlichen Vorgaben und daher zum Teil nur in Entscheidungssituationen wahrgenommen werden kann, wo es kaum mehr um das Spektrum des verantwortlich Wünschenswerten, sondern primär darum geht, ob *eine* bestimmte Technologie mehr Chancen oder mehr Gefahren enthält, dann kann Technologiefolgenabschätzung nur den Status eines Interessenkompromisses und den Sinn einer instrumentellen Gesetzesvorbereitung haben. Diese Aufgabe könnte eine *ständige parlamentarische Kommission zur Technikfolgenabschätzung* übernehmen. Soll sie in diesem eingeschränkten Rahmen möglichst rational verfahren, so muß sie als demokratische Diskussion der relevanten Gruppen organisiert und durch eine Mehrheitsempfehlung mit der Möglichkeit von Minderheitsvoten abgeschlossen werden.

In einer solchen Diskussion dürfte es vielfach zugehen wie bei harten *vorteilsorientierten Verhandlungen* zwischen gegensätzlichen Interessenvertretern (Böhler u. Katsakoulis 1994, S 819ff.), wobei Fairneß, Information und Partizipation durch Verfahrensregeln möglichst zu sichern wären. Darüber hinaus käme es darauf an, diese Verhandlungen durch einen Rahmen verfassungsrechtlicher Bestimmungen und rechtspolitischer Maßnahmen zu normieren, die sich am Postulat der Zukunftsverantwortung orientieren und seiner Umsetzung wie auch der Annäherung an dialogische Diskursverhältnisse förderlich sind.

4.2 Verfassungsrechtlicher und rechtspolitischer Rahmen

1. Zwar sieht es nach dem Versagen der Verfassungskommission des Deutschen Bundestages so aus, daß es im Grundgesetz lediglich ein Staatsziel zum Umweltschutz geben wird. Aber was bedeutet das schon? Umweltrechtliche Prozesse könnten nur mit einem Grundrecht gewonnen werden, welches den Umweltschutz zur *Verfassungsnorm* erhebt. Es ist schon fast vergessen, daß sich Willy Brandt und Hans-Dietrich Genscher im Wahlkampf 1972 auf ein solches Grundrecht festgelegt hatten.

2. Dringend erforderlich erscheint zudem, was 1990 der "Runde Tisch Neue Verfassung der DDR" und 1991 das "Kuratorium für eine demokratische Verfassung im Bund deutscher Länder" postuliert haben: Die grundgesetzliche Ergänzung des Rechtes auf Wissenschaftsfreiheit durch eine *Klausel zur Sicherung der Zukunftsverantwortung*. Der Vorschlag des "Runden Tisches" liefe, auf das Grundgesetz übertragen, darauf hinaus, Artikel 5 Abs. III mit dem Zusatz zu versehen: "Durch Gesetz kann die Zulässigkeit von Mitteln oder Methoden der Forschung beschränkt werden. Es kann Informationspflicht in bezug auf besonders risikobehaftete Forschungen vorsehen" (Frankfurter Rundschau 1990). Der Entwurf des Bürgerkuratoriums plädiert dafür, folgenden Absatz hinzuzufügen: "Forschungen, die mit besonderen Risiken verbunden sind, sind öffentlich anzuzeigen. Sie unterliegen gesetzlichen Beschränkungen, wenn sie geeignet sind, die

Menschenwürde zu verletzen oder die natürlichen Lebensgrundlagen zu zerstören" (Kuratorium für eine demokratische Verfassung im Bund deutscher Länder 1991, S 73).

3. Bei allen *Genehmigungsverfahren* ist strikt auf *Öffentlichkeitsbeteiligung* zu achten; denn nur dadurch wird die Information der Öffentlichkeit gewährleistet. Andernfalls sind die Kritiker genötigt, selbst die öffentliche Informationsarbeit zu leisten. Dazu sind sie vielfach weder hinlänglich vermögend und potent noch reich genug an Zeit; außerdem ist solche Informationsarbeit Sache der res publica und darf daher nicht als Privatangelegenheit angesehen werden.

Demgemäß ist der in der Novellierung des Gentechnikgesetzes (GID 1993b, S 6ff.) vorgesehene Verzicht auf öffentliche Genehmigungs- bzw. Anhörungsverfahren vor der Freisetzung gentechnisch manipulierter Organismen ein nicht zu rechtfertigender Rückschritt. Er sollte unbedingt revidiert werden, auch aus Gründen der ökologischen bzw. biologischen Sicherheit. Jüngstes Beispiel dafür war die Anhörung zu dem von der TU München mit Hilfe der Hoechst AG geplanten Freisetzungsversuch von herbizidresistenten Raps- und Maispflanzen (vgl. GID 1993b, S 9f.).

4. Auf Regierungsebene scheint nötig zu sein, was der Staatsrechtler Hans-Peter Schneider vorgeschlagen hat, nämlich ein "verfassungsrechtlich abzusicherndes *Veto-Recht des Umweltministers* bei allen naturbelastenden Vorhaben (analog dem Zustimmungsrecht des Finanzministers nach Art. 112 GG)" (vgl. Schneider 1990, S 144). Erhebliche Verantwortungs- und Rationalitätsfortschritte wären m.E. auch gewährleistet, wenn zwei weitere Vorschläge Schneiders aufgegriffen würden:

5. Das nationale *Schadensersatzrecht* sei in der Weise umzugestalten, "daß bei Folgeschäden, die aus der Nutzung bestimmter riskanter Technologien resultieren, eine Beweislastumkehr stattfindet, d.h. daß der jeweilige Hersteller oder Nutznießer einen Unschädlichkeitsnachweis führen und ansonsten das Gegenteil sowie die Kausalität des Schadens vermutet werden" (vgl. Schneider 1990, S 142).

6. Bei Gerichten und Staatsanwaltschaften sollten für Technik- und Umweltfragen sachkundige Entscheidungseinheiten wie *Umweltkammern, -senate* oder *-dezernate* geschaffen werden.

7. So dringlich wie wirksam dürfte der Vorschlag sein, "das Steuersystem von Grund auf zu ändern und eine '*Umweltsteuer*' einzuführen mit den Steuertatbeständen

- Energienutzung,
- Verbrauch von Wasser und Abwasser und
- Abfallvolumen.

Aus diesem Tatbestand ist jedoch nur der jeweilige 'Hebesatz' zu entnehmen. Ansonsten ist diese 'Umweltsteuer' nicht als Verbrauchssteuer, sondern als direkte Steuer auszugestalten und ähnlich wie die Einkommen- und Körperschaftssteuer (die entsprechend ermäßigt werden müßten, deren bisher aber weitgehend brachliegendes Steuerungspotential man sich hier mindestens teilweise zunutze machen könnte), allen Haushalten und Betrieben nach einem progressiv gestaffelten Tarif aufzuerlegen" (vgl. Schneider 1990, S 143)

4.3 Diskursiver Zukunftsrat

Eine starke Annäherung an dialogförmige Diskurse, in denen nichts zählen würde als die Kraft des Argumentes und die argumentative Berücksichtigung der Ansprüche möglicher Betroffener sowie der Wertvermutungen zugunsten gefährdeter Natur, verlangt eine Entlastung von Entscheidungsdruck und Entscheidungszwang wie auch eine Überwindung der strategischen Verhandlungskämpfe zum Zweck ernsthafter dialogischer Kooperation. Das ist nicht möglich bei der üblichen Technologiefolgenabschätzung, die von "sachzwang"- und technikinduzierten Fragestellungen ausgeht und demgemäß einer instrumentellen Politikberatung bzw. Gesetzesvorbereitung dient. Wohl aber wäre es möglich und erfolgversprechend bei der Klärung *langfristiger konzeptioneller* Fragen; diskursive Muße und Freiheit, dialogische Achtung und Verfahrensweise, Aufsuchen und Diskutieren von Alternativen sind hier Erfolgsbedingungen.

Denkbar wäre in diesem Sinne ein diskursiv verfahrender Zukunftsrat mit dem Auftrag der Zukunftsverantwortung, in dem Industrievertreter und Umweltverbände, natur- und gesellschaftswissenschaftlicher Sachverstand ebenso wie ethische Kompetenz vertreten sein sollten. Es würde sich um ein Diskursgremium im Gegensatz zum Verhandlungs- und Debattenparlament der Parteien handeln. Hier wäre zumal *in Alternativen zu diskutieren*, um nach Maßgabe der allgemeinen Diskurs- und Verantwortungsprinzipien (D und V, besonders V-Z) *Entwürfe wünschenswerter und verantwortbarer Zukunft*, also auch gerechtfertigte Utopien, auszuarbeiten.

Sinnvoll wäre es, einem solchen Diskursgremium auch ein *Vetorecht* mit aufschiebender Wirkung gegenüber dem Gesetzgebungsparlament zu geben, nämlich gegenüber allen Gesetzgebungsvorhaben, die von einer qualifizierten Minderheit des Zukunftsrates als in hohem Maße ökologisch gefährlich oder aus anderen Gründen als unvereinbar mit dem Prinzip der Zukunftsverantwortung angesehen werden. In solchem Falle wäre ein entsprechendes Gesetzgebungsverfahren zu unterbrechen und die Sache an deu Zukunftsrat zu verweisen.

Einen behutsameren Vorschlag hat der ehemalige Bundespräsident Richard von Weizsäcker ins Spiel gebracht:

"Oft gibt es schwierige klärungsbedürftige Fragen, für die man in Großbritannien die Institution der 'Royal Commissions' gefunden hat. Diese werden übrigens anders als der Name es vermuten läßt, nicht von der Königin, sondern von der Regierung eingesetzt. Aber das könnte man in einer Republik einmal etwas besser machen, mit 'presidential commissions'. Das Staatsoberhaupt wäre nicht dazu da, die Kommissionsarbeit zu lenken oder auf ihre Ergebnisse

Einfluß zu nehmen. Auch könnte eine solche Kommission selbstverständlich nicht die Befugnisse von Parlament und Regierung ersetzen. Aber uns fehlt ganz deutlich die Praxis solcher Einrichtungen. Sie könnten langfristig bedeutungsvolle Themen sachverständig aufbereiten und Empfehlung geben (vgl. Hofmann u. Perger 1992, S 163).

Seit dem 18. Jahrhundert ist der bedrohliche, die Entwicklung einer zivilen Gesellschaft gefährdende *Leviathan* einer absolutistischen Staatsmacht durch die Teilung der staatlichen Gewalt gezähmt worden. Heute, im Übergang zum 21. Jahrhundert, kommt es wohl darauf an, den *Leviathan* der hochtechnologischen Zivilisation, die Macht der Risikoforschung und Risikotechnologie, öffentlicher Kontrolle zu unterwerfen. Diese Aufgabe stellt sich freilich zunehmend auf europäischer Ebene, letztlich auch auf der der Vereinten Nationen.

Literatur

Apel K-O (1988) Diskurs und Verantwortung. Suhrkamp, Frankfurt/M
Böhler D (1992) Diskursethik und Menschenwürdegrundsatz. Zwischen Idealisierung und Erfolgsverantwortung. In: Apel K-O, Kettner M (Hrsg) Zur Anwendung der Diskursethik in Politik, Recht und Wissenschaft. Suhrkamp, Frankfurt/M
Böhler D (1995a) In dubio contra projectum. Mensch und Natur im Spannungsfeld von Verstehen, Konstruieren, Verantworten. In: Böhler D (Hrsg) Ethik für die Zukunft. Im Diskurs mit Hans Jonas. Beck, München
Böhler D (Hrsg) (1995b) Ethik für die Zukunft. Im Diskurs mit Hans Jonas. C.H. Beck, München
Böhler D, Katsakoulis G (1994) Diskussion. In: Ueding G (Hrsg) Historisches Wörterbuch der Rhetorik. Max Niemeyer Verlag. Tübingen
Böhler D, Neuberth R (Hrsg) (1993) Herausforderung Zukunftsverantwortung. Hans Jonas zu Ehren, 2. Aufl. Lit Verlag, Münster Hamburg
Burns TR, Ueberhorst R (1988) Creative democracy. New York London
Frankfurter Rundschau, 18. April 1990, Dokumentation
GID (Genetischer Informationsdienst) (1993a), Berlin, Nr. 87
GID (Genetischer Informationsdienst) (1993b), Berlin, Nr. 90/91
Habermas J (1983) Moralbewußtsein und kommunikatives Handeln. Suhrkamp, Frankfurt/M
Hofmann G, Perger WA (1992) Richard von Weizsäcker im Gespräch. Frankfurt/M
Jonas H (1979) Das Prinzip Verantwortung. Versuch einer Ethik für die technologische Zivilisation. Suhrkamp, Frankfurt/M, S 28
Kuratorium für eine demokratische Verfassung im Bund deutscher Länder (Hrsg) (1991) Vom Grundgesetz zur Deutschen Verfassung. Nomos, Baden-Baden
Schmidt CH (1992) "Risikodialog" oder Bürgerprotest: Wie tauglich sind sie als Mittel zur Vermeidung ökologischer Katastrophen? Viel eher hält Konfrontation den Rechtsstaat lernfähig. Die Weltwoche, Nr. 53, 31 (Dez), S 19
Schneider H-P (1990) "Denn sie tun nicht, was sie wissen!" Recht und Verfassung in der Herausforderung durch Wissenschaft und Technik. In: Fülgraff G, Falter A (Hrsg) Wissenschaft in der Verantwortung. Möglichkeiten der institutionellen Steuerung, Frankfurt/M New York
Ueberhorst R (1990) Der versäumte Verständigungsprozeß zur Gentechnologie-Kontroverse. Ein Beitrag zur Vorgehensweise der Enquete-Kommission. In: Grosch K et al. (Hrsg) Herstellung der Natur? – Stellungnahmen zum Bericht der Enquete-Kommission "Chancen und Risiken der Gentechnologie". Frankfurt/M

Sachverzeichnis

Abfall 78, 88f., 90, 98, 111, 122, 246
Abfallrecht 87f., 93, 97ff.
Abfallvermeidung 88, 91ff., 137
Abgaben 91, 144f.
Abholzung 26
Absorptionspektroskopie 49
Aerosol 36ff., 52ff.
Agrarpolitik 235
Akkumulation 123
Akteure 81, 127, 151ff., 160, 170, 172, 177f., 231
Albedo 20ff., 49
Altlasten 6, 89, 97ff., 100, 102, 104, 111
Altlastenrecht 97ff.
Altlastensanierung 99ff., 106, 114ff.
Amazonien 183, 192
Antarktis 35
Apartheid, globale 170f.
Arbeitspsychologie 213
Artensterben 209
Atmosphäre 12ff., 32, 47, 51f., 174, 181
Autopoiesis 191

Bauschutt 78, 80
Berlin 61ff., 66
Berliner Phänomen 41
Betreibermodelle 149
Bewußtsein, ökologisches 199, 218, 221, 223
Biomasse 21, 74, 143, 170
Bioreservate 184, 194
Biosphäre 47, 210
Biozönose 74f.
Boden 24, 97ff., 121, 190
Bodenbelastung 101, 104, 108, 113f.
Bodensanierung 97ff., 105ff., 113ff.
Bodenschutzrecht 97ff.
Bodenwärmefluß 21
Bowen-Verhältnis 22
Brasilien 183, 186, 188f.

Chlor 35, 39ff., 43
Chlorophyllabsorption 49

Dänemark 131, 141ff.
Denkstrukturen 207, 210, 217
Deponien 98, 107, 111
Deutschland 125f., 134, 141, 183
Dezentralisierung 83
Dialog 129, 134, 241, 244
Differenzpflege 209f.
Diskurs 206, 209, 218f., 239, 241, 244, 247
Dissipative Verluste 124
Druckgradient 18f.

ecological scale 174f.
economic scale 174
Effizienzrevolution 125, 127
Einstellungsforschung 200
Eiszeiten 13
Emission 49, 67f., 92, 122, 180
End-of-pipe treatment 139, 157, 217
Energie 75, 78, 121, 123f., 167f., 189, 201
Energieagentur 141, 143, 148
Energiebilanzen 22, 94, 192
Energiedienstleistung 149
Energieeffizienz 148, 169
Energiehaushalt 20
Energiepolitik 138, 145, 149
Energiequellen, erneuerbare 139f., 148
Energiequellen, umweltverträgliche 143
Energiesteuer 144f.
Energieträger, erneuerbare 138, 141
Energieträger, fossile 121, 123f., 138ff., 167f., 142ff., 189
Energieumwandlung 167ff., 178
Energieverbrauch 76, 83, 126, 140, 141, 146, 201
ENSO-Phänomen 18
Entmaterialisierung 126f., 133f.
Entropie 174
Entwicklungsländer V, 46, 140
Erdbevölkerung 61
Erdoberfläche 48f., 51, 55, 59, 62, 64
Erosion 26

Ethik 4, 7f., 156, 160, 186, 189, 207, 215, 239f.
Europäische Gemeinschaften (Europäische Union) 131, 140, 144
Externalisierung 171

FCKW 34, 39, 46, 129f., 172, 200, 207f.
Fernerkundung 5, 23, 47f., 51, 53f., 59
Fernwärme 141f.
Flächennutzung 23, 54, 76f., 97, 102, 119, 123, 184, 186, 194

Gefahrenabwehr 90f., 98, 100ff., 110, 228f.
Gefahrerforschung 98, 101ff.
Gefahrstoffrecht 90
Gentechnologie 207, 209
Geoinformationssysteme 55
Getrennthaltungsgebot 88
Global Environment Facility 172
Globaler Wandel 11
Ground-truth-Verfahren 55
Grundstoffindustrien 131, 133
Grundwasserspiegel 26

Hadley-Zelle 12
Halone 34, 39, 46
Handeln unter Unsicherheit 1, 8, 209f., 225f.
Handlungsspielräume 187, 200, 218, 226, 232f.
Hautkrebs 39
Herbizide 240f.
High- und Low-cost-Verhalten 201ff.
Holismus 186
Hydroelektrizität 189
Hydrosphäre 47

Immission 61, 66ff.
Immissionsschutz 85, 87, 90ff.
in dubio contra humanitate 244
in dubio contra projectum 244
Indikatoren 119ff., 123
Industrie 63, 166ff.
Industriegesellschaft 174, 227, 239
Infrarotstrahlung 20
Infrastruktur 168, 187
Innovation 92, 94, 135, 208, 233
Input-Output-Analysen 133
Institutionen 206, 239f., 244
Instrumente 91, 93f., 130, 138, 141, 144f., 171, 175, 184, 187, 198, 202
Internalisierung 154, 175, 237

Intervention, prospektive 130
intra-firm trade 175

Japan 125f., 130

Katastrophendiskurs 209, 229
Kaufverhalten 131, 158, 201f.
Kausalitätsnachweis 4
Klimaforschung 2, 12, 14ff., 28, 47, 137, 149
Klimaschutzpolitik 7, 137, 145
Kohlendioxid (CO_2) 7, 14f., 22, 35, 137, 144, 147, 170, 172, 175, 181
Kohlenwasserstoffe 66, 69
KOHONEN-Netz 59
Kommission der Europäischen Gemeinschaften 140, 183, 187f.
Konsensfähigkeit 233
Kontingenzerhöhung 226, 228, 235
Kontrollvorstellungen 214ff., 218, 221, 226
Kraft-Wärme-Kopplung 142
Kreislaufwirtschaft 92, 219, 221
Kryosphäre 18
Kulturlandschaft 76f.

Lachgas 35
Landoberfläche 22f.
LANDSAT 23
Landschaft, anthropogene 76
Landschaftsökologie 75
Landwirtschaft 26f., 235
Langzeitrisiken, ökologische 3, 48, 127
Leasing 94
Londoner Abkommen 33

major warming 41, 43
Marketing, ökologisches 157
Materialproduktivität 126f.
medialer Ansatz 97
Mesosphäre 32
Methan 35
Mikrowellenstrahlung 51
Moderne 226, 228, 230
Modernisierung 135, 166
Montrealer Protokoll 45
Moralvorstellungen 214f., 218, 221, 223, 239
Motivlagen 202, 210
Multidisziplinarität 1, 3

Naturschutz 77, 184, 186, 190, 194
Naturwissenschaften 3, 5, 47, 74, 85ff., 114, 184, 187, 192, 247
Neuronale Netze 57, 59

Sachverzeichnis

Nicht-Regierungsorganisationen 81, 177, 180f., 232, 247
Niederschläge 25ff., 64, 66
Normierter Differenz-Vegetationsindex 55

Öko-Audit 95
Öko-Bilanzen 133
Öko-Controlling 157, 162
Ökologischer Marshall-Plan VI
Ökologischer Rucksack 125
Ökosystem 6, 73ff., 78, 166, 172, 174, 186, 189ff.
Österreich 125f.
Ozeanströmungen 13, 16
Ozon 32, 35, 36, 73
Ozonabbau 5, 13, 31, 33, 35, 37ff., 43, 45, 145, 207, 209
Ozonsmog 69

Partizipation 245
Photolyse 31f., 39
Polarwirbel 39ff.
Prävention 97
Prinzip Verantwortung 223, 239f.
Produktivitätssteigerung 131, 167
Produktlebensdauer 126, 133
Produktverantwortung 88
Professorenentwurf 97, 100
Prognostik 1f., 48, 209

Querschnittspolitik 237

Recycling 74ff., 83, 88, 90, 94, 124, 126
Regenwald 7, 183, 186, 188f., 192, 209
Rekultivierungsmaßnahmen 107ff.
Ressourcennutzung 89, 91f., 127, 131, 169ff., 174, 178, 180, 190, 194
Ressourcenpolitik 6, 119
Revolution, prometheische 167
Risiken 8, 204, 227f., 229, 230f.
Risikodiskurse 229, 234, 240
Risikogesellschaft 8, 226ff., 234ff.
Risikomanagement 8, 225, 229, 234ff., 237, 240
Rohstoffsektor 123, 168f.
Rücknahmepflicht 92f.

Schweden 127, 130
Schwefeldioxid (SO_2) 66ff.
Schwermetalle 76
Semiaride Gebiete 23, 29
Senken 171
Sicherheit 225ff.

Smog 43, 68f.
Sonnenfleckenzyklus 36
Sonnenreflexionsspektrum 53
Sozialwissenschaften 85, 170, 184, 187, 189, 192, 210, 213
Spektrometer 51, 54f., 57
Staatsversagen 129
Stadt 61, 73, 76f., 194, 204
Stadtgerechte Industrien 134
Stadtklima 6, 61ff., 77
Stadtumwelt 6, 73, 76f.
Steuerreform, ökologische 131, 144f., 246
Steuerungssysteme 91, 93, 119, 129, 131, 135, 171, 201, 229
Stickoxide 66, 69
Stoffbilanzen 78, 95, 124
Stoffkreislauf 6, 13, 22, 74, 76, 78, 85, 87, 119, 124, 127
Stoffpolitik 88ff., 90ff., 129, 138, 140, 157
Strahlung 12, 48f., 53
Strategie 129, 233
Stratosphäre 15, 31ff., 35ff., 39, 41ff.
Strukturpolitik, ökologische 133
Sustainable Development 82, 119ff., 129, 142, 152, 154, 166, 174, 177, 183, 227

Technik 8, 157, 168, 207, 210, 225ff., 230f., 236
Techniksteuerung 208, 230f., 234, 240, 244, 247
Treibhauseffekt V, 11f., 19, 28, 137, 145, 209
Treibhausgase 28, 31ff., 137
Trinkwasser 27f.
Tropen 12f., 18, 35, 38
Tropopause 15
Troposphäre 14f., 43

Umorientierung, ökologische 151, 161
Umwelt als komplexes System 1, 3
Umweltbeobachtung, globale 2f.
Umweltbewußtsein 7f., 197ff., 216, 218
Umweltforschung 1, 2, 4, 85, 207, 239
Umweltgesetzbuch (UGB) 97, 100ff.
Umwelthaftung 99f., 110f., 112, 114
Umweltkommunikation 209f.
Umweltökonomische Gesamtrechnung 121, 123, 133
Umweltpolitik 4, 8, 124f., 126, 129f., 131, 149, 172, 180, 192
Umweltpolitische Steuerungsmechanismen 91, 93, 119, 131, 135, 171, 201, 229, 242
Umweltregime, globale 170ff., 177, 180

Umweltsteuer 94, 175, 191
Umweltveränderungen V, 1, 5, 73, 97, 120
Umweltverhalten 8, 197ff.
Umweltwissen 197ff.
UNCED 138, 172
USA 140, 149, 167, 208
UV-Strahlung 32, 38, 43, 69

Vegetation 22f., 26, 49, 59, 75, 80
Verantwortung 210, 213ff., 218, 221, 239, 242ff.
Verdunstung 25f.
Verhalten, umweltgerechtes 200ff.
Verursacher 99, 109, 111, 113, 127
Vulkaneruptionen 36, 38

Waldsterben 139, 209
Wasser 25ff., 78, 91, 101
Wasserkreislauf 11ff., 16, 18ff., 22f. , 25ff.
Wasserreserven 11, 26
Weltbank 183, 187f.
Weltordnung 7, 165ff., 168, 172, 181, 236
Wettbewerbsfähigkeit 93, 169
Wirtschaftswachstum 123ff., 129f., 134, 183
Wohlstandsmodell 135, 168
Wüstenbildung 12, 26

Zonierung 184ff., 194
Zukunftsrat 247

GPSR Compliance

The European Union's (EU) General Product Safety Regulation (GPSR) is a set of rules that requires consumer products to be safe and our obligations to ensure this.

If you have any concerns about our products, you can contact us on

ProductSafety@springernature.com

In case Publisher is established outside the EU, the EU authorized representative is:

Springer Nature Customer Service Center GmbH
Europaplatz 3
69115 Heidelberg, Germany

www.ingramcontent.com/pod-product-compliance
Lightning Source LLC
LaVergne TN
LVHW010339260326
834688LV00036B/781